U0322054

细说二十四节气

金传达 ◎ 编著

气象出版社
China Meteorological Press

图书在版编目(CIP)数据

细说二十四节气/金传达编著. —北京：
气象出版社,2016.1(2024.6重印)
ISBN 978-7-5029-6208-1

Ⅰ.①细… Ⅱ.①金… Ⅲ.①二十四节气-基本知识
Ⅳ.①P462

中国版本图书馆 CIP 数据核字(2015)第 216432 号

细说二十四节气

XISHUO ERSHISI JIEQI

出版发行：气象出版社

地　　址：北京市海淀区中关村南大街 46 号　　邮政编码：100081

电　　话：010-68407112(总编室)　010-68408042(发行部)

网　　址：http://www.qxcbs.com　　**E-mail**：qxcbs@cma.gov.cn

责任编辑：周　露　杨　辉　　终　　审：汪勤模

封面设计：符　赋　吕青璞　　责任技编：赵相宁

印　　刷：中煤(北京)印务有限公司

开　　本：710 mm×1000 mm　1/16　　印　　张：23

字　　数：340 千字

版　　次：2016 年 1 月第 1 版　　印　　次：2024 年 6 月第 6 次印刷

定　　价：49.00 元

本书如存在文字不清、漏印以及缺页、倒页、脱页等,请与本社发行部联系调换。

前　言

我国古代以农业立国，劳动人民日出而作，日落而息，敏锐地感受着草木鸟兽的活动变化，并不断地有新的发现。古人从观察物候到观察天象，又从观察天象到创定二十四节气，随之越来越准确地掌握了农事与气候变化的规律。

一年又一年，昼夜、节气、月份、年代都在无声无息中流转。二十四节气是一年中时令转换的里程碑。勤劳而富有智慧的我国人民就依据二十四节气的变换来具体安排农业生产的次序，到什么时间就进行相应的农事活动，期待五谷丰登。人们的生活都自觉或不自觉地受二十四节气影响，日常活动直接或间接地受到节气变换的支配，进而使自己的生活作息有所依循，过得安定吉祥。

二十四节气最初出现于黄河中下游地区，后来被逐渐推广到全国各地，与各地农作物、农事活动以及气候特点相结合而得到因时因地制宜的运用，它是人类文明传承中理想和智慧的光辉篇章。

在古代，二十四节气使得我们这个农耕大国里人民的生产生活顺天应时，科学合理。直到今天，二十四节气仍然为我国人民所习用，并与现代农业气象相结合，对农业现代化的发展起着重要的推进作用。同时，不同地区的节气文化长久流传，大量相关的农耕习俗和礼仪信仰，仍受到人们的广泛重视。

从古至今传承节令瑰宝，天时人事关联万姓安康。为了集中展现二十四节气的历史渊源及其不朽风采，作者根据多方面的文献资料，编写成了《细说二十四节气》一书。全书内容共分六篇：节气综述篇阐述二十四节气的形成和发展的历程，二十四节气的科学道理，二十四节气与天文、历法、天气气候、物候、农业生产的关系，二十四节气与干支、八卦、阴阳五行的关系；节气延伸篇介绍七十二候、社日、入梅和出梅、三伏、九九、节气谚语和民俗等相关知识；春季节气篇、夏季节气篇、秋季节气篇、冬季节气篇依次介绍各个季节的节气气候、农事、谚语、歌谣、诗词，并讲述这些节气的渊源、节庆、礼仪、风俗、传说、轶闻以及顺时保健养生常识。

　　本书涉及知识面广，资料翔实，语言通俗易懂，图文并茂，有助于读者全面、深入了解二十四节气的科学文化内涵，是一本信息量极大的二十四节气知识全书。本书的出版得到气象出版社领导和编辑的支持、帮助，在此表示衷心感谢。由于作者水平所限，书中难免有不妥之处，敬请读者指正。

目录

节气综述篇

夏季节气篇

冬季节气篇

节气综述篇

二十四节气溯源

❈ 二十四节气——中国人独特的创造

从立春、雨水、惊蛰、春分一直到大雪、冬至、小寒、大寒——二十四节气是中华民族祖先在长期生产实践中总结天文、气象与农业之间的关系而创造出来的独特历法,它反映了太阳照射地球的稳定规律,在我国尤其是农村可以说是家喻户晓。

我们现在使用的日历牌的公历(阳历)日期下面,每隔半个月左右,都写有"立春""立夏"等字样,这就是节气。二十四节气名称及其对应的公历日期详见下表。

二十四节气名称及公历日期

节气名称	公历日期	节气名称	公历日期
立春(节)	2月3日、4日或5日	立秋(节)	8月7日、8日或9日
雨水(中)	2月18日、19日或20日	处暑(中)	8月22日、23日或24日
惊蛰(节)	3月5日、6日或7日	白露(节)	9月7日、8日或9日
春分(中)	3月20日、21日或22日	秋分(中)	9月22日、23日或24日
清明(节)	4月4日、5日或6日	寒露(节)	10月8日或9日
谷雨(中)	4月19日、20日或21日	霜降(中)	10月23日或24日
立夏(节)	5月5日、6日或7日	立冬(节)	11月7日或8日
小满(中)	5月20日、21日或22日	小雪(中)	11月22日或23日
芒种(节)	6月5日、6日或7日	大雪(节)	12月6日、7日或8日
夏至(中)	6月21日或22日	冬至(中)	12月21日、22日或23日
小暑(节)	7月6日、7日或8日	小寒(节)	1月5日、6日或7日
大暑(中)	7月22日、23日或24日	大寒(中)	1月20日或21日

为了帮助记忆,从每个节气名称取一个字,按次序组成一首二十四节气歌:

春雨惊春清谷天,夏满芒夏暑相连;

秋处露秋寒霜降,冬雪雪冬小大寒。

可以说,二十四节气是我国劳动人民在长期的农业生产实践中积累和掌握的有关农事季节与气候变化规律的丰富经验的结晶,是值得中国人骄傲的文化遗产。

测日影

从上古时期起,我国劳动人民就从实际生产生活经验中认识到一年中昼夜长短和正午太阳高度会产生不断的变化。在距今四千多年的夏代,古人由观测日影的长短确定了春分、秋分、夏至、冬至四个节气,并且认识到春分、秋分时昼夜平分,还知道了夏至这天白天最长,黑夜最短;冬至这天黑夜最长,白天最短。当时,人们只看到表面现象,弄不懂四季变化的原因。到了几百年后的周代,人们又确定了立春、立夏、立秋、立冬这四个节气。此后,经过不断地探索,到距今两千多年的汉代,人们才把一年分为二十四个节气,还找到了推算节气的方法,一直传承至今。

在我国,几乎每个人的生活都自觉或不自觉地受二十四节气变换的影响。地球在绕日轨道上不断运转,节气在不断地按顺序变换。昼夜、节气、月份、年代都在无声无息地按规律更替转换。这种规律直接或间接地支配着人们的生活和生产,让人们有所依循,可以顺天应时,安居乐业,正像二十四节气诗所说:

地球绕着太阳转,绕完一圈是一年。

一年分成十二月,二十四节紧相连。

按照公历来推算,每月两气不改变。

上半年是六、廿一，下半年逢八、廿三。

这些就是交节日，有差不过一两天。

二十四节有先后，下列口诀记心间：

一月小寒接大寒，二月立春雨水连；

惊蛰春分在三月，清明谷雨四月天；

五月立夏和小满，六月芒种夏至连；

七月小暑和大暑，立秋处暑八月间；

九月白露接秋分，寒露霜降十月全；

立冬小雪十一月，大雪冬至迎新年。

抓紧季节忙生产，种收及时保丰年。

　　二十四节气是一年中时令转换的里程碑。两千多年来，我国劳动人民就是依据二十四节气的变化来具体安排农业生产的次序的。二十四节气科学合理，使得我们这个农耕大国生产有序，百姓生活有条不紊，是举世无双的伟大创造！

　　二十四节气的内容涵盖天文、气候、物候等知识和农业生产技术，包括与其相关的生产方式、民俗和由节气衍生出来的节日文化、相应的实物和文化遗存（如谚语、歌谣、传说、养生知识等）。

　　近代，随着华人足迹的不断延伸，二十四节气已在全世界广泛流传。

❀ 从物候说起

　　"离离原上草，一岁一枯荣。野火烧不尽，春风吹又生。"唐代诗人白居易这首《赋得古原草送别》写出了芳草的荣枯变化及其一年循环的生命周期。气候的季节性变化引起芳草荣枯循环，每年春风一吹，芳草就苏醒了。

　　植物是这样，动物又何尝不是如此呢！候鸟（雁、燕等）的南来北往，就是一例。农谚云"人不知春鸟知春"，这说明鸟类对气候变化的反应要比人敏感。

　　自然界中植物的荣枯盛衰，候鸟的来往迁徙，以及凝霜、下雪、结冰、打雷等现象，统称为物候。把观测的物候现象记录下来，进而研究自然界植物、动物和环境条件（气候、水文、土壤等）的周期变化及其相互关系的科学，叫物候学。

物候现象，好似"大自然的号角"，有指示农时农事的作用。在创定二十四节气以前，我们的祖先主要依靠观察草木鸟兽的活动变化来安排农业生产活动。大约在西周初期成书的《夏小正》中，保存了大量古人观察到的自然现象和积累起来的农事经验。《夏小正》全文共400余字，按夏历一年十二个月的顺序，分别记载着物候、气象、天象和当月应该进行的生产事项（如渔猎、农耕、蚕桑、养马、制衣等）。其中最突出的部分就是物候，经文如下：

正月：启蛰。雁北乡。雉震呴。鱼陟负冰。农纬厥耒。初岁祭耒始用畼。囿有见韭。时有俊风。寒日涤冻涂。田鼠出。农率均田。獭祭鱼。鹰则为鸠。农及雪泽。初服于公田。采芸。鞠则见。初昏参中。斗柄悬在下。柳稊。梅、杏、杝桃则华。缇缟。鸡桴粥。

二月：往耰黍，禅。初俊羔助厥母粥。绥多女士。丁亥万用入学。祭鲔。荣堇，采蘩。昆小虫抵蚳。来降燕。剥鳝。有鸣仓庚。荣芸，时有见稊。始收。

三月：参则伏。摄桑。委杨。羝羊。螜则鸣。颁冰。采识。妾、子始蚕。执养宫事。祈麦实。越有小旱。田鼠化为鴽。拂桐芭。鸣鸠。

四月：昴则见。初昏南门正。鸣札。囿有见杏。鸣蜮。王萯秀。取荼。秀幽。越有大旱。执陟攻驹。

五月：参则见。浮游有殷。鴂则鸣。时有养日。乃瓜。良蜩鸣。匽之兴，五日翕，望乃伏。启灌蓝蓼。鸠为鹰。唐蜩鸣。初昏大火中。种黍。菽糜。煮梅。蓄兰。颁马。

六月：初昏，斗柄正在上。煮桃。鹰始挚。

七月：秀雚苇。狸子肇肆。湟潦生苹。爽死。荓秀。汉案户。寒蝉鸣。初昏，织女正东乡。时有霖雨。灌荼。斗柄县在下，则旦。

八月：剥瓜。玄校。剥枣。粟零。丹鸟羞白鸟。辰则伏。鹿人从。鴽如鼠。参中则旦。

九月：内火。遰鸿雁。主夫出火。陟玄鸟蛰。熊、罴、貊、貉、鼶、鼬则穴，若蛰而。荣鞠树麦。王始裘。辰系于日。雀入于海为蛤。

十月：豺祭兽。初昏，南门见。黑鸟浴。时有养夜。玄雉入于淮，为蜃。织女正北乡，则旦。

十一月：王狩。陈筋革。啬人不从。陨麋角。

十二月：鸣弋。元驹贲。纳卵蒜。虞人入梁。陨麋角。

可见，远在两千多年前，古人掌握的物候知识已相当丰富，他们对草本、木本植物都进行了观察，也总结出鸟、兽、家禽和鱼类的活动规律，而且将物候和农事并列记载，也有指示农时之意。可以说，《夏小正》是我国古代的一本物候历。

到了春秋时期，《诗经》中也有不少物候方面的内容。如《豳风·七月》篇中的"四月秀葽"（秀葽，指狗尾草抽穗）、"五月鸣蜩"（蜩，即蝉）、"六月莎鸡振羽"（莎鸡，即蝈蝈）、"十月蟋蟀入我床下"，就是对当时一些月份物候的生动描述。还有一些用物候指示农事活动的诗句，如："春日载阳，有鸣仓庚。女执懿筐，遵彼微行，爰求柔桑。"意思是：春天里来好太阳，黄莺鸟儿在欢唱。妇女们提着箩筐，急急忙忙走在小路上，去给蚕采摘嫩桑。其中的"有鸣仓庚"就是适宜采桑的物候标志。在这以后，许多物候知识被广泛应用，有的被文人引入诗文中，有的作为经验被记载在农书中，有的被经学者用作研究资料，有的被收集在医书中。

约于战国末期成书的《吕氏春秋·十二纪》基本上沿袭了《夏小正》的体例，按春、夏、秋、冬四季顺序，分十二个月记载天象、物候和政事。汉代的《礼记·月令》《淮南子·时则训》等都记载了大量的物候内容。

西汉时期，氾胜之总结陕西关中的农业生产经验，在《氾胜之书》里说，耕田的基本原则是：应赶上适宜的时令，杏花盛开的时候，耕土质

《天工开物》 春耕

松散的土地,杏花落的时候,要再耕一次。书中还提到,种谷子没有固定日期,播种的日期视各地情况而定,三月榆树长出榆钱的时候,遇着下雨,"高地强土可种禾",禾即谷子。后来,北魏贾思勰在他的著作《齐民要术》里说,种谷子在二月上旬,赶上杨树出叶和生花的时候是上时;三月上旬到桃花刚开花是中时;四月中旬赶上枣树出叶、桑树落花便是下时。这生动地反映出古代劳动人民利用物候来安排农时的情况。

南宋陆游《鸟啼》诗中写道:"野人无历日,鸟啼知四时。二月闻子规,春耕不可迟。三月闻黄鹂,幼妇悯蚕饥。四月鸣布谷,家家蚕上簇。"描述了我国古代农业劳动者对农时与物候关系的观察。此外,李时珍《本草纲目》中有"阿公阿婆,割麦插禾"的句子,意思是布谷鸟叫预示着收麦插秧的时间到了。

在民间,还流传着很多物候方面的农谚。华北地区的"枣发芽,种棉花""柳毛开花,点豆按瓜"、四川的"雁鹅过,棉快播"、安徽的"知了叫,割早稻"等,都是用物候来指示农时农事的农谚。

物候现象随不同季节、不同气候条件而变化。"凡农之道,厚(候)之为宝"(《吕氏春秋·审时》)。农业生产要"得"时,必须对自然界的物候现象和农作物的生长发育以及田间操作,进行平行观测。经过多年的物候观测资料分析,得出了若干规律以后,就可以按当年当时的物候纪录加以推算,预先做好农事安排。

由于物候现象是各年天气气候条件的反映,二十四节气所处时间段在每年都是相对固定的,所以,按物候掌握农时比单纯依靠节气农谚来预测农时更为确实可靠。

观察物候变化标定季节的方法往往只在很小的地域范围内适用。随着先民们活动范围的扩大和农牧业生产规模的发展,有必要探索更加准确的标志四时变化的自然现象——天象。

天象授时

人类社会早期,农业生产曾经采用观象授时的办法判断农事季节。"观象"就是观察自然的现象,"授时"的"时"就是季节,"授时"就是定季节,观象授时就是观察自然现象判断农事季节。根据地面物候变化来判断和掌握农事季节,叫地象授时,例如布谷鸟叫了,就该插秧;野菊花开了,就该种麦。观察日、月、星辰等天象变化判断农事季节,叫天象授时,又分斗柄授时和中星授时。

从远古起,我国劳动人民就根据黄昏时候的北斗七星斗柄所指示方向,来定季节时令,这叫斗柄授时。

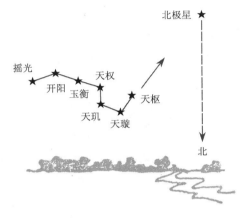

北斗七星

北斗由天枢、天璇、天玑、天权、玉衡、开阳、摇光七颗恒星排列成一个斗形,又像一个大熊,所以又被称为大熊星座。把北斗七星的天璇到天枢联结起来,然后把这条线段向前延长五倍就到了北极星。北极星差不多就在北方的天空。古代航海的人、游牧的人和旅行的人常利用它来定方向。

阳历每年3月的晴天夜晚看北斗星,可以看到北斗星的斗柄总指向右下方。古语"斗柄回寅"说的就是这个现象。古代人们用十二地支来表示方向,子表示北方,卯表示东方,午表示南方,酉表示西方。向北边的天空看,想象在天空上以北极星为中心画一个大圆圈,圆圈的下部在北极星的北面,以子表示;右面是东,以卯表示;上面是北极星的南面,以午表示;左面是西面,以酉表示。所以,由斗柄在日落后指向东偏北30°就是"斗柄回寅",可以确定春天到了。汉代《鹖冠子》书中对于斗柄的指向说得更详细:"斗柄指东,天下皆春;斗柄指南,天下皆夏;斗柄指西,天下皆秋;斗柄指北,天下皆冬。"所以在黄昏时观测一下斗柄的指向就可以知道当时的季节了,这就叫作斗柄授时。

季节的变化和太阳有关。星象在一年四季中早晚出没的变化,反映着太阳在天空中位置的变化。我国古人很早就知道四季中太阳分别在各个星宿中的位置。根据初昏时的中天(即最接近"天顶")星宿定出四季,这叫作中星授时。《尚书》中说:"日中,星鸟,以殷仲春;日永,星火,以正仲夏;宵中,星虚,以殷仲秋;日短,星昴,以正仲冬。"其中的"日中"

"日永""宵中""日短"指昼夜长短,"鸟""火""虚""昂"是星名。也就是说:仲春的标志是昼夜适中和鸟星在黄昏时中天;仲夏的标志是白昼最长和大火星在黄昏时中天;仲秋的标志是夜长适中和虚星在黄昏时中天;仲冬的标志是白昼最短和昂星在黄昏时中天。

这四仲中星是我国二十八宿的一部分。二十八宿分为与春、夏、秋、冬相配合的四象(如图),即苍龙、白虎、朱雀、玄武,分别代表东、南、西、北四个方向,每象七宿。《诗经》里有"七月流火,九月授衣"的诗句,意思是说那时农历七月的夜里"大火"偏西了,九月该准备棉衣了。诗中的"火"就是东方七宿的第五宿(心宿)中的一颗星,即"大火",相当于现代天文学所说的天蝎座 α 星(心宿二)。"鸟"星,是南方七宿的第四宿(星宿)中的一颗星,相当于现代天文学所说的长蛇座 α 星(星宿一)。"昂"是西方七宿的第四宿(昂宿),相当于现代天文学所说的金牛座的昂星团。"虚"是北方七宿的第四宿(虚宿)中的一颗星,相当于现代天文学所说的宝瓶座 β 星(虚宿一)。这四仲中星的变化,都是殷商时期的天象,已经和现在的情况大不相同了。

其实,所谓仲春、仲夏、仲秋、仲冬,与春分、夏至、秋分、冬至四个节气有密切关系。因为古代每季三个月都是以"孟""仲""季"来区分的,例如春季第一个月叫"孟春",第二个月叫"仲春",第三个月叫"季春",其余

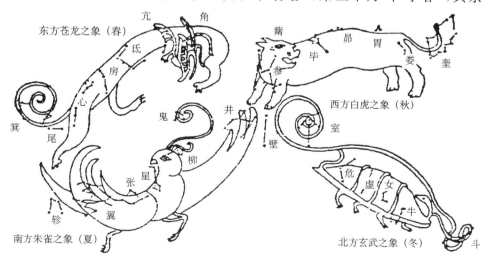

东方苍龙之象(春)　　角亢氐房心尾箕

西方白虎之象(秋)　　觜昂胃娄奎毕参

南方朱雀之象(夏)　　轸翼张星柳鬼井

北方玄武之象(冬)　　壁室危虚女牛斗

四象二十八宿

类推。春分、夏至、秋分、冬至都在每季的中间月份,也就是每季的第二个月。可见,约在殷商时期已经开始有二至(夏至和冬至)、二分(春分和秋分)四个节气了。

❈ 土圭测日影以定节气

远古时候,先民们在生产生活实践中,观察到树林、房屋经太阳照射投下的影子的方向和长短在有规律地变化着,且年年如此。随着古人认识的深化,逐渐想到用一根竿作为专用物来测定日影的变化,于是,最初的天文仪器——"表"就应运而生了。

"表"在最初是木制的,也有用竹竿或石柱制成的,它们都是容易得到的材料。古人在地面竖立一根竿,根据它正午时投下的影长变化来确定季节,这也是不难做到的。朝阳升起,逐步向上,影子从西方转向西北。正午的影子投向正北方,也比较短。夕阳西斜时,影子便偏往东北了。夏天中午,太阳位置高,影子也短;冬天的太阳较低,中午的影子也较长。夏天总有一天竿影最短,而冬天总有一天竿影最长。我们祖先给它们起了名字,叫作"日至"。"至"就是到达的意思。殷商甲骨文中已有关于日至的记载了。到春秋时期,用这种测影方法确定日至已经很普遍了。

夏至致日图

为了测量日影长度,古人用一根尺子来度量表影,这种工具叫"土圭"。"土"有"度量"之意,"圭"是一件玉器,土圭就是度量日影的一把玉尺(标准长度为周制一尺五寸)。儒家经典《周礼》中说:"以土圭之法,测土深,正日景,以求地中。日南,则景短多暑;日北,则景长多寒。"其中,"景"与"影"是通假字。这段文字的意思是:用圭来测量中午时的日影,可以定出大地的中心①。暑天日影短而在南,寒天日影长而在北,这样,古时又把日至分为两个:一个叫"日南至"或"夏至",另一个叫"日北至"或"冬至"。

圭表

原始的圭和表是分开的。当表被古人用来作为计时仪器时,就与圭联系了起来,而且从汉代开始,表就改为铜质了。在长期测量实践中,古人发现两者合在一起并在圭上刻上度数,用起来就方便了。表直立于地面,圭是平放于表的正北方向、南端固定于垂直的表底的一把尺子,圭和表组合在一起,圭表就问世了。当然这时的圭只不过是铜质或玉质的平板罢了,由于它是土圭发展演变而来的,所以人们就沿用"圭"字而统称"圭表"了。

圭表的主要用途是通过测定正午时分表影的长度来确定节气以及定出一年时间的长短。史书记载,周初定都镐京(今陕西西安市附近),但还有一个位居中原地区的东都洛邑(今河南洛阳)。相传周文王第四子周公姬旦曾在洛邑东南约50千米的阳城(今河南登封告成镇),竖立起圭表测量冬至和夏至的日影,来定出一年的长度和季节。从此,观测冬至与夏至,成为一件重要的大事。《左传》记载:公元前654年冬至那天,刚好是十一月初一,朔日。鲁僖公带领群臣举行了仪式,宣布新月即将出现。之后,他还亲自登上观测台,去观测太阳照射在表上投下的影子。这是当时规定的礼节,有关官员会记录下当时的情况,并存为史料。

冬至和夏至究竟在哪一天?春秋时期另一本古书《周髀算经》说:"周髀长八尺,夏至日晷一尺六寸……冬至日晷丈三尺五寸。""周髀"就是前文所说的竿,"晷"就是日影。这段话的意思是说:立八尺长的竿子,若有一天,中午的竿影长一尺六寸,则这一天就是夏至;若影长一丈三尺

---

①3000多年前,周公姬旦以"垒土圭,正地中"的方法,测定阳城(今河南省登封市告成镇)为大地的中心,也把它定为周代国之中心。

五寸,则这一天就是冬至。从一个冬至到下一个冬至,或从一个夏至到下一个夏至的时长是一年。

一年究竟有多少天呢?我国上古时代的《尚书·尧典》说得明白:"期三百有六旬有六日,以闰月定四时成岁。"这说明上古时一年就定为366天了。后来,在《周髀算经》中又出现了更详细的记载:"于是三百六十五日南极影长,明日反短,以岁终日影反长,故知之三百六十五日者三,三百六十六日者一。故知一岁三百六十五日四分日之一,岁终也。"这是说,用周髀测影法决定一年的长度,在连续四年的观测中,有3年的年长为365天,而有一年的年长为366天,因此,4个年头共有4×365+1=1461日,即每年年长365.25日。公元前5世纪前后诞生的"四分历",就以年长365.25日这个周期作为基本的数据。这个当时世界上最精确的数值就是用圭表测得的,我国古代创立的二十四节气也是用圭表测定的。

郭守敬

从春秋时期起,我国历代都利用圭表测量日影来制定历法,历经千年。古制圭表,表高一般为八尺,这大概是表的标准高度,这个规范大约形成于周代。直到元代郭守敬之前的圭表,八尺高表占统治地位。郭守敬因制订历法的需要,不拘泥古训,对表高做了大胆改变。他把表高增加到四丈,在元大都(今北京)司天台投入测影工作。测定结果证明,由于表身的增高,减少了相对误差,观测精度大大提高了。此后,明代万历年间,邢云路在兰州建造起六丈高的木质表,测定出我国古代最精确的回归年周期,数值为365.24219,其精确程度远远超出了当时欧洲天文学水平。

江苏仪征东汉铜圭表

现存最古老的圭表是1965年在江苏仪征石碑村东汉墓中出土的一具铜圭表。它的全长为汉尺15寸,活动部分直立为表,高为8寸,正好是传统八尺表高的十分之一。表和圭用轴连接,用时把表竖起,不用时将表平放,与圭合成一把尺子,全长仅34.39厘米。圭上刻度和表的高度均只有传统圭表尺寸的十分之一,是一件珍贵的袖珍式文物。现存古代最大的圭表，要算是河南登封的观星台了。整个观星台相当于一个测量日影的巨大圭表，台身高 9.46 米，相当于表，石圭长 31.19 米，又叫量天尺。此外，还有一件明代正统三年（1437 年）制造的圭表，现存于南京紫金山天文台。

登封观星台

南京圭表

✤ 二十四节气源流

"日月有常，星辰有行。四时从经，万姓允诚。"这出自《尚书·大传》中的古老诗句，描述了天象变化规律与古老的农耕时代人们生活作息顺天应时、安居乐业的情形。

从古代起，我国劳动人民就从实际生产生活经验中观察到一年里昼夜长短和正午太阳高度不断发生变化。《尚书·尧典》中记载着日中、日永、宵中、日短（即现在的春分、夏至、秋分、冬至）四个节气。这四个节气已经很明确地反映了太阳照耀大地的时间特征。古人通过土圭测日影确定，或用北斗七星斗柄所指的方向来定。黄昏时斗柄指东为"春分"，指南为"夏至"，指西为"秋分"，指北为"冬至"。

"二分""二至"确立之后，立春、立夏、立秋、立冬这四个表示春、夏、秋、冬四季开始的节气也相继确定。《左传》中多次提到"分"（指春分、秋分）、"至"（指夏至、冬至）、"启"（指立春、立夏）、"闭"（指立秋、立冬），可见"四立"也出现得很早。这样，"四立"加上"二分""二至"，恰好把一年分为八个基本相等的时段,四季的时间范围被固定了下来。

到了秦朝,《吕氏春秋》记载了现有节气中的八个,如一月的"蛰虫始振",二月的"始雨水",五月的"小暑至",七月的"白露降",九月的"霜始降",等等。只是这些记载与书中其他物候现象如"桃始华""凉风至""寒蝉鸣"等并提,还没有明确提及节气,次序也和现在的有些差异。这些记载有些后来发展为"七十二候",有些就是节气产生前的萌芽。

随着铁制工具的普遍应用,水利灌溉事业的发展,农事活动日益精细与复杂,耕地面积日益扩大,这必然要求人们在天时的掌握上有更多的主动性和预见性,以便及时采取措施。到汉代,二十四节气逐渐趋于完善。西汉《淮南子·天文训》中,记载了完整的二十四节气,其顺序按北斗七星斗柄指子(表示北方)开始排列为:冬至、小寒、大寒、立春、雨水、惊蛰、春分、清明、谷雨、立夏、小满、芒种、夏至、小暑、大暑、立秋、处暑、白露、秋分、寒露、霜降、立冬、小雪、大雪。从此以后,二十四节气的数量和顺序两千多年来再无变化。

二十四节气起源于北纬 35°附近的黄河流域。这里四季分明,多河流谷地和冲积平原,地势平坦,土地肥沃,适宜耕作。这里曾是我国政治、经济、文化中心,因此这一地区农业生产具有天时、地利、人和的充分发展条件。古代许多记载节气的文献也多出于以西安、洛阳为中心的地区。所以,二十四节气主要反映的是黄河流域的气候特点和农事活动。

我国幅员辽阔,各地气候千差万别。所以,黄河流域以外的地方运用二十四节气,都要因地制宜地进行再创造。随着生产技术水平的提高,中华民族祖先们对那些对于农业生产有特别意义的时段进行了更细致的阐述,并且在不同气候和农业生产特点的地区应用节气时,创作出大量的农谚、民谣。如种麦的适期,华北农谚说"白露早,寒露迟,秋分种麦正当时",浙江则说"寒露早,立冬迟,霜降前后正当时"。这些农谚的传播与交流又促进了二十四节气的发展。节气的含义,已不单是二十四个名称所能表征的了。

二十四节气与历法

❈ 二十四节气的划分

⊙ 平气法和定气法

二十四节气表示的是一年里天时和气候变化的 24 个时期,也就是地球围绕太阳在公转轨道上运动时到达的 24 个不同的位置。因此,我国历法上曾先后出现过两种二十四节气的时间计算方法,一种是将一个回归年的时间进行平分,一种是对太阳视运动一周天 360° 进行平分,前者被称为平气法,后者被称为定气法。从平气法发展到定气法,经历了漫长的演进过程。

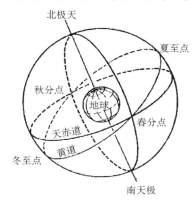

黄道、二分二至点示意图

地球围绕太阳公转,人是无法直接察觉的。人们能感受到的是太阳在星空中以一年为周期环绕地球运动,天文学上称之为太阳的视运动。这种视运动路线,也就是地球公转轨道平面与天球相交的大圆,称为黄道。太阳在黄道上绕行一周、从春分点再回到春分点的时间,就是一个回归年,或称太阳年。黄道圆周和地球绕太阳公转一年的圆周相同,都是 360°。

起初,我国古代历法家们把一个回归年平均划分为 24 份来确定二十四节气。例如,东汉时期的四分历中回归年的长度是 365.25 日,那么,其中每个节气的时间长度就是 365.25÷24＝15.21875 日,也就是说,大约每过 15.218 日交一个节气。这种划分二十四节气的方法就是平气法。

公元 6 世纪,北齐天文学家张子信用浑仪测天,发现太阳视运动不均匀,近日点前后运转速度快,而在远日点附近则慢一些,也就是"日行在春分后则迟,秋分后则速"(《隋书·天文志》)。根据这一现象,隋代天文学家刘焯着手进行改历,他以春分为起点,把周天 360°等分成 24 等份,每个节气就是 15°,太阳每走过 15°就交一个节气。这样,在每个节气太阳所在的位置就是真实而且固定的,在每两个节气之间太阳走过的度数也是相等的。不过,由于太阳在远日点和近日点视运动速度快慢不一,因此两个节气之间的度数差距虽然一致,时间长度却不一样,冬至前后太阳视运行速度快一些,两节气之间只有 14 天多,夏至前后太阳视运行速度慢一些,两节气之间有 16 天多。这种划分二十四节气的方法是定气法。

由于古代农事活动只要求有相对固定的标准知道季节时令的变化来安排农事活动,而且人们长久以来已经习惯用平气法划分的二十四节气,因此,刘焯并没有用定气法来标注历书。到清顺治二年(1645 年)颁行时宪历,才正式采用定气法。

现代天文学仍采用定气法,在黄道圆周上取一个固定点——春分作为起点的 0°,从地球上看,太阳每年在黄道上从春分点开始自西向东运行 360°,把黄道圆周进行 24 等分,太阳每移行黄经 15°就设定一个节气,也就是说,两个等分点之间相隔 15°。太阳视运动到达等分点位置时,被称为交节气。由于交节气只是一瞬间,所以很多历书都会记载二十四节气某月某日某时某分到来的详细时刻。

二十四节气在黄道上的位置

节气名称	太阳黄经	节气名称	太阳黄经
立春	315°	立秋	135°
雨水	330°	处暑	150°
惊蛰	345°	白露	165°
春分	0°	秋分	180°
清明	15°	寒露	195°
谷雨	30°	霜降	210°
立夏	45°	立冬	225°
小满	60°	小雪	240°
芒种	75°	大雪	255°
夏至	90°	冬至	270°
小暑	105°	小寒	285°
大暑	120°	大寒	300°

太阳通过春分点的时候叫作春分,春分所在的日期叫作春分日,同样,太阳通过清明、谷雨、立夏、小满、芒种、夏至各点的日期,分别叫作清

明日、谷雨日、立夏日、小满日、芒种日、夏至日,余可类推。

农民为了提高农作物产量,需要按节气来安排农事活动,如"清明下种,谷雨插秧"(南方)、"白露早,寒露迟,秋分种麦正当时",但这不是指此类农谚中的"下种""插秧"和"种麦"等农事活动必须在交节气那一天内完成。农业生产上所指的节气是一段时间,不是交节气的那一天。目前,农业生产上划分节气的方法一般有两种:一是将从交节气的那一天开始,到下一个节气的前一天这个时段作为一个节气,二是以交节气那一天为中间点的前后共15天左右作为一个节气。

在我们日常生活中,也把节气看作一段时间。如"大暑"和"大寒"是表示一年中最热和最冷的日子,但实际上最热和最冷的日子并不是只在交节气那天,而是在交节气的前后几天里。

⊙十二次与黄道十二宫

早在先秦时期,《左传》《国语》《尔雅》等文献就对十二次有所记载,当时主要用于记木星的位置。我国古人为了便于观察太阳、月亮和金、木、水、火、土五星的运行及节令到来的早晚,把黄道一周天由西向东进行12等分,称为十二次或十二宫。木星每十二个月即一年行经一次,所以古人将木星称为岁星,并且通过观测木星的位置来纪年。十二次的名称是:星纪、玄枵、诹訾、降娄、大梁、实沈、鹑首、鹑火、鹑尾、寿星、大火、析木。它们是按赤道经度等分的,并和二十四节气相联系,例如,星纪次的起点为大雪,中点为冬至;玄枵次起点为小寒,中点为大寒,其余各次以此类推。各次起点在星空间的位置因受岁差影响而不断改变。

登德拉神庙的黄道十二宫图绘

与我国古代十二次的产生几乎同时,两千多年前,古代埃及和希腊的天文学家把黄道南北各8°宽的范围,叫作黄道带。把黄道带分为12等份,每一带占黄经30°,就形成了黄道十二宫。各宫都以本宫内星座来命名,就是宫名和它所在的星座名称相同,每宫还有一个特殊符号。大约在公元17世纪,欧洲天文学传入中国,人们用十二次名来翻译黄道十二宫名称,如称"摩羯宫"为"星纪宫"等。各宫均按黄道经度等分,其起点改与二十四节气中的中气相联系,星纪宫起点为冬至,玄枵宫起点为大寒,诹訾宫起点为雨水,降娄宫起点为春分,大梁宫起点为谷雨,实沈宫起点为小满,鹑首宫起点为夏至,鹑火宫起点为大暑,鹑尾宫起点为处暑,寿星宫起点为秋分,大火宫起点为霜降,析木宫起点为小雪。随着星象迁移,今天黄道十二星座与二十四节气的对应关系已发生变化。

❀ 二十四节气与阳历

从远古到现在,世界各国通用的历法,种类繁多,但大概可分为三类:主要依据太阳回归年制定的历法叫作阳历,如世界上现在通行的公历;主要依据月亮朔望月制定的历法叫作阴历,如伊斯兰教历、古希腊历等;兼顾回归年和朔望月的历法叫作阴阳历,如中国现在还使用的农历、藏历等。

我们计算日期,习惯用整数的天数作单位,把 365 天作为一年。实际上,从 1 月 1 日到 12 月 31 日,日历虽然撕完了,但是地球还没有围着太阳绕完一圈,还差一些尾数。一年差的尾数是 5 小时 48 分 46 秒,四年一共差 23 小时 15 分 4 秒,这就接近 1 天了。因此,人们规定:第一年、第二年、第三年都是 365 天,叫平年;第四年 366 天,叫闰年。闰年里多出来的一天放在 2 月。

为了计算简便,人们还规定,凡是公元年数能被 4 整除的都是闰年。但这样规定,新问题又来了。因为积累 4 年的多余的时间总共只有 23 小时 15 分 4 秒,闰年加了 1 天之后实际上每 4 年多算了 44 分 56 秒,相当于 0.0312 天。时间一长,这不足之处就明显了。

所以,1582 年,人们提出每 4 年有 1 个闰年,但在 400 年内必须减去 3 个闰年。规定逢百年份的最后一年不设闰年,如 2100 年、2200 年、2300 年、2500 年等,虽然能被 4 除尽,也当作平年。逢百年份只有既能被 4 整除,又能被 400 整除时,如 2000 年、2400 年、2800 年等,方为闰年。这样,每 4 个相邻的逢百年份中只有一个闰年,其余的 3 个就不是闰年。因为 4 年多算了 0.0312 天,隔了 400 年就多算了 3.12 天(74 小时 53 分 20 秒),400 年内减去 3 个闰年(72 小时)就使历法更精确了,400 年才产生 0.12 天的误差。

公历规定每年都有 12 个月,1 月、3 月、5 月、7 月、8 月、10 月、12 月为大月,每月 31 天;4 月、6 月、9 月、11 月为小月,每月 30 天;2 月在平年有 28 天,到闰年才有 29 天。

上面说的阳历反映了太阳的周年视运动,是以回归年长度为准的,而且每年长短差不多一样,总是包含 12 个月(365 日或 366 日),每月的天数除 2 月外,年年相同。

二十四节气产生于我国古代农耕生产的需要,远古先民靠天吃饭,根据季节寒暑和气候冷暖安排播种、插秧、中耕、收获等农事活动,尤其关注太阳照射地球的光和热的变化规律,最初用来划分二十四节气的平气法就是以太阳回归年为依据的。早在两千多年前,西周时期已经开始使用圭表测量日影的长度,从而确立了冬至、夏至、春分、秋分四个节气。此后,古人陆续测定了二十四个节气的日影长度,说明二十四节气反映的是太阳视运动的位置变化,与月亮的运动没有关系,所以节气属于阳历范畴。汉代时,二十四节气已经完全确立。公元前 104 年,邓平等人制定《太初历》,正式将二十四节气收入历法。

辛亥革命推翻封建帝制后,我国历法改用公历,公历是阳历,这样二十四节气与公历日期就有了基本固定的对应关系。

由于二十四节气也以一周天 360° 等分 24 个等份而来,因此各节气的公历日期大体上是固定的,其变动范围很小。用公历来推算二十四节气的日期很简便:每月两个节气,在 6 月份以前(2 月除外),前一个节气往往是 6 日,后一个节气往往是 21 日;在 7 月份以后,前一个节气往往是 8 日,后一个节气往往是 23 日。二十四节气中,时间在公历每月上旬的被称为节气,时间在公历每月下旬的被称为中气。每个节气在不同年份的日期,相差最多不过一两天。

二十四节气与农历

中华人民共和国成立后,在采用公历的同时,考虑到人们生产、生活的实际需要,还沿用了中国传统的农历。

农历,民间俗称阴历。其实,农历不是纯粹的阴历,也不是纯粹的阳历,而是阴阳合历。它把朔望月的一个周期(即月亮圆缺一次的周期)作为历月的平均时长,这一点与纯粹的阴历相同,但它运用了设置闰月和二十四节气的办法,使历年的平均长度等于回归年,这样就又有了公历的成分。所以,农历比纯粹的阴历更科学。

根据史书记载,从传说中的黄帝时代起到清朝末年,我国一共使用过 102 种历法,基本上都是阴阳合历性质的。这种兼顾朔望月周期和回归年长度的历法,也是我们祖先的伟大创造。

我国现行的农历,据说我们的祖先远在夏代就已经使用了,所以人们又称之为"夏历"。

农历的历月以朔望月为依据。朔望月的平均周期是 29.5306 日,也就是 29 天 12 小时 44 分 3 秒,因此农历也是大月 30 天,小月 29 天。但农历和纯粹的阴历并不完全一样,因为纯粹的阴历是大小月交替编排的,而农历的大小月是经过推算决定的。农历的每一个月的初一都正好是"朔"(即月亮在太阳、地球中间,且以黑暗的半面对着地球

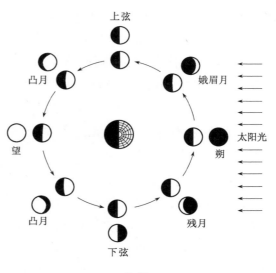

月相

的时候)。有时会连续出现两个大月或两个小月。由于朔望月稍大于 29 天半,所以在农历的每 100 个历月里,约有 53 个大月和 47 个小月。

农历基本上以 12 个月为一年,但 12 个朔望月的时间,一共是 354.3667 日,与回归年的 365.2422 日相差了 11 天左右。这样每隔 3 年就少算了 33 天,即少了一个多月。为了填补这些少算的日数,每 3 年就要增加一个月,这就是农历的闰月,有闰月的这一年就叫闰年。所以农历的闰年就有 13 个月了。

问题是,农历每 3 年比回归年短 33 天,若每 3 年插入一个闰月,这个闰月的天数只能为 29 天或 30 天,于是又产生了 3 天左右的余数。怎么

办呢？我国古代天文学家早在公元前 600 年就找到了解决办法：若在 19 个农历年中设置 7 个闰年，就和 19 个回归年长度几乎相等。这在历法中被称为"19 年 7 闰法"，发明时间比古希腊早了 160 余年。

农历为闰年的年份里把哪一个月设置为闰月是由月中的节气来定的。二十四节气里，从立春数起，单数的叫节气，如立春、惊蛰……双数的叫中气，如雨水、春分……农历以 12 个中气作为 12 个月的标志，而有闰月的年都有 13 个月，其中有一个月一般是没有中气的。我们知道，相邻两个节气或两个中气，在黄道上相距是 30°，太阳在黄道上移动 30° 所需的时间，平均是 365.2422÷12＝30.43685 日，也就是节气与节气之间或中气与中气之间的间隔平均是 30.43685 日，而一个朔望月是 29.5306 日，所以节气和中气在农历月份中的日期必定逐月推迟。到了一定的时候，中气不在月中，而移到月末，下一个中气则移到了再下一个月的月初，这样，处于中间位置的这个月就没有中气，只剩下一个节气了。

这个没有中气的月即为闰月，并以它前一个月的月名再加一个"闰"字作为月名，如前一个月是二月，这个没有中气的月就叫闰二月；如前一个月是三月，这个没有中气的月就叫闰三月。冬至以后，由于地球离太阳近，没有无中气的月份，所以十一月、腊月、正月不置闰月。

有的农历闰年中，会有 13 个节气、12 个中气，这一年将有两个立春节，叫"一年两头春"。19 个回归年中，有 7 个年头，是有两个立春的"双春年"，7 个年头是没有立春的"无春年"，其余的 5 个年头是正常的"单春年"。立春日正逢正月初一的情况很少遇到，因此有"百年难逢岁朝春"的谚语在民间流传着。

中国传统的农历与二十四节气已经融为一体。节气是根据太阳运行确定的，它的存在使得人们既可以利用农历去判断日数、潮汐、动植物生长周期等，又可以根据节气去判断长时间范围的农牧业季节情况。

 ## 二十四节气与干支、阴阳五行

⊙ 二十四节气与干支

干支，原意为树干和枝叶，它们是一个相互依存、相互配合的整体。

我国古代以天为主,以地为从,"天"和"干"相连叫作"天干","地"和"支"相连叫作"地支",合起来就是"天干地支",简称"干支"。

天干有十个字,就是甲、乙、丙、丁、戊、己、庚、辛、壬、癸。地支有十二个字,就是子、丑、寅、卯、辰、巳、午、未、申、酉、戌、亥。把天干中的一个字摆在前面,后面配上地支中的一个字,按顺序结合排列起来,就是甲子、乙丑、丙寅……天干的第十个字与地支的第十个字组合之后,又从天干的第一个字与地支的第十一字组合为甲戌,然后有乙亥、丙子、丁丑等等。这么顺序排列下去,从甲子到癸亥算作一周,就有60个干支组合,叫作"六十甲子"(详见下表)。

甲子	乙丑	丙寅	丁卯	戊辰	己巳	庚午	辛未	壬申	癸酉
甲戌	乙亥	丙子	丁丑	戊寅	己卯	庚辰	辛巳	壬午	癸未
甲申	乙酉	丙戌	丁亥	戊子	己丑	庚寅	辛卯	壬辰	癸巳
甲午	乙未	丙申	丁酉	戊戌	己亥	庚子	辛丑	壬寅	癸卯
甲辰	乙巳	丙午	丁未	戊申	己酉	庚戌	辛亥	壬子	癸丑
甲寅	乙卯	丙辰	丁巳	戊午	己未	庚申	辛酉	壬戌	癸亥

我国古代用天干地支组成的六十甲子循环标记年、月、日、时,这种历法被称为干支历。干支历由干支纪年、干支纪月、干支纪日、干支纪时组成,其年、月的划分依据二十四节气确定,以立春日为岁首,年长为一回归年,用二十四节气划分出十二个月,交节日为月首,每个月含有两个节气,没有闰月。因此,干支历又被称为节气历。

干支纪年是由十天干和十二地支组合而成的以六十甲子来表示年岁的一种传统记载时间的方法。干支纪年60年一循环,周而复始。采用干支纪年,每年第一天并不是正月初一,而是立春日。也就是说,干支纪年的一年是从当年的立春日到次年立春日的前一天。例如:公历2015年2月4日(农历马年十二月十六日)是立春日,此日之前属于甲午年,自此日开始直到公历2016年2月3日(农历羊年腊月二十五日)是乙未年,2016年2月4日立春日开始丙申年。

干支纪月是用干支组合即六十甲子表示月份,一年十二个月,以二十四节气中的立春、惊蛰、清明、立夏、芒种、小暑、立秋、白露、寒露、立冬、大雪、小寒这十二节开始的时刻为起点。因为农历与公历都有闰月，而干支纪月每年固定为十二个月，各月的地支是固定不变的，所以干支纪月的起点不能以公历1月1日或农历正月初一为起点。这也是闰月不设独立的干支纪月的原因。比如，公历2015年2月4日11时59分立春，从此刻开始至2015年3月6日5时56分之前是戊寅月，而农历正月初一并不是寅月的开始。

地支纪月规则是每年从寅月开始，一年中的十二个月与十二地支依次对应，这样每月的地支是固定不变的，即从立春日至惊蛰前一日为寅月，从惊蛰日至清明前一日为卯月，从清明日至立夏前一日为辰月，依次类推，从小寒日至立春前一日为丑月。地支纪月与二十四节气的对应关系具体如下：

> 正月：建寅立春经雨水到交惊蛰为止
>
> 二月：建卯惊蛰经春分到交清明为止
>
> 三月：建辰清明经谷雨到交立夏为止
>
> 四月：建巳立夏经小满到交芒种为止
>
> 五月：建午芒种经夏至到交小暑为止
>
> 六月：建未小暑经大暑到交立秋为止
>
> 七月：建申立秋经处暑到交白露为止
>
> 八月：建酉白露经秋分到交寒露为止
>
> 九月：建戌寒露经霜降到交立冬为止
>
> 十月：建亥立冬经小雪到交大雪为止
>
> 十一月：建子大雪经冬至到交小寒为止
>
> 十二月：建丑小寒经大寒到交立春为止

纪月的地支（简称月支）再与天干相配，组成干支纪月。关于月的天干（简称月干）配月的方法，民间广泛应用的简便的年干起月干口诀是"五虎建元歌"：

> 甲己之年丙作首，乙庚之岁戊为头；
>
> 丙辛之岁从庚算，丁壬壬寅正月求；
>
> 戊癸甲寅建正月，十干年月顺行流。

此歌又作：

甲己丙寅首,乙庚戊寅头,

丙辛从庚起,丁壬壬寅居,

戊癸甲寅求,周而复始行。

干支纪月表

干支\月份 年天干	正月	二月	三月	四月	五月	六月	七月	八月	九月	十月	十一月	十二月
甲、己	丙寅	丁卯	戊辰	己巳	庚午	辛未	壬申	癸酉	甲戌	乙亥	丙子	丁丑
乙、庚	戊寅	己卯	庚辰	辛巳	壬午	癸未	甲申	乙酉	丙戌	丁亥	戊子	己丑
丙、辛	庚寅	辛卯	壬辰	癸巳	甲午	乙未	丙申	丁酉	戊戌	己亥	庚子	辛丑
丁、壬	壬寅	癸卯	甲辰	乙巳	丙午	丁未	戊申	己酉	庚戌	辛亥	壬子	癸丑
戊、癸	甲寅	乙卯	丙辰	丁巳	戊午	己未	庚申	辛酉	壬戌	癸亥	甲子	乙丑

　　干支纪日法是用天干与地支组合成的六十甲子来表示每一天,从甲子到癸亥,不断循环记录。干支纪日确定每一天的起始时间是子正,即现在所说的零时。由于干支纪日以每一天来计算,在历法方面没有太多要求,所以能直接附注在阴阳历上。干支纪日法目前多用来推算初伏、中伏、末伏、入梅、出梅等与农事有关的日期。

　　干支纪时把一昼夜分为十二辰,用十二地支来表示十二辰,每个地支代表一辰。每个时辰等于现在所说的两个小时,具体是:子时:23—1点;丑时:1—3点;寅时:3—5点;卯时:5—7点;辰时:7—9点;巳时:9—11点;午时:11—13点;未时:13—15点;申时:15—17点;酉时:17—19点;戌时:19—21点;亥时:21—23点。

　　在古代由于历书中都不标记干支纪时,于是人们根据日天干快速知道时天干的五鼠遁日起时诀:

甲己还加甲,乙庚丙作初。

丙辛从戊起,丁壬庚子是。

戊癸何方觅,壬子是真途。

干支纪时表

时辰地支	北京时间(时)	甲/己日	乙/庚日	丙/辛日	丁/壬日	戊/癸日	天象纪时
子	23—1	甲子	丙子	戊子	庚子	壬子	夜半
丑	1—3	乙丑	丁丑	己丑	辛丑	癸丑	鸡鸣

续表

时辰地支	北京时间（时）	甲/己日	乙/庚日	丙/辛日	丁/壬日	戊/癸日	天象纪时
寅	3—5	丙寅	戊寅	庚寅	壬寅	甲寅	平旦
卯	5—7	丁卯	己卯	辛卯	癸卯	乙卯	日出
辰	7—9	戊辰	庚辰	壬辰	甲辰	丙辰	食时
巳	9—11	己巳	辛巳	癸巳	乙巳	丁巳	隅中
午	11—13	庚午	壬午	甲午	丙午	戊午	日中
未	13—15	辛未	癸未	乙未	丁未	己未	日昳
申	15—17	壬申	甲申	丙申	戊申	庚申	晡时
酉	17—19	癸酉	乙酉	丁酉	己酉	辛酉	日入
戌	19—21	甲戌	丙戌	戊戌	庚戌	壬戌	黄昏
亥	21—23	乙亥	丁亥	己亥	辛亥	癸亥	人定

民间认为，在二十四节气的不同时间段，吉时不同：

雨水后到春分前，吉时为子午卯酉；

春分后到谷雨前，吉时为寅申巳亥；

谷雨后到小满前，吉时为辰戌丑未；

小满后到夏至前，吉时为子午卯酉；

夏至后到大暑前，吉时为寅申巳亥；

大暑后到处暑前，吉时为辰戌丑未；

处暑后到秋分前，吉时为子午卯酉；

秋分后到霜降前，吉时为寅申巳亥；

霜降后到小雪前，吉时为辰戌丑未；

小雪后到冬至前，吉时为子午卯酉；

冬至后到大寒前，吉时为寅申巳亥；

大寒后到雨水前，吉时为辰戌丑未。

⊙二十四节气与阴阳五行

阴阳五行学说在我国起源很早，流传极广。早在原始母系氏族社会，我们的祖先就根据男女、雌雄之别，逐渐形成了"阴阳"观念：女、雌、母为"阴"，男、雄、公为"阳"。后来，随着人们认识水平的不断提高，天地、日月、水火、上下、明暗、寒暖、表里、左右、刚柔、动静等，无不被用阴阳加以概括。春秋末期，老子把阴阳升华为哲学范畴，在我国历史上第一次提出了宇宙的生成模式:道(一)——阴阳(二)——宇宙万物(三)。战国时期的庄子指出,《易经》的思想核心是阴阳学说。解释《易经》的《易传》更提出了"一阴一阳之谓道"的命题,认为万物是在阴阳的交感、矛盾中孳生着、变化着、发展着。

五行,也起源于原始母系氏族社会,但其产生要晚于"阴阳"。我们的祖先在漫长的岁月中,逐渐认识到自然界中存在着与生产实践密切相关的五种重要物质:"一曰水,二曰火,三曰木,四曰金,五曰土。"古人认为,它们是构成万物的基本物质,并且代表五种不同的属性。从植物能生火、

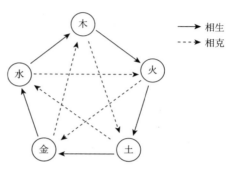

五行生克关系图

火后有灰烬(土)、土中埋金属、金属能熔化成液体(水)、水能滋润植物这一系列现象中,古人形成了"木生火,火生土,土生金,金生水,水生木"的"五行相生论"。相反地,古人又从水能灭火、火能熔金、刀斧砍木、木耜翻土、水来土掩等现象中,形成了"水克火,火克金,金克木,木克土,土克水"的"五行相克论"。五行之间相生相克,即互有差异又互相联系,万物由此生成,并依一定秩序发展变化,循环往复,构成一个自我调节的大系统。

阴阳五行学说把自然界一切事物的性质都分别纳入水、火、木、金、土五行的范畴,据此,二十四节气也有阴阳五行属性,这与十二个月分五行之气有关。古人认为,十二地支各有阴阳五行属性:寅为阳木,卯为阴木,午为阳火,巳为阴火,申为阳金,酉为阴金,子为阳水,亥为阴水,辰、戌为阳土,丑、未为阴土。如前所述,古代用十二地支纪月,月的划分以节气变化为界,结合十二地支五行属性来看,寅月木气从立春始王,卯月木气从惊蛰始王,辰月土气从清明始王,巳月火气从立夏始王,午月火气从芒种始王,未月土气从小暑始王,申月金气从立秋始王,酉月金气从白露始王,戌月土气从寒露始王,亥月水气从立冬始王,子月水气从大雪始王,丑月土气从小寒始王。

具体说来,二十四节气与十二个月分五行之气的对应关系如下:

从立春开始,经过雨水,到惊蛰前止,是以阳木性质为主体的时段;

从惊蛰开始,经过春分,到清明前止,是以阴木性质为主体的时段;

从清明开始,经过谷雨,到立夏前止,是木气向火气转换的过渡时段;

从立夏开始,经过小满,到芒种前止,是以阴火性质为主体的时段;

从芒种开始,经过夏至,到小暑前止,是以阳火性质为主体的时段;

从小暑开始,经过大暑,到立秋前止,是火气向金气转换的过渡时段;

从立秋开始,经过处暑,到白露前止,是以阳金性质为主体的时段;

从白露开始,经过秋分,到寒露前止,是以阴金性质为主体的时段;

从寒露开始,经过霜降,到立冬前止,是金气向水气转换的过渡时段;

从立冬开始,经过小雪,到大雪前止,是以阴水性质为主体的时段;

从大雪开始,经过冬至,到小寒前止,是以阳水性质为主体的时段;

从小寒开始,经过大寒,到立春前止,是水气向木气转换的过渡时段。

五行随春、夏、秋、冬四季更替而呈现出旺、相、休、囚、死五种状态,"旺"即旺盛,"相"即次旺,"休"即休然无事、不旺不衰,"囚"即衰落,"死"即生气全无。这五种状态的关系是当令者旺,我生者相,生我者休,克我者囚,我克者死。在一年四个季节里,五行分别处于旺、相、休、囚、死的状态。

春令:木旺,火相,水休,金囚,土死。

夏令:火旺,土相,木休,水囚,金死。

秋令:金旺,水相,土休,火囚,木死。

冬令:水旺,木相,金休,土囚,火死。

长夏令:土旺,金相,火休,木囚,水死。

也就是说,四季中的春、夏、秋、冬分属五行木、火、金、水,五行中土则对应季夏(又称长夏,为夏季的最后一个月)与每季末的 18 天。

五行随季节变换分处五种状态,因此,二十四节气与阴阳五行的关系也表现在人们需根据季节和节气的变换调养身体。《灵枢·本藏》云:"五脏者,所以参天地,副阴阳,而运四时,化五节者也。"说明人体脏腑与天地阴阳四时五行是相对应的。五脏中的肝、心、脾、肺、肾分属五行木、火、土、金、水,所以每个节气都要根据当时阴阳二气的消长以及五行的状态进行养生,根据四季节气阴阳五行的变化来补五脏不足。以在春季旺盛的木为例,《遵生八笺·四时调摄笺》说:"正月立春,木相;春分,木旺;立夏,木休;夏至,木废;立秋,木死;立冬,木殁;冬至,木胎;言木孕于水之中矣。"在立春、雨水节气,阳气初生,肝木之气始起,寒气未褪,因此,这时还不能随意脱减衣服,以免寒气伤了肝木之气,也就是需要"春捂"。惊蛰节气,阳气渐浓,肝木之气渐盛,冬天蛰伏的动物们纷纷醒来,此时人也应该适当地进行一些运动养生,以祛除肝脏系统积聚的风邪毒气。春分节气,天地间阴阳二气较为平衡,肝木之气旺盛,肾气微弱,应保持心志平和,饮食戒酸增辛,避免补肝过度,以此补肾助肝。清明节气,万物呈现一派欣欣向荣的景象,肝脏之气开始转衰,谷雨节气对应脾土之位,脾土之气旺盛,应益肝助脾,让肝木之气自然渐消,但避免过度补脾,而应该护脾。

❈ 二十四节气与卦气说

《易经》,广义上指《周易》,狭义上指《周易》的六十四卦和卦辞、爻辞,是《周易》的核心内容,言语非常简洁,它用卦象和卦辞演绎不同事物在阴阳两种因素的推动下变化和发展的过程,体现了古代先民朴素的辩证法观念。《系辞》指出,《易经》为伏羲所创作,实际上,它可能是在殷末西周时期逐渐完善,在西周中后期编撰而成的,其内容可能并非一人所创,应该是上古智者的集体智慧。

卦是由爻组成的。爻分阴爻、阳爻,阴爻记作"--",阳爻记作"—",它们分别代表不同事物。阴爻代表偶数、雌性、柔弱、下沉、黑暗、月亮等,阳爻代表奇数、雄性、刚强、上升、白日、太阳等。八卦就是由阴、阳爻三三重合而成的,分别为乾(☰)、坤(☷)、震(☳)、巽(☴)、坎(☵)、离(☲)、艮(☶)兑(☱)。

八卦两两相配,就得到六十四卦,又称为六十四别卦,每卦有特定的名

先天八卦方位图

称。六十四卦每卦有六爻，上三爻为上卦、下三爻为下卦，共 384 爻。

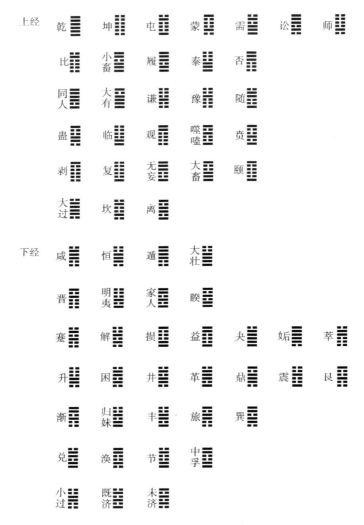

通本《周易》六十四卦卦序

人们常说，先天八卦为易之体，后天八卦为易之用。后天八卦又称文王八卦，体现的是四时推移、八节变化、万物生长的周期规律，蕴含着阴阳互存互根、五行母子相生的思想。《说卦》中说："帝出乎震，齐乎巽，相见乎离，致役乎坤，说言乎兑，战乎乾，劳乎坎，成言于艮。万物出乎震，震，东方也。齐乎巽，巽，东南也；齐也者，言万物之洁齐也。离也者，明也，万物皆相见，南方之卦也；圣人南面而听天下，向明而治，盖取诸此也。坤也者,地也,万物皆致养焉,故曰致役乎坤。兑,正秋也,万物之所说也,故曰说言乎兑。战乎乾,乾,西北之卦也,言阴阳相薄也。坎者,水也,正北方之卦也,劳卦也,万物之所归也,故曰劳乎坎。艮东北之卦也,万物之所成终而所成始也,故曰成言乎艮。"

后天卦位以离坎、震兑为经纬代表四时(四季),以震、巽、离、坤、兑、乾、坎、艮表示八节(八个季节),即立春、春分、立夏、夏至、立秋、秋分、立冬、冬至,描绘了一年四季的候节变化和万物从生发到繁茂到结实再到衰亡的过程。

卦气说是汉代易学的重要研究方向之一,相传为西汉易学家孟喜根据后天八卦所提出。这里的"卦"是指《周易》六十四卦,"气"是指天地间阴阳二

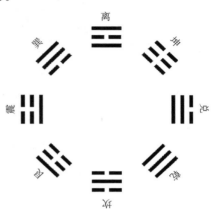

后天八卦图

气运行所成的时节,"卦气"就是用《周易》卦象推演以年为周期的气候变化规律,解说一年的季节和节气。卦气说以坎、震、离、兑四卦主一年四季,每卦主六个节气,又称四正卦;其余六十卦分主一年365.25天,每月五卦,每卦主六日七分,所以卦气说又被称"六日七分术"。

四正卦,即震、离、兑、坎四卦,分别对应东、南、西、北四个方向和春、夏、秋、冬四个方向。《说卦》指出,"万物出乎震,震东方也";"离也者,明也,万物皆相见,南方之卦也,圣人南面而听天下,向明而治,盖取诸此也";"兑正秋也,万物之所说也,故曰说;言乎兑";"坎者水也,正北方之卦也,劳卦也,万物之所归也,故曰劳乎坎"。震卦一阳始生,万物复苏,是生命生发之象,因此主春;离卦为火,为日,象征炎热,因此主夏;兑卦主秋,万物收获成熟之时;坎卦主冬,万物休息归藏之时。

四正卦一共有二十四爻分别对应二十四个节气,震卦初爻至上爻依次对应春分、清明、谷雨、立夏、小满、芒种,离卦初爻至上爻依次对应夏至、小暑、大暑、立秋、处暑、白露,兑卦初爻至上爻依次对应秋分、寒露、霜降、立冬、小雪、大雪,坎卦初爻至上爻依次对应冬至、小寒、大寒、立春、雨水、惊蛰。

坎　惊蛰　雨水　立春　大寒　小寒　冬至　　震　芒种　小满　立夏　谷雨　清明　春分　　离　白露　处暑　立秋　大暑　小暑　夏至　　兑　大雪　小雪　立冬　霜降　寒露　秋分

　　在卦气说中,四正卦之外的六十卦中有十二卦被分为内卦和外卦,它们是屯卦、小过、需卦、豫卦、旅卦、大有、鼎卦、恒卦、巽卦、归妹、艮卦、济卦,这样就有了七十二卦。这七十二卦被分为辟、侯、大夫、卿、公五类,每类为十二卦。十二辟卦,即十二消息卦,分别为复卦、临卦、泰卦、大壮卦、夬卦、乾卦、姤卦、遁卦、否卦、观卦、剥卦、坤卦;十二候卦,即被分为内外卦的屯卦、小过、需卦、豫卦、旅卦、大有、鼎卦、恒卦、巽卦、归妹、艮卦、济卦;大夫卦分别为谦卦、蒙卦、随卦、讼卦、师卦、家人、丰卦、节卦、萃卦、无妄卦、既济、蹇卦;卿卦分别为睽卦、益卦、晋卦、蛊卦、比卦、井卦、涣卦、同人、大畜、明夷、噬嗑、颐卦;公卦分别为中孚、升卦、渐卦、解卦、革卦、小畜、咸卦、履卦、损卦、贲卦、困卦、大过。

　　二十四节气中,每个节气所对应的三候分别称为初候、次候和末候。从冬至的初候配以中孚开始,中气的初候配以公卦,次候配以辟卦,末候配以侯卦的内卦;节气的初候配以侯卦的内卦,次候配以大夫卦,末候配以卿卦。

卦气解说

月次	卦序(节气)	卦象	六十卦次序解说
十一月	中孚(冬至)		万物萌芽于中
	复		阳气复始
十二月	屯(小寒)		一阳微动,生物甚难
	谦		阳气潜然温和,万物于土中始自籤幼
	睽		睽,外也,万物将自内而外
	升(大寒)		万物为阳气所育,将射地而出
	临		阴气在外,万物扶疏而上
正月	小过(立春)		小为阴,小过者,阴将过也
	蒙		万物孚甲而未舒
	益		阳气日益
	渐(雨水)		阳气渐生
	泰		阳气日盛,万物畅茂

月次	卦序（节气）	卦象	六十卦次序解说
二 月	需（惊蛰）		阳尚在上，滋生舒缓
	随		万物随阳气而遍
	晋		万物日晋而上
	解（春分）		阳气温暖，万物解甲而生
	大壮		阳气内壮
三 月	豫（清明）		阴消阳息，万物和悦
	讼		万物争讼而长
	蛊		蛊，饬也，万物至此整饬
	革（谷雨）		万物洪舒，变形易体
	夬		阳气决然，无所疑忌
四 月	旅（立夏）		微阳将升，阳气若处乎旅
	师		万物众多
	比		万物盛而相比
	小畜（小满）		纯阳据位，阴犹畜而未肆
	乾		万物犹强盛
五 月	大有（芒种）		阳气充满，将衰
	家人		阳将休息于家
	井		万物井然不乱
	咸（夏至）		阳极阴生，感应之理
	姤		微阴初起，与阳相遇
六 月	鼎（小暑）		阴阳之气相和，若调鼎然
	丰		阴阳相济，而物茂盛
	涣		阴阳相杂，涣有其文
	履（大暑）		阴进阳退，有宾主之礼
	遁		阴进阳遁
七 月	恒（立秋）		阴阳进退，不易之常道
	节		阳不可过，故阴以节之
	同人		阴气虽盛，阳气未去，与之相同
	损（处暑）		万物相损
	否		阳上阴下，万物否塞
八 月	巽（白露）		巽，伏也，阳气将伏
	萃		万物阳气萃于内
	大畜		大为阳，阳气畜聚于内
	贲（秋分）		坤为文，阴升阳降，故文见而贲
	观		阳养其根，阴成其形，物皆可观

月次	卦序(节气)	卦象	六十卦次序解说
九　月	归妹(寒露)		阳在下,故曰归
	无妄		无妄,灾也,万物凋落
	明夷		物受伤
	困(霜降)		物受伤而困
	剥		阴剥阳几尽
十　月	艮(立冬)		物上隔于阴,下归于阳,各止其所
	既济		岁功已成
	噬嗑		噬嗑,食也,物美其根而得食
	大过(小雪)		阳之受伤,将过
	坤		阳上阴下,不相逆而相顺
十一月	未济(大雪)		阳将复而未济
	蹇		阴极阳生,故为之蹇
	颐		阳得养而复

卦气说将六十四卦与四季、月份、二十四节气、七十二候相结合,形成了以阴阳二气运行与时节气候关系为基础的卦序,凸显了节气与周易八卦的密切联系。

❀ 二十四节气与二十四方位

所谓二十四方位,就是以北、东、南、西为基本方位,从这四个方位中区分出北东、东南、南西、西北这四隅,形成八个方位,再将这八个方位各分三等份,区分出二十四个方位。具体说来,北、东、南、西、北东、东南、南西、西北分别配坎、震、兑、离、艮、巽、坤、乾这八卦,就形成了八方。古人认为八方之间相距尚远,又用十二支象地,十二支不能均分于八方,因此以子、午、卯、酉分别对应坎、离、震、兑,其余则夹处于四隅,丑、寅对应北东,辰、巳对应东南,未、申对应南西,戌、亥对应西北。又以十天干分五行,唯戊、己配中央,其余各天干分别配四方,甲、乙配东方,丙、丁配南方,庚、辛配西方,壬、癸配北方。如此,北方癸、子、壬,东北方寅、艮、丑,东方乙、卯、甲,东南方巳、巽、辰,南方丁、午、丙,西南方甲、坤、未,西方辛、酉、庚,西北方亥、乾、戌,每方各三,分配八卦,二十四方位由此确定。

二十四方位图

二十四节气与二十四方位一一对应。立春艮，雨水寅，惊蛰甲，春分卯，清明乙，谷雨辰，立夏巽，小满巳，芒种丙，夏至午，小暑丁，大暑未，立秋坤，处暑申，白露庚，秋分酉，寒露辛，霜降戌，立冬乾，小雪亥，大雪壬，冬至子，小寒癸，大寒丑。

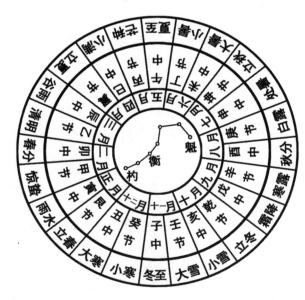

二十四节气图

二十四节气气候与农业

❀ 节气和四季

二十四节气和春、夏、秋、冬四季都是由地球在黄道上周期运动的位置变化所形成的,所以二十四节气与四季有着密切的关系。

每年公历 2 月 3～5 日中的一天为立春。"春打六九头""春打五九尾"等谚语都有一定的科学依据。冬至起九,过 45 天到立春,恰巧是五九尾、六九头,即严寒将逝、春天快要来临的时节。那么,究竟何时是春回大地的日子呢?回答这个问题,要先搞清四季是怎样划分的。四季的划分大概有三种方法:

第一种以历法为依据,把农历全年十二个月进行四等分,每季三个月,正月、二月、三月为春季,四月、五月、六月为夏季,七月、八月、九月为秋季,十月、十一月、十二月为冬季。欧洲则以公历 1 月、2 月、3 月为春季,其余类推。

第二种以天文现象为依据,按照太阳和地球的位置关系来划分。这是人们习惯采用的方法。

我们居住的地球在不停地自转着,从而形成了昼夜交替。同时,地

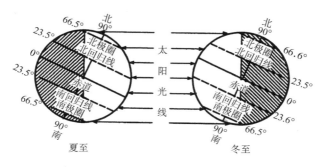

夏至日、冬至日阳光照射的情况

球斜着身子绕太阳运转,即公转。地球绕太阳公转时,地轴在宇宙空间的倾角始终不变,于是太阳视运动的黄道与赤道之间就始终存在一个约为 23°26′的夹角。反映在地球上,就是随着地球在公转轨道上位置的变化,太阳直射点在南、北回归线之间来回移动,于是四季变化便产生了。

　　地球上四季更替现象比较明显的是中纬度地区,赤道地区长夏无冬,而高纬度地区则长冬无夏。如果从全球范围来看,四季反映的是种天文现象,是昼夜长短和太阳高度的周期变化,即夏季是一年中白昼最长、太阳最高的季节,冬季是一年中白昼最短、太阳最低的季节,春、秋两季就是冬、夏两季之间的过渡季节。

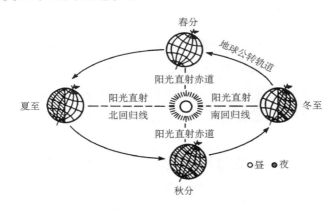

四季成因、昼夜变化图

　　我们知道,地球的公转轨道是一个椭圆,这样,它和太阳的距离就有远有近,地球公转的速度也就有快有慢。每年 1 月 3 日前后,地球通过近日点,这时太阳与地球的距离最近(约 1.4708 亿千米),而地球公转的速度却最大(约 30.3 千米/秒);每年 7 月 4 日前后,地球通过远日点,这时太阳与地球的距离最远(约 1.5192 亿千米),地球公转的速度却最小(约 29.3 千米/秒)。也就是说,地球公转的速度是冬季快、夏季慢。地球从冬至点转到春分点,大约只需 89 天,而从夏至点转到秋分点,大约需 94 天,因而出现了四季不等长的现象:春季(春分点至夏至点)约 92 天,夏季(夏至点到秋分点)约 94 天,秋季(秋分点至冬至点)约 90 天,冬季(冬至点到春分点)约 89 天。所以,公历就以春分、夏至、秋分、冬至作为四季的开始。在我国,农历以立春、立夏、立秋、立冬作为四季开始。

公历与农历四季的划分区别

公历			农历		
四季	四季开始节气日	每季时长	四季	四季开始节气日	每季时长
春	春分	共 92 日 19 时	春	立春	共 90 日 17 时
夏	夏至	共 93 日 15.2 时	夏	立夏	共 94 日 1 时
秋	秋分	共 89 日 19.6 时	秋	立秋	共 91 日 21 时
冬	冬至	共 89 日 0.2 时	冬	立冬	共 88 日 15 时

　　从上表可知,公历和农历划分四季的方法是不同的。相比之下,我国以二十四节气中的"四立"划分季节,这样的四季具有明显的天文意义,但与实际的气候递变不符。例如,立春在天文上是春季的起点,在气候上却正值隆冬。而公历的四季划分较多考虑了气候季节,它把春分和秋分、夏至和冬至分别看成春季和秋季、夏季和冬季的起点,这样的四季比我国的天文四季每季推迟了一个半月。例如,从春分到立夏的一个半月,在农历天文四季中是春季三个月的后半,而公历却是春季三个月的前半。

　　其实,无论公历还是农历,四季划分本质上都是以天文因素为依据的。因为春、秋二分和冬、夏二至这四日在天文上都有确切的含义。只要划分方法是天文学意义上的,人们就只能根据地球与太阳的位置关系来划分四季,而不能全面地考虑气候特点。我国和欧洲都把全年分成四等份,每季三个月,太阳在视运动的黄道上运行 90°。按照天文学的定义,同一季节在不同纬度是同时开始、同时结束的。但在气候上,春、夏、秋、冬四季在同一点是长短不齐的,不同点上的同一季节也并非同时开始,而且不是到处都有四季的。

　　四季划分的第三种方法是以月份为基础的,既考虑了天文因素,又考虑了气候变化情况。通常以公历 3—5 月为春季,6—8 月为夏季,9—11 月为秋季,12 月至翌年 2 月为冬季。这样划分的季节,能大致反映一定的天气气候特征,在进行气候资料的整理、统计时,也较方便简单,而且统一。我国气象部门和国民经济部门常常采用它。

　　以上三种划分四季的方法,虽然简单易记,但都不能真实地反映出各地区的气候情况。各地气候的形成取决于该地区所在纬度、海陆关系和地形等因素，节气的含义也由于地区的不同而有所差异。我国幅员辽阔，南方和北方的气候有着很大差异：公历2月初（立春），华南已经花红柳绿了，而华北仍会大雪纷飞；到了3月中（春分），合肥、南京、上海一带已春意正浓，北京、天津却往往还在寒潮的控制之下，再往北去，黑龙江的河水还冻着呢！这样看来，无论用立春、春分，或者其他任何一天，作为春天的开始，都是不可靠的。

因此，在气候学上，人们以候平均温度也就是连续5天的平均温度为标准来划分季节。当候平均温度达到10℃以上而低于22℃时，算作春天；候平均温度大于22℃算作夏天；当候平均温度降低至22℃以下但仍高于10℃时，算作秋季；小于10℃算作冬天。

这种气候学上的四季，由于以温度为标准，能反映出各个地方不同的气候特征，因而与人们的生产活动和日常生活关系密切。它虽然随时间不同而有变化，但总的来说，受纬度和地形的影响最大。我国南北相隔5500多千米，地形复杂，因而气候多样：南海诸岛终年皆夏；广东、广西、福建、台湾和云南南部，长夏无冬，秋去春至；黑龙江省、内蒙古自治区和长白山区、天山、阿尔泰山山地以及青藏高原外围区，长冬无夏，春秋相连；西藏羌塘高原一带，常年皆冬。我国的其余大部分地区是冬冷夏热，四季分明。

字面上看，二十四节气反映了一年四季的气候变化，但对于全年没有夏季的地区来说，小暑、大暑一类的节气，就没有实际意义；对于全年没有冬季的地区来说，霜降、小雪、大雪一类的节气，也没有实际意义。所以从气候学上讲，对这些地区，二十四节气中某些节气是不适用的。我国四季分配比较平均的是长江中下游地区和黄河流域，所以二十四节气适用于长江流域和黄河流域。

二十四节气的含义

二十四节气的每个节气，虽然其名称只有两个字，却十分生动形象地描绘出一幅幅冷暖干湿变化的自然画卷，展现出一幕幕记录生产和生活的独特场景，蕴藏着深刻的科学道理。

二十四节气的意义

节气名称	意义	节气名称	意义
立春	春季开始	立秋	秋季开始
雨水	气温回升,春雨绵绵	处暑	暑热渐消
惊蛰	冬眠虫类开始苏醒,出土活动	白露	夜晚清凉,水汽凝结成露
春分	太阳直射赤道,昼夜平分	秋分	太阳直射赤道,昼夜再次平分
清明	春光明媚,景色清明	寒露	夜晚渐寒,露华日浓
谷雨	播种百谷,雨水增多	霜降	开始出现白霜
立夏	夏季开始	立冬	冬季开始
小满	夏熟作物开始结实成熟	小雪	气温下降,开始降雪
芒种	麦类成穗,谷类忙种	大雪	北方已经大雪纷飞
夏至	太阳直射北回归线,北半球昼最长、夜最短	冬至	太阳直射南回归线,北半球昼最短、夜最长
小暑	暑气上升,气候稍热	小寒	天气寒冷,但未达到极点
大暑	酷暑来临	大寒	数九严寒,气温最低

从各节气的指示意义来看,可以看出有些是反映季节的,有些是反映温度、降雨、露、霜等气候情况的,有些是反映作物的生长发育和自然物候情况的。

立春、春分、立夏、夏至、立秋、秋分、立冬、冬至是反映季节的,用来划分一年四季。除反映季节的节气以外,其余大部分节气都是反映气候的。小暑、大暑、处暑、小寒、大寒、白露、寒露、霜降八个节气是反映气温的,前五个节气表示天气炎热和寒冷的时间、过程,后三个节气表示天气转凉、空气中水汽的不同凝结状况。反映气候的节气还有雨水、谷雨、小雪、大雪,这四个节气是预示水的时间和程度的。惊蛰、清明、小满、芒种这四个节气是反映物候现象的,前两个节气是有关自然现象的,后两个节气是关于作物生长发育和农事活动的。

如果将二十四节气联系起来看,就能清楚地看出一年中昼夜盈缩、天气冷暖变化等情况,从而作物的种、管、收、藏的时节就都呈现在眼前了。在从事一年的农事活动时,二十四节气成为合理安排农活的依据,因此二十四节气具有很强的实用性。

❋ 二十四节气与气候

我国位于北半球欧亚大陆东端、太平洋西岸,地域辽阔,地形复杂,气候多种多样。当新疆西部帕米尔高原还是满天星斗的时候,东部乌苏里江沿岸已旭日东升。我国东西相距 5000 多千米,时差达 4 个多小时。南北相距 5500 多千米,气温相差悬殊。当北方还是冰封雪飘的时候,南方各地早已是芳草如茵、百花争艳了。

二十四节气中,直接反映气温变化的,主要有小暑、大暑、处暑、小寒、大寒五个节气。

冬季以 1 月份为代表,有小寒、大寒两个节气,说明天气寒冷。我国最冷的地区在大兴安岭北部,1 月平均气温 −30 ℃左右,平均最低气温 −39 ℃以下,极端最低气温可达 −47 ℃。由此往南气温逐渐升高,东北平原与华北平原 1 月的平均气温为 −20～−10 ℃,平均最低气温为 −29～−19 ℃。华北平原与黄土高原 1 月的平均气温为 −10～0 ℃。0 ℃等温线在东部大致位于秦岭—淮河一线,西沿青藏高原东坡折向西南终止于藏南江孜附近。长江流域 1 月平均气温为 2～6 ℃。四川盆地有高山围绕,阻滞了北来冷空气的入侵,平均气温达 6～8 ℃,是我国同处这一纬度的地区中冬季最暖的地方。南岭以南 1 月平均气温一般超过 10 ℃,海南南部沿海和台湾南端能上升到 18 ℃左右,南海诸岛最南的曾母暗沙 1 月平均气温高达 26 ℃。

夏季以 7 月份为代表,有小暑、大暑两个节气,为各地最热的月份。此时北方太阳高度角虽然偏低,但白昼时间比南方长,因此南北之间的温差远比冬季小。哈尔滨与广州之间的温差值由 1 月份的 33.1 ℃减至 7 月份的 5.6 ℃。这时漠河地区平均气温已上升到 18～20 ℃,东北平原在 22 ℃以上,华北平原为 22～28 ℃,淮河以南、东经 110°以东的长江下游、湘江、赣江等地,7 月平均气温多在 28 ℃左右。两湖盆地 7 月高空受副热带高压控制,加上地势低落,气流下沉增温,多为晴天,日射强烈,形成 29～30 ℃的夏季高温中心。出于同样原因,四川盆地东部、长江中游谷地平均气温亦在 28 ℃以上。我国东部沿海及岛屿因受惠于海洋调节,夏季一般都比陆地凉爽,如青岛比济南低 2.9 ℃,大连位置比北京偏南约一个纬度,7月平均气温都比北京低 3.1 ℃。

春季和秋季分别以 4 月、10 月为代表。北方春季干燥少云,地面接收太阳辐射多直接用于增温,所以升温快;江南地区正值清明时节,多云雨天气,地面所得辐射相对较少,升温慢。4 月平均气温,东部除东北平原、辽河以北地区低于 8 ℃ 以外,大部地区均为 10～12 ℃;南岭以南至两广沿海为 20～24 ℃,南北温差也迅速减少。

入秋以后,冬季风开始南下。9 月上旬,白露节气的到来,表明气温一天比一天低,昼暖夜寒了。9 月下旬,华南就会受到冬季风的影响。寒露和霜降在 10 月份,表明气温继续下降,已届深秋时节。而这时南方仍受副热带高压控制,绝大部分地区秋高气爽,这种天气可持续 40～60 天左右,川黔地区可达 70～80 天。

在二十四节气中,指示降水的节气是雨水、谷雨、小雪、大雪,白露、寒露、霜降是指示水汽凝结现象的。二十四节气主要适用于黄河流域,这一带开始下雨的时间,西安一般在 2 月 17 日,济南在 2 月 10 日,开封在 2 月 3 日。有些地区 1 月份就开始下雨,也有些地区 3 月方开始下雨。变动范围虽大,但总在雨水节气日前后。

二十四节气有对应的公历日期,每个节气都对应有不同的气候特点和农业生产要点,便于人们"顺天时,量地利"以及"趣时和土",不失时机地掌握生产环节。

❧ 二十四节气与农业生产

二十四节气以一年为周期转换、更迭,将气候条件与农业生产条件密切联系起来,能够有效地服务于农业生产实践。

农业生产不能误农时。《吕氏春秋·审时篇》说:"凡农之道,厚(候)之为宝。"这就是说,农业生产的诀窍在于掌握"农时"。此外,"顺天时,量地利"中有"时","趣时和土"中也有"时",农业生产只有"得时之和"方能"稼兴",而"谷不可胜食"。"时"不是单纯的时间历程,而是"农时",即进行各种农事活动的恰到好处的时节。

节气反映了地球在黄道上的位置,从天文角度来理解节气的时间概念,它指的是一瞬间的时刻。但是,从农业生产上来看,节气作为一个特定的瞬间时刻,并不能满足要求,必须把节气看作是一定地区多年平均的农业气象状况的标志,将节气与气候联系起来。一个地区各个时节的气候每年虽都大致相同却也有所差异,往往有一个变动范围,因此,应当将节气所代表的时间理解为一段时期,而不只是交节气的那一天。

二十四节气关联冷、暖、雨、雪以及四季和气候变化,它们与农业生产紧密相关。二十四节气不仅表明当地的气候特点,而且还突出了某些气候条件对作物的影响。例如,谷雨,并不是全年雨量最多的时期,而是因为这个时期降水量对农业生产的影响最大;霜降,不只是表明霜即将来临,更意味着低温天气将要危害秋收作物了。

我国劳动人民按照各地不同的农业气候特点,灵活运用二十四节气,掌握季节变化规律,不违农时地从事耕种。例如小麦播种期,华北是"白露早,寒露迟,只有秋分正当时";华中是"寒露、霜降正当时";浙江南部以及江南地区是"立冬种麦"正当时,甚至是"大麦种过年,小麦冬至前",南北相差五个节气。棉花播种期的区域差异性比冬小麦小,华北是"清明早,小满迟,谷雨种棉正当时",华中和四川是"清明前,种好棉",江苏、浙江、安徽一带是"谷雨、立夏正当时"。这是因为谷雨前后南北温差较小,棉花的适播温度(一般是日平均气温在 12 ℃以上)出现期南北较为接近。秋季南北温差较大,所以,冬小麦适播温度(一般是日平均气温达 16～18 ℃)出现期差异较大。

各地在运用二十四节气指导田间管理和推算作物发育期方面也有很丰富的经验。例如,在长江中下游一带,关于种植早稻的谚语有"清明浸种,立夏插秧";关于中耕除草的谚语有"莳里的锄头,赛过壅头(壅头,指肥料)""七月小暑连大暑,中耕除草不失时";关于稻田灌溉的谚语有"大暑不浇苗,到老无好稻""千戽万戽,不如处暑一戽(戽,汲水灌田的旧式农具,此处用作量词)";关于晚稻抽穗期的谚语有"寒露不出头,割了喂老牛""霜降一齐倒,立冬无竖稻"。关于小麦灌溉的谚语,华北有"不冻不消,冬灌嫌早;一冻不消,冬灌嫌晚;又冻又消,冬灌最好"。这些反映节气与农事活动关系的谚语,针对性强,实用价值大。

二十四节气按一年四季的气候变化排列,农业生产按照季节变化来安排。劳动人民通过农谚把二十四节气和农事活动的关系灵活地表达起来,其中包含着很多科学道理。科学地整理、研究、充实、发展和运用二十四节农谚,不失时机地掌握农业生产环节,对于实现作物丰收很有帮助。

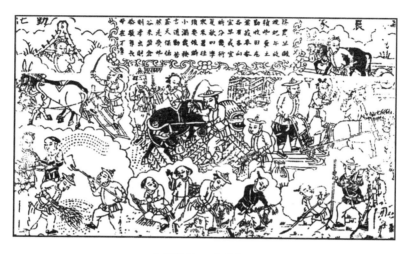

农家勤忙　武强年画

二十四节气农谚歌

正月:岁朝蒙黑四边天,大雪纷纷是旱年,
　　　但得立春晴一日,农夫不用力耕田。

二月:惊蛰闻雷米似泥,春分有雨病人稀,
　　　月中但得逢三卯,到处棉花豆麦佳。

三月:风雨相逢初一头,沿村瘟疫万民忧,
　　　清明风若从南起,预报丰年大有收。

四月:立夏东风少病遭,时逢初八果生多,
　　　雷鸣甲子庚辰日,定主蝗虫损稻禾。

五月:端阳有雨是丰年,芒种闻雷美亦然,
　　　夏至风从西北起,瓜蔬园内受熬煎。

六月:三伏之中逢酷热,五谷田禾多不结,
　　　此时若不见灾危,定主三冬多雨雪。

七月:立秋无雨甚堪忧,万物从来一半收,

处暑若逢天下雨,纵然结实也难留。

八月：秋分天气白云多,到处欢歌好晚禾,
最怕此时雷电闪,冬来米价道如何。

九月：初一飞霜侵损民,重阳无雨一天晴,
月中火色人多病,若遇雷声菜价高。

十月：立冬之日怕逢壬,来岁高田枉费心,
此日更逢壬子日,灾殃预报损人民。

十一月：初一有风多疾病,更兼大雪有灾魔,
冬至天晴无雨色,明年定唱太平歌。

十二月：初一东风六畜灾,倘逢大雪旱年来,
若然此日天晴好,下岁农夫大发财。

节气综述篇

节气延伸篇

七十二候

❀ 内容广泛的七十二候

一年有二十四个节气,每个节气有三候,每候五日,以一种物候现象的出现为标志。这是记录周代之事的《逸周书·时训解》中首先确定的。根据这种规定,全年二十四节气共七十二候。七十二候是古代黄河流域的物候历,其以鸟兽虫鱼、草木生态的变化以及其他自然现象的出现和消失,来反映气候的变化和季节的推移。

到了公元5世纪的北魏时期,在一般的历书里不仅载有节气,并开始载有候应(即每候应时而生的物候现象)。这样,一年二十四节气分七十二候,就通过历书基本固定下来,并逐渐普及到大众中去了。从此以后,自隋、唐起,直到宋、元、明、清各个朝代,历书中都记载着二十四节气七十二候,对指导农业生产起了重要作用。

七十二候表

	节气	立春	雨水	惊蛰	春分	清明	谷雨
春季	候应	东风解冻 蛰虫始振 鱼陟负冰	獭祭鱼 候雁北 草木萌动	桃始华 仓鹒鸣 鹰化为鸠	玄鸟至 雷乃发声 始电	桐始华 田鼠化为鴽 虹始见	萍始生 鸣鸠拂其羽 戴胜降于桑
	节气	立夏	小满	芒种	夏至	小暑	大暑
夏季	候应	蝼蝈鸣 蚯蚓出 王瓜生	苦菜秀 靡草死 麦秋至	螳螂生 鵙始鸣 反舌无声	鹿角解 蜩始鸣 半夏生	温风至 蟋蟀居壁 鹰始挚	腐草为萤 土润溽暑 大雨时行
	节气	立秋	处暑	白露	秋分	寒露	霜降
秋季	候应	凉风至 白露降 寒蝉鸣	鹰乃祭鸟 天地始肃 禾乃登	鸿雁来 玄鸟归 群鸟养羞	雷始收声 蛰虫坏户 水始涸	鸿雁来宾 雀入大水为蛤 菊有黄华	豺乃祭兽 草木黄落 蛰虫咸俯

	节气	立冬	小雪	大雪	冬至	小寒	大寒
冬季	候应	水始冰	虹藏不见	鹖鴠不鸣	蚯蚓结	雁北乡	鸡乳
		地始冻	天气上升	虎始交	麋角解	鹊始巢	征鸟厉疾
		雉入大水为蜃	闭塞成冬	荔挺出	水泉动	雉雊	水泽腹坚

上表所示七十二候的候应中，出现了多种生物和自然现象。大致说来，与野生植物有关的有 8 种，与栽培植物有关的有 5 种。与野生动物有关的最多，有 38 种。与饲养动物有关的最少，只有 1 种。非生物物候 20 种，其中，气象现象 13 种，其他自然现象 7 种。这些候应不仅能反映个别气候要素的变化，也能反映综合气候要素的变化。每一种候应的出现都是天气气候条件综合影响的结果。因此，物候现象所起的反映天气气候的作用，往往是很多气象资料难以完全代替的。

由于候应确切地反映了天气气候的变化，涵盖面非常广泛，不少都是人们生产生活中经常遇到的，所以，从很久远的年代开始，七十二候就常常被与二十四节气相提并论，并有二十四节气与七十二候图流传至今。

由于物候随地区而异，南北寒暑不同，同一物候现象的出现期可能相差很远，所以由二十四节气而来的七十二候，难以适合全国各地的需要。另外，在七十二候应中，如"天气上升"带有迷信色彩，"獭祭鱼""豺乃祭兽""雉入大水为蜃"等候应，也不符合科学事实。我们必须去伪存真，客观评价其科学价值。

❀ 二十四节气与七十二候

春秋时代成书的《诗经》为我国古代第一部诗歌总集。《诗经·豳风·七月》篇含有古人对一年四季物候方面的认识，后来这些内容逐渐被选列入七十二候，如"鸧鹒鸣""苦菜秀""蜩始鸣""草木黄落""水始冰"等。古七十二候在《诗经·豳风·七月》篇的基础上，紧密结合二十四节气逐渐演变而成，以应对社会和农业生产不断向前发展的需要。

成书于战国、秦汉之间的《黄帝内经·素问·六节藏象论》指出："五日谓之候，三候谓之气，六气谓之时，四时谓之岁。"虽然以候为基础推算出节气、季节、年岁不免有些牵强,但它体现了古人把物候研究引向系统化、定量化的意图。

古人物候研究的成果主要运用于历法编撰和指导农业生产。此后,很多以二十四节气、七十二候为中心内容的农书都得到修改补充,用于制定农事历、农家历、田家月令、每月栽种书、逐月事宜等一类的农家书。元代《王祯农书》以二十四节气、七十二候为时令指标,做了全年农业操作规划,组成一张圆盘图,称作"授时指掌活法之图"。该图显示了掌握节气的标准和各节气的候应,还特别载有各节气要进行的生产、生活活动,内容广泛具体。生产活动涉及农、林、牧、副、渔,也包括了当时农村的某些工业生产活

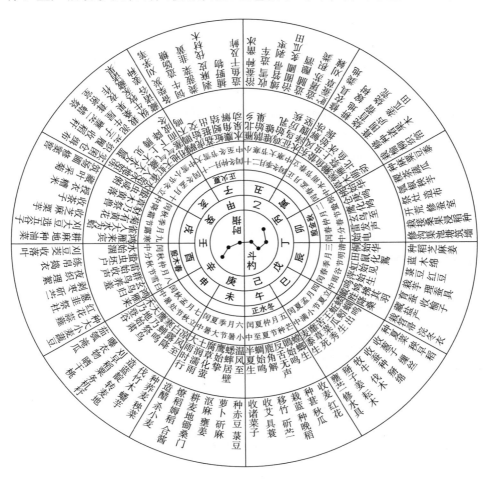

授时指掌活法之图　元　《王祯农书》

动;生活方面则衣、食、住、行几乎无所不包。可见,古人的生产生活都以二十四节气和七十二候为指导,以便更好地利用对人们有利的天时。

值得指出的是,古人在引用前人观测和研究物候的结论时并不拘泥于成说,而是注意因时、因地制宜。例如,南宋陈旉《农书》在引用七十二候应时,指出:"阴阳有消长,气候有盈缩。"说明同一地域不同年份候应的表现不同。又如,明代冯应景《月令广义》指出:"自闽而浙,自浙而淮,则三候每差一旬。"说明在一年的同一时间,南北不同地区的物候也不相同。

在七十二候的基础上,古人还扩大了物候观测和研究的对象及其范围。在研究对象上,观测了不少七十二候应未曾提到的动植物。例如《古今图书集成·岁功总部》所列的《花历》,按十二个月每月六候,共排列了七十二种花草树木的物候,介绍了开花时间以及有花植物各个生长发育期的特征,如"樱花始花,径草绿,蔷薇蔓,菡萏为莲,麦花乃实,槐花黄,橙橘登,木叶脱,枇杷蕊"等。在研究范围上,除了研究一年各时段正常的物候现象,还对反常的物候现象进行观测,指出其危害。如《吕氏春秋·十二纪》《淮南子·时则训》等都提到物候反常给农业生产造成的危害,《易纬通卦验》指出节候反常容易造成疾病等问题。由此可以看出,早在一两千年前,我们祖先对物候的观测研究已达到相当细致、全面的程度,并在那么早的年代就根据四季的变化依次编成七十二候,这在世界上是少见的,是对物候学的重大贡献。

七十二候是从物候学角度来反映气候的,它是二十四节气很好的补充,因为它更能直接反映气候,五日一候在时间上也更具体一些。虽然现代农业气象预报较为准确,农业气候分析较为客观,物候现象仍可以用作农事操作的重要依据。几千年来,广大劳动人民就是根据二十四节气与七十二候,成功地安排农事活动的。

二十四番花信风

花信风,即风报花之消息。《荆楚岁时记》称:"始梅花,终楝花,凡二十四番花信风。"自小寒起至次年谷雨止,共八个节气,分二十四候,每一候对应一种花信。这二十四候便成了二十四种花期的代表了。明朝焦竑撰《焦氏笔乘》记载：

> 小寒：一候梅花，二候山茶，三候水仙；
>
> 大寒：一候瑞香，二候兰花，三候山矾；
>
> 立春：一候迎春，二候樱桃，三候望春；
>
> 雨水：一候菜花，二候杏花，三候李花；
>
> 惊蛰：一候桃花，二候棠棣，三候蔷薇；
>
> 春分：一候海棠，二候梨花，三候木兰；
>
> 清明：一候桐花，二候麦花，三候柳花；
>
> 谷雨：一候牡丹，二候荼蘼，三候楝花。

花期与时节一一对应，展示了一幅绚丽多姿的画卷，说明时节的到来与自然界各种花卉的开放有比较明显的关系，所以古人有"风不信，则花不成"之说。

其实，不同地区以及不同年代的花信风所对应的时节是有差异的，这与地理条件和气候条件的差异有关。梁元帝《纂要》中写道："一月两番花信，阴阳寒暖各随其时，但光期一日，有风雨微寒者即是。"就是说，一月有两番花信，这和上面所说的一候一番花信有所不同。之所以有不同的花信风，都是因为气候变化和时节转换的缘故。因此，人

们可以利用花信风来掌握农时、安排农事。正如民谚所说："桃花开，燕子来，准备谷种下田畈。"

经过上述二十四番花信之后，以立夏为起点的"绿肥红瘦"的夏季便悄然来临了。此外，以正月为起点，人们还依次编成一年"十二姐妹花"的歌谣：

> 正月梅花凌寒开，二月杏花满枝来。
>
> 三月桃花映绿水，四月蔷薇满篱台。
>
> 五月榴花红似火，六月荷花洒池台。

七月凤仙展奇葩，八月桂花遍地开。

九月菊花竞怒放，十月芙蓉携光彩。

十一月水仙凌波开，十二月蜡梅报春来。

❀ 海东月令

《海东月令》是清代乾隆时任凤山县教谕朱仕玠仿照康熙时钮玉樵《觚·广东月令》的体裁写成的一首古体诗。这首诗系统地描述了我国台湾省正月至十二月特有的鸟兽、虫鱼、花果、蔬菜和信风的自然变化，向人们展示了一幅美丽的画卷，同时提示了台湾气候变化的一般规律和特点，成为一部农事历。1981年4月，《气象知识》刊载了刘经发译的《海东月令》，其全文如下（括号中为古籍原文）：

正月　清院本十二月令图轴

正月　献岁菊含苞，蚯蚓穿泥蠕动，燕子归来，萤火虫夜出，冬瓜牵藤。

（献岁含英，歌女鼓脰，鶗鴂来巢，丹鸟悬辉，冬瓜蔓生。）

二月　树上蝉鸣，贝多罗花开，苋菜生长，刺桐花炫彩，青瓟瓜上市。

（春蜩送响，贝多罗秀，马齿争吐，刺桐炫彩，青瓟上市。）

三月　四英花含蕾，红桃花怒放，鲨鱼化为鹿，夏叶鱼游来，早冬稻收割。

（四英含蕊，三月浪开，鲨骄陆化鹿，夏叶来，早冬收。）

四月　捕捞白带鱼，斑支花结实成棉，栀子花开放，牝鹿受孕，麻目鱼吐沫如雨。

（白带出水，斑支成棉，蘑菌花六出，鹿始孕，麻虱目呴雨。）

五月　桄榔树子熟，白蛏含浆液，番木瓜开花，月桃花方开，菠萝成熟了。

（桄榔子熟，白蛏含浆，番木瓜始华，虎子插鬐，凤梨初熟）。

六月　番橀上盘，鱼介游于海面，龙眼熟荔枝来，六月菜尝新，七里香花结实。

（番橀登盘，鳞介浮于海面，荔奴朝主，辣芥荐齿，七里香实结。）

七月　槟榔树果熟，迎春花又开，海鱼远去，占城稻竞秀，台风时起。

（槟榔实成，玉兰再华，海鱼远逝，尖仔竞秀，飓母见。）

八月　红纱鱼游水面，早花生成熟，仙丹花如朝霞，中秋月饼赏月，番石榴荐薰臭。

（红纱浮水，鸳鸯种收，仙丹霞烂，月饼书元，梨仔荽腾臭。）

九月　杰鱼跃于淡水，米豆收获，乌榕树换新叶，西北风初起，沱连豆荚垂。

（甲鱼跃于淡水，九月白收，乌榕更荣，九降风至，沱连垂荚。）

十月　西瓜进贡，蟋蟀在田野，金鸭到来，涂魠鱼齐集水中，到清明都有播种。

（万寿果成，蟋蟀在野，金鸭至，涂魠集，布种。）

十一月　鳊鱼敲门，蛣蜋孵化停止，水涸洲堵露出，乌鱼从东海来，紫菜生于海中。

（涂刺款门，蛣蜋停化，海渚出，乌鱼大上，子菜生。）

十二月　乌鱼又归去，过腊鱼上市，海鹳飞来，雷声时响，蚂蚁不冬眠。

（乌鱼归，过腊上市，海鹳至，雷声间作，元驹不蛰。）

社日·梅·莳

❀ 春社和秋社

"社"可指土地神，社日即祭祀土地神的节日，因此土地神只称作社神。社，又指祭祀社神的地方。古代帝王都设有社稷坛，即祭祀社神和谷神的地方。封建帝王把全部国土和百姓都看作自己的私有财产，所以人们常把社稷当作国家代称。"社"又是地方的基层组织，以 10 户或 50 户以至全村为一社，进行祭祀社神，故又称为村社。

土地神

传说，在很久很久以前，土地神——社神（原名叫勾龙）的父亲共工是水神。他头上长满红发，人脸蛇身，脾气暴躁又无知。有一天，他跟天神打仗竟把撑天的柱子碰折了，弄得天崩地裂，还是女娲炼了五色石把那塌下来的天补好。女娲把天补好之后，勾龙就把大裂缝填平。由于他给大伙干了好事，蚩帝便选中了他，封他一个官叫后土，让他拿着丈量土地的绳子，专门管理四面八方的土地，也就成了人们所称的社神。人们进行祭祀社神的活动，代代相沿，成为习俗。

社日分为春社和秋社。唐韩鄂《岁华纪丽》说"秋报春祈"，其意为春社是为了向社神祈求五谷丰登,秋社是为了向社神报谢丰收。汉以前只有春社,汉以后才有春、秋两社。汉以后,规定立春后第五个戊日为春社,立秋后第五个戊日为秋社。

社日用戊日,是因为戊属土。汉代《白虎通义》中说:"封土立社,示有土也。"就是说按地域分别设立社坛,祭祀的神俗称土地神。南朝梁代宗懔《荆楚岁时记》载:"社日,四邻并结综会社,牲醪,为屋于树下,先祭神,然后飨其胙。"意思是每逢社日,人们总要在大树下临时搭起席篷,宰牲酿酒,先祭社神,然后一起聚餐。

可见,春社和秋社在古代不仅仅是祭祀神的日子,也是百姓尽情游玩的节日。社日这天,人们别的事都不做了,妇女连针线活也不做了,女

春社图

子可回娘家去玩。在农村,各个社坛附近,同社人在一起聚会。祭毕社稷后,人们在一起欢饮,吹箫击鼓,热闹非凡,有的还举行田鼓比赛。孩子们还玩一种叫"斗草"的游戏。直到夕阳西下,人们才尽兴而归。梅尧臣《春社》诗中写道:"年年迎社雨,淡淡洗林花。树下赛田鼓,坛边伺肉鸦。春醪酒共饮,野老暮相哗。燕子何时至,长皋点翅斜。"当可作为社日盛况的生动写照。

实际上,春社、秋社分别在春分和秋分前后,也有人把它们作为节气看待。古代靠天吃饭,人们在开始春耕之时和秋收之后,为祈祷和感谢"天""地"的恩赐,敬祀土地神是很自然的。

❀ 入梅和出梅

每到春末夏初,我国江淮流域就该进入"黄梅时节"了。唐代诗人柳宗元的诗《梅雨》诗中写道:"梅实迎时雨,苍茫值晚春。愁深楚猿夜,梦断越鸡晨。海雾连南极,江云暗北津。素衣今尽化,非为帝京尘。"可见,早在一千多年前,我国古人对东亚的梅雨天气就颇有认识了。的确,每年的黄梅时节,都是云层密布,降雨频繁,淅淅沥沥的雨老是下个不停,偶尔还夹着一阵阵暴雨,常常是10~20天少见阳光,有时竟一连下雨一个多月!

这种连阴雨天气刚巧是出现在江南梅子黄熟的时期,所以被称为"梅雨"或"黄梅雨"。又因为这个时期气温逐渐升高,空气湿度大,易于霉菌滋长,地面的庄稼和家里的衣物极易发生霉烂,所以人们也称"梅雨"为"霉雨",它对我国江淮流域人们的日常生活影响很大。

"入梅"也叫"入霉",是指梅雨季节开始的那一天;"出梅"也叫"出霉",是指梅雨季节结束的那一天。我国古代对"入梅"和"出梅"的日期曾有几种规定。例如,《琐碎录》载:"闽人立夏后逢庚日入梅,芒种后逢壬出梅。"《江南志书》载:"五月芒种后遇壬入梅,夏至后遇庚出梅。"《田家五行》载"芒种后雨为黄梅雨,夏至后雨为时雨",是以夏至为出梅。我国现行历书采用《神枢经》的说法:“芒种后逢丙日进霉,小暑后逢未日出梅。”入霉和出霉之间的时期称为“霉季”,也称“梅季”。

一般说来,华中和华东地区,以芒种后逢壬日入梅,小暑后逢辰日出梅,前后相差 4~5 天。从入梅到出梅大约三十多天,即从公历 6 月上旬到 7 月上旬。

以上计算“入梅”和“出梅”的日期,都是从天文上计算出来的,日期是固定的,因此与实际情况有些出入。在气象学上,一般把平均气温达到 23 ℃、湿度猛升、在一次比较明显的降雨后无连续性晴天 4 天以上的,作为入梅开始;把气温大于 28 ℃、一次较大降雨过后湿度明显减小,之后有一段较长时间晴天的,作为出梅即盛夏开始,或也有把最高气温猛升至 30 ℃或 33 ℃并持续 3 天左右,雨季结束,称为出梅的。

在时令进入初夏之前,有的年份也会出现阴雨连绵天气,俗称“春汛”或“迎梅雨”。而进入盛夏之后,如果有一段明显的阴雨天气出现,可称作“倒黄梅”。个别年份不出现阴沉多雨的天气,称为“空梅”或“少梅”。

长期以来,我国劳动人民不仅对梅雨时节有了一定的认识,而且积累了丰富的看天经验。谚语“春暖早黄梅,春寒迟黄梅”,指出了春天气温与梅雨来临早迟的关系。“春雪一百二十天雨”的意思就是春雪(立春后下的雪)后的 120 天(6 月初)有雨天。“发尽桃花水,必是旱黄梅”,意思是桃花盛开时节的雨水特别多,梅雨就不会出现了。这些谚语,至今仍被人们参考使用。随着科学技术的发展,现在的气象专家主要利用天气学、统计学、动力学的知识,根据天气图分析以及卫星、雷达、电子计算机等先进技术来进行天气预报,以满足人民生产生活的需要。

莳

“莳”又称“时”,是指从夏至后一天算起的 15 天时间。过去江南地区在这个时段内最适合单季晚稻莳秧,因而把“莳”当“时”,这里“莳”与“时”通用。人们为了方便安排农业生产,把这 15 天分为“头莳”“中莳”“末莳”三个阶段,故称“三莳”。明朝徐光启《农政全书》记载:“至(夏至)

后半月为三莳,头莳三日,中莳五日,末莳七日。"这是三四百年前上海一带农村关于三莳的习惯说法。头、中、末三莳所含的天数,往往因各地的情况不同、习惯不同,说法也不相同。随着现代农业科学的发展,依据莳来安排农业生产生活的方法已不太适用了。

三伏·数九

✲ 三伏

盛夏时节，人们常说："热在三伏。""伏"是隐伏起来避暑的意思。"热在三伏"反映了我国盛夏时节气温变化的大概情况，包含着许多科学道理，与农业生产和我们的日常生活有着密切关系。

据《史记·秦本纪》记述，"三伏"创于春秋时期的秦德公二年（公元前 676 年），距今已两千六百多年。古代三伏天，百姓大多休息不外出，以避暑气，富贵人家还要选择阴凉地方消暑纳凉。

三伏的日期是按节气的日期和干支纪日相配合来确定的。《阴阳书》中叙述，夏至日起第三个庚日为初伏（头伏）、第四个庚日为中伏（二伏），立秋日起第一个庚日为末伏（三伏），合起来叫"三伏"。"庚"就是十天干中的"庚"，每两次庚日相隔 10 天，而公历一年是 365 天（闰年多一天），不是 10 的整倍数，所以每年庚日的日期都不相同，因而初伏的日期也不相同，但一定在 7 月份。另外还有一些规律：相连两年的初伏日期，当两年都是平年或第一年是闰年而第二年是平年时，则次年的初伏日期比上一年提前或向后 5 天；当第一年

避暑山庄　清　冷枚

是平年而第二年是闰年时,则次年的初伏日期比上一年提前 6 天或向后 4 天。初伏到中伏的时间间隔固定为 10 天。由于末伏日期定在立秋日起第一个庚日,所以中伏到末伏相隔的天数不固定:夏至到立秋之前有 4 个庚日时,则中伏到末伏的间隔为 10 天;夏至到立秋之前有 5 个庚日时,则中伏与末伏的间隔为 20 天。

　　三伏天一般都出现在小暑至立秋后,即公历 7 月中旬到 8 月中旬的一个月里。三伏天气温最高,天气最热。根据我国各地多年旬平均气温资料统计,北京、长春 7 月中旬气温最高,南京、汉口 7 月下旬气温最高,南昌、长沙 8 月上旬气温最高,而广州则 8 月中旬气温最高。可见,高温天气差不多都在三伏天里。

　　三伏天最热,与地球接收到的热量有关。地面的热量是逐渐积聚起来的,气温也是逐渐升高的。在北半球的大多数地方,夏至这一天白昼最长,阳光照射最厉害,初看起来,好像应该是夏至这天最热,其实不是的。因为夏至后,在一段相当长的时期内,白天还是比黑夜长,阳光照射仍然很强烈,地面吸收的热量仍大于支出,地面继续聚热增温,直到夏至后一个多月,地面积聚的热量达到最高峰,再加上来自太平洋上的副热带暖高压的影响,天气也就最热了,这时也正是三伏天。

　　炎热的三伏天给粮棉作物的生长发育创造了极好的环境。正如农谚所说"人在屋里热得跳,稻在田里哈哈笑""要穿棉,热冒烟""三伏要热,五谷才结""伏天热得很,丰收才有准"。但是,在三伏天,人们要注意防暑降

消夏图　元　刘贯道

温,农田要及时灌溉,长江中下游地区还要注意预防经常发生的"伏旱"。

三伏天反映了我国夏季气候的状况。由于每年的冷暖空气活动早迟和势力强弱不同,往往"伏中有秋,秋中有伏",伏天的炎热程度不完全一样。因此,在了解三伏的一般特点和推算规律的基础上,还必须注意当年的具体天气情况。

❀ 夏至数九

我国古代曾流传着一种"夏至起数九"的记日方法,反映了夏季的气候变化,只是了解和使用的人不如"冬至起数九"普遍。

"夏至起数九"又称"夏九九",以夏至日作为第一天,每九天算作一段,依次叫作"一九""二九"……一直到"九九"。等这 81 天结束,就到了白露,天气开始转冷。

在北方农村流传的夏九九歌是:"一九至二九,扇子不离手;三九二十七,冰水甜如蜜;四九三十六,汗湿衣服透;五九四十五,树头清风舞;六九五十四,乘凉勿太迟;七九六十三,夜眠莫盖单;八九七十二,当心莫受寒;九九八十一,家家找棉衣。"流传在江南一带的夏九九歌是:"一九二九,扇子勿离手;三九二十七,冰水甜如蜜;四九三十六,拭汗如出浴;五九四十五,头戴楸叶舞;六九五十四,乘凉弗入寺;七九六十三,上床寻被单;八九七十二,思量盖夹被;九九八十一,家家打炭基。"

20 世纪 80 年代,人们在湖北省老河口市一座禹王庙正厅的榆木大梁上,发现了用松墨草书写的夏至九九歌,内容是:"夏至入头九,羽扇握在手;二九一十八,脱冠着罗纱;三九二十七,出门汗欲滴;四九三十六,卷席露天宿;五九四十五,炎秋似老虎;六九五十四,乘凉进庙祠;七九六十三,床头摸被单;八九七十二,子夜寻被儿;九九八十一,开柜拿棉衣。"

这些夏九九歌,通过描绘人们对天气冷暖变化的感受和活动等,生动形象地反映了气候由渐热到最热又到渐冷的过程。它比"冬九九"适用范围更广,因为我国南北温差冬季大,夏季小。以广州和长春为例,最冷的 1 月平均气温分别为 13.4 ℃和 −17 ℃,两地温差竟达 30.4 ℃;7 月平均气温分别为 28.3 ℃和 22.9 ℃,两地温差只有 5.4 ℃。这说明夏九九歌对我国大部分地区都适用。从夏至日数起,九九八十一天而暑尽,人们要准备安排秋冬生活了。

❀ 冬至数九

"冬至起数九"又叫"冬九九",反映了我国冬季气温变化的大概情况。"冬九九"一般从冬至那天开始,也有的地方从冬至后一天数起,每九天算作一段,叫作"一九""二九"……一直到"九九"。等这81天结束,就快到第二年的春分了,天气开始转暖。

"冬九九"一般都出现在冬至到惊蛰期间,即公历12月22日到翌年3月12日前后。这一时期我国除华南等地区外,基本上都受冷高压控制,随着北方一次次寒潮爆发,冷空气南下,一场场风雪伴随而来,气温猛降,天寒地冻,这就是所谓的"数九寒天"了。

数九寒天,冷在三九。"三九"正好在1月中旬的小寒和大寒期间。这期间,秦岭—淮河以北地区平均气温都在0 ℃以下,东北地区可达−30～−10 ℃,冻土有两三米深。长江流域平均气温为0～10 ℃,广东、广西这时的平均气温也只有10～15 ℃。若从历年出现的最低气温来看,在此期间的东北地区可达−40～−30 ℃,华北地区为−20～−10 ℃,长江流域为−10～−5 ℃,华南可能出现0 ℃左右的低温。

三九天最冷,原因和"三伏"大致相同,但情况相反。入冬后,地面热量逐渐散失,气温逐渐下降。在北半球,到冬至这一天,白昼最短,太阳光斜射得最厉害。初看起来,好像冬至这天最冷,其实不是。这是因为在冬至以前的很长时间里,地面积聚了不少热量,这时在继续散失着,所以冬至这一天不

九九消寒图

是最冷。冬至以后,虽然太阳位置逐渐北移,白天变长了,但地面每天吸收的热量还是少于散失的热量,入不敷出,气温继续下降,天气一天比一天冷,再加上这时候常有寒潮暴发,冷空气南下,所以,到了冬至以后一个来月的"三九"前后,就出现了一年当中最冷的天气。

大约从"五九"开始,随着太阳位置继续北移,地面每天得到的太阳光热量大于散失的热量,地面和近地面气温开始回升。过了"九九",天气渐渐转暖,春天的脚步就开始从祖国的南方向北方迈进了。

数九期间,天气的冷热是逐渐变化的。我国民间流传的冬九九歌就很好地反映了这种变化。华北地区的冬九九歌说:"一九二九,泄水不流;三九四九,冻破石臼;五九四十五,飞禽当空舞;六九五十四,篱笆出嫩刺;七九六十三,行路把衣袒;八九七十二,黄狗躺阴地;九九八十一,犁耙一齐出。"流传在长江流域的冬九九歌说:"一九二九不出手;三九四九冰上走;五九六九河开冻;七九八九,沿河看柳;九九加一九,耕牛遍地走。"这说明,从华北到长江流域,当"九九"结束的时候,春耕大忙的季节也就开始了。

数九寒天会给人们的生活带来一些不便,但却给农业生产创造了一定的有利条件。例如,连续的低温,使冬小麦能顺利通过"春化"发育阶段,冻死害虫卵和病菌孢子,土壤一冻一融,可以加速

九九消寒图　武强年画

养分的释放。农谚说"三九要冷,三伏要热;不冷不热,五谷不结",就是这个道理。当然,"冬九九"期间也要注意预防和克服不利的因素。"冬九九"开始时要增施腊肥,修补好栏圈,保护越冬作物和家禽家畜安全越冬。"冬九九"期间,要结合冬季积肥和农田水利建设,注意清除田边杂草,消灭越冬害虫卵。"冬九九"后期则要抓紧准备春耕下种,民谚有"春耕一粒子,秋收万石粮"之说。

谚语·民俗·养生

❀ 节气谚语

谚语是在群众中长期流传的语句,它用简洁通俗的语言反映出深刻的事理,是劳动人民的经验总结和智慧结晶。它是一种纯真朴实的民间口头文学,是我国文化遗产的一部分。

农谚在我国有悠久的历史。勤劳而富有智慧的我国劳动人民在长期的生产实践中,通过仔细观察气候,观察植物、动物以及非生物对气候变化的反映,积累了丰富的经验。他们把这些经验,以精练的语言形式加以概括总结,用来指导生产,代代相传,这就是农谚。先秦的一些书籍中就已出现,后代多有引用(如《氾胜之书》《齐民要术》),而且不少农谚与二十四节气有关。

与二十四节气有关的许多农谚,长久以来被农民当作预测和判断风、雨、旱、涝、丰、歉、寒、暑、播种和收获的依据。在正常年景下,关于节气的气象谚语无论是短期的,还是中长期的,在实际使用中,大部分比较灵验。例如,谚语"清明断雪,谷雨断霜"完全符合南方实际情况,北方雪、霜终止时间推迟,谚语则更改为"清明断雪不断雪,谷雨断霜不断霜"。又如"下了白露,天天溜路",这句谚语的意思是:白露下了雨,阴雨时间较早,农村路滑难行。白露正处夏、秋交替之际，暖湿空气余威还在，而北方冷空气势力增强，一侵入到江南，便会形成锋面雨，维持较长时间。"谷雨雷，雨相随"，意思是谷雨听到雷声，马上会下雨，因为此时节江南雨季已经开始了。听到雷声，说明天空已有积雨云移近，高空暖湿气流增强，一场大雨就难免了。

当节气日正好处在某一阶段性天气开始时，其天气往往可代表整个阶段的天气。民间有谚语说"立春晴，一春晴；立春下，一春下；立春阴，花倒春""惊蛰下雨，一晴九雨""立冬晴，一冬晴；立冬雨，一冬雨"。谚语中的"一春""一冬"指的是晴或雨的时间较长。秋、冬季节每隔半个月左右，春季每隔 7～10 天，冷空气就要向南爆发一次。冷空气入侵一次，就会带来大风、降温、降水等天气。因此，前一节气前后天气有变化，后一节气前后天气也会有变化。民谚说"节前节后，要闹天气"，就是这个道理。"谷雨阴沉沉，立夏雨淋淋""小满满池塘，芒种满大江"等谚语都属于这一类。

气象专家认为，天气存在着前后对应的韵律关系，即某种天气出现后，未来若干天后将出现另一种天气。例如，"立夏小满田水满，芒种夏至火烧天"，存在 30 天的韵律；"寒露前后来寒潮，六十天后见初霜"，存在 60 天的韵律；"立春大淋，立夏大旱"，存在 90 天的韵律；"打春下大雪，百日还大雨"，存在 100 天的韵律；"冬至下场雪，夏至水满江"，存在 180 天的韵律。在杂节气谚语中也有不少类似的情况。如"九里一场风，伏里一场雨"，存在 180 天的韵律；"八月十五云遮月，正月十五雪打灯"，存在 150 天的韵律。

农业气象谚语是从天气和作物的关系中总结出来的。如谚语"小暑不落雨，旱死大暑禾"，表明江南雨季已过，伏旱到来，而这时一季中稻正需水，如无人工灌溉，禾苗干到大暑，就会旱死。又如"小雪雪满天，来年丰收年"，小雪时节下的雪为冬雪，冬雪可冻死病菌虫卵、疏松土壤等，所以"冬雪是宝"，来年禾苗一定丰收。谚语"麦盖三床被（指冬雪），头枕馒头睡"也是这个意思。

在农作物生产的过程中，从作物特性、时令、轮作换茬、土壤、肥料、水利、整地、播种、田间管理、除草、防治病虫害到收获，都有相关的农谚。

关于播种期，如种小麦，在黄河流域是"白露早、寒露迟，秋分种麦正当时"，在淮河流域是"秋分早，霜降迟，寒露种麦正当时"，在长江流域是"寒露油菜霜降麦"，在安徽省的休宁一带是"霜降油菜立冬麦"。很明显，冬麦区越向北，冬季冷得越早，小麦的播种适期也相应提早；越向南，冬季冷得越迟，小麦播种适期也相应推迟。又如种芝麻和小米，华北农谚是"小满芝麻芒种谷"，浙江农谚是"头伏芝麻二伏粟"。这些农谚的共同特点是：把气候条件、作物生长发育、农业生产措施等，用二十四节气或明确的时令贯穿起来，形成了一套很完整的直接用来组织生产、指导生产的经验。显然，这类农谚是对二十四节气内涵的扩展和补充。浙江嘉兴有一首农谚，很精辟地说道："立夏做秧畈，小满满田青，芒种秧成苗，夏至二边田，小暑旺发棵，大暑长棵脚，立秋长茎节，处暑根头谷，白露白咪咪，秋分初头齐，寒露含浆稻，霜降割晚稻。"意思是：立夏时节整出秧田，同时要泡稻种，准备就绪后下种；到小满，满田已是青青绿色；15天后芒种，秧已育成；夏至时播种；小暑植株分蘖，长势旺盛；大暑分蘖节上长出根；立秋时开始拔节；处暑时抽穗；白露孕穗；秋分完全齐穗；寒露灌浆；霜降收割。江浙一带在夏秋季种一季稻，对于何时育秧，何时泡种，何时整秧田，何时移栽、育晚稻秧，直到何时割晚稻，这一连串的农事活动，都可以以二十四节气为指导。

由于这些谚语的补充，二十四节气不仅在预示气候条件、指导农事活动等方面有了针对性，更为具体，而且扩展了应用地区，二十四节气也就被丰富和发展起来了。因此，二十四节气在民间仍然非常受重视。

❀ 各地二十四节气歌

　　我国二十四节气文化源远流长，节气歌内容也丰富多彩，世代相传。清末同治、光绪年间，苏州著名弹词艺人马如飞用节气和戏剧名称编写的《节气歌弹词》唱道：

> 西园梅放立春先，云镇霄光雨水连。
> 惊蛰初交河跃鲤，春分蝴蝶梦花间。
> 清明时放风筝好，谷雨西厢宜养蚕。
> 牡丹立夏花零落，玉簪小满布庭前。
> 隔溪芒种渔家乐，农田耕耘夏至间。
> 小暑白罗衫着体，望河大暑对风眠。
> 立秋向日葵花放，处暑西楼听晚蝉。
> 翡翠园中沾白露，秋分折桂月华天。
> 枯山寒露惊鸿雁，霜降芦花红蓼滩。
> 立冬畅饮麒麟阁，绣襦小雪咏诗篇。
> 幽阁大雪红炉暖，冬至琵琶懒去弹。
> 小寒高卧邯郸梦，捧雪飘空交大寒。

　　由于我国地域辽阔，气候类型复杂多样，各地流传的二十四节气歌也各具特色：

　　阳历节气极好算，一月两节不更变；上半年来六、廿一，下半年来八、廿三。一月小寒随大寒，农人拾粪莫偷闲；立春雨水二月里，送粪莫等冰消完；三月惊蛰又春分，天气昭苏栽蒜来；清明谷雨四月节，大小麦田播种勤；五月立夏望小满，待雨下种勿偷懒；芒种夏至六月里，不要强种要勤铲；七月小暑接大暑，拔麦种菜播萝卜；立秋处暑正八月，结实更喜日当午；九月白露又秋分，收割庄稼喜欣欣；十月寒露霜降至，打场起菜忙煞人；十一月中农事闲，立冬小雪天将寒；大雪冬至十二月，完了粮税过新年。（辽宁）

　　立春雨水，赶早送粪；惊蛰春分，栽蒜当紧；清明谷雨，瓜豆快点；立夏小满,浇园防旱;芒种夏至,拔麦种谷;小暑大暑,快把草锄;立秋处暑,种菜无误;白露秋分,种麦打谷;寒露霜降,耕地翻土;立冬小雪,白菜出园;大雪冬至,拾粪当先;小寒大寒,杀猪过年。(河北)

立春阳气转,雨水沿河边;惊蛰乌鸦叫,春分滴水干;清明忙种粟,谷雨种大田;立夏鹅毛住,小满雀来全;芒种大家乐,夏至不着棉;小暑不算热,大暑在伏天;立秋忙打靛,处暑动刀镰;白露忙割地,秋分无生田;寒露不算冷,霜降变了天;立冬先封地,小雪河封严;大雪交冬月,冬至数九天;小寒忙买办,大寒要过年。(黄河流域)

一月有两节,一节十五天;立春天气暖,雨水粪送完;惊蛰快耙地,春分犁不闲;清明多栽树,谷雨要种田;立夏点瓜豆,小满不种棉;芒种收新麦,夏至快种田;小暑不算热,大暑是伏天;立秋种白菜,处暑摘新棉;白露要打枣,秋分种麦田;寒露收割罢,霜降把地翻;立冬起菜完,小雪犁耙开;大雪天已冷,冬至换长天;小寒快积肥,大寒过新年。(安徽)

立春阳气转,雨水落无断;惊蛰雷打声,春分雨水干;清明麦吐穗,谷雨浸种忙;立夏鹅毛住,小满打麦子;芒种万物播,夏至做黄梅;小暑耘收忙,大暑是伏天;立秋收早秋,处暑雨似金;白露白迷迷,秋分秋秀齐;寒露育青秧,霜降一齐倒;立冬下麦子,小雪农家闲;大雪罱河泥,冬至河封严;小寒办年货,大寒过新年。(江苏)

立春天渐暖,雨水送肥忙;惊蛰忙耕地,春分昼夜平;立夏快锄苗,小满望麦黄;秧奔小满禾奔秋,插秧宜早不宜迟;芒种夏至把禾踩,家家户户一齐忙;干锄棉花湿锄麻,露雾小雨锄芝麻;小暑快入伏,大暑中伏天;处暑时节快选种,立秋中稻见新粮;白露田垄一扫光,秋分谷子堆满仓;寒露杂粮收得多,霜降桐茶都剥壳;立冬发北风,小雪冻死虫;大雪当冬令,冬至头九天;腊月小寒接大寒,丰产经验多交谈。(湖南)

❀ 节气与民俗

一年二十四节气,每个节气在我国各地都有不同的民俗,每一种民俗都体现了当地的文化和风土人情,代代传承。

千百年来,勤劳的人们为耕种放牧、狩猎打鱼,创制了许多与节气有关的民间节日,而有些节气后来也演变成了节日,如立春、清明、立夏、夏至、立秋、冬至等。关于节气的民俗,都有其历史渊源、美妙的传说、独特的情趣和广泛的群众基础。

民间有一首《节气百子歌》唱道:"正月过年耍狮子,二月惊蛰抱蚕子,三月清明坟飘子,四月立夏插秧子,五月端阳吃粽子,六月天热买扇子,七月立秋烧袱子,八月过节麻饼子,九月重阳捞糟子,十月天寒穿袄子,冬月数九拱笼子,腊月初八喝粥子。"歌中除了农事活动如"抱蚕子""插秧子"以外,还说到节日或节气期间的民俗活动,如清明和立秋的祭祖活动、天热的消暑措施、天寒的保暖工作、各节日吃什么等。这种约定俗成的文化心态和生活习惯,既蕴藏在人们的精神生活中,又表现在人们的物质生活中。各地不同的节气民俗文化让节气变得生机勃勃、趣味盎然。

在众多的节俗中,有许多是属于大众性的娱乐活动。有的地方举行山歌会、跳歌会,主要是为了娱乐。有不少地方流行放风筝、荡秋千、斗牛、爬竿、划龙舟、舞龙舞狮、射箭、踩高跷、斗蟋蟀、登高、拔河等,又包含了体育游戏和文艺表演内容,花样翻新,各有风采,观者云集。

节气民俗文化的内涵,体现了人们对物质及精神的需求,寄托着人们美好的憧憬。透过一些以祭祀神佛为主的民俗活动表象,可以看到人们从信仰崇拜之中求得心得平衡的愿望。例如,惊蛰前后的"二月二,龙抬头",人们在这天祭龙、送龙上天,祈求龙王施云布雨,希望风调雨顺、五谷丰登;大寒期间,腊月二十三日的"祭灶节"是希望灶神"上天言好事",在七天之后的大年三十晚上重新回来,一家人期待灶神"回宫保平安",这一待就又是一年。

高跷会　清代年画

有关二十四节气的民俗充满着诗情画意，这从历代文人雅士、诗人墨客为一个个特殊的日子书写的千古名篇中可以看出。这些诗文脍炙人口，被广为传诵，使二十四节气渗透深厚的文化底蕴，精彩浪漫，大俗中透着大雅，雅俗共赏。

关于二十四节气的民俗涉及生活、礼仪、节庆、信仰崇拜，也涉及生态农事、气象、经贸、禁忌、游艺竞技，还涉及饮食、保健养生等。形形色

清龙舟盛会图

色的令人眼花缭乱的民俗事象穿越数千年历史，成为博大精深、源远流长的中国传统文化的重要组成部分。

❀ 节气与保健养生

二十四节气反映了一年四季的自然变化，为农耕时代人们安排生活作息提供了依据，让百姓顺天应时，守望年岁，辛勤劳作，安定圆满。

二十四节气不仅能指导农耕生产，也是指导人们保健养生的法宝。因为人与自然是一个统一的动态和整体，一年四季变化随时影响着人体的脏腑功能活动和气血运行。人体健康与二十四节气所反映的天气气候变化息息相关。

不同气象要素作用于人体的部位，会对人体生理和心理健康造成影响。例如：阴天或气压变化会使很多人关节疼痛、肌肉损伤复发或出现偏头痛。最新研究发现，气温与就医人数之间存在直接关系。当气温超

过 26℃时，就医人数会显著增加。

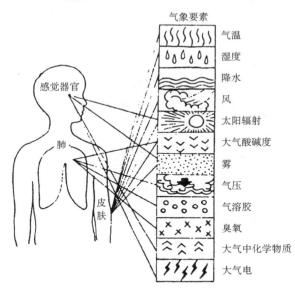

不同气象要素作用于人体的部位

（引自夏廉博《天气与健康》，气象出版社，1984 年）

又如节气前后的天气气候变化，会导致大脑的传感神经出现紊乱，从而影响人们的情绪状态，在某些极端情况下，会导致某些精神疾病恶化。瞬间的大气变化容易引发焦虑，而其他气候变化如白昼长短变化等，则容易导致情绪高涨、低落和两者交替出现的双相障碍等情绪问题。其中，季节性情感障碍是最常见的病状。秋季来临，日照缩短，出现情绪低落的状态，渐次，行动变得迟缓，社交活动减少，甚至因活动减少而增加体重。更有甚者，在夏季，狂躁症发病率呈上升趋势，在冬季，忧郁症患者会增多。

《黄帝内经·素问·宝命全形论》云"天地合气，命之曰人"，指出自然界的阴阳精气是生命之源。天有所变，人有所应。天地万物都有春生、夏长、秋收、冬藏的运动和变化规律。人生于天地间，必须遵循这一规律，调动人体内在因素，与之相适应。《黄帝内经》载："夫四时阴阳者，万物之根本也，所以圣人春夏养阳，秋冬养阴，以从其根……逆之则灾害生。"意思是，精通养生之道的人，春夏注重保养阳气，秋冬则注重保养阴气，以适应大自然四季变化的根本规律……违背它，就要发生灾害。"逆春气则少阳不生,肝气内变;逆夏气则太阳不生,心气内洞;逆秋气则太阴不收,肺气焦满;逆冬气则少阴不藏,肾气独沉"(《黄帝内经》)。所以,人们想要健康就应该很自然地"应天顺时",春季养肝,夏季养心,秋季养肺,冬季养肾,必须遵循这个规律。传统医学和现代医学通过研究证明,人只有顺四时而适寒暑,根据二十四节气所反映的天气气候变化来科学地安排饮食起居,才能协调阴阳、濡养脏腑、防病强身、延年益寿。

春季节气篇

立　春

❀ 立春气候与农事

春为一岁之首。立春为二十四节气中的第一个节气。我国民间习惯把立春作为春季的开始。

立春在每年公历的 2 月 3 日、4 日或 5 日，太阳到达黄经 315°时开始。此时北风带来的严寒季节就要结束，代之而起的将是暖和的春风。

农谚有"春打六九头"
"几时霜降几时冬，四十五天
就打春"之说。从冬至开始
入九，"五九"四十五天，因而
立春正好是"六九"的开始。
立春后的第十天"七九河
开"，东风阵阵。古人把这种
自然现象概括为"东风解

冻"，作为立春第一候的候应。立春第二候的候应为"蛰虫始振"，意思是藏在泥土中过冬的虫类结束冬眠，开始振作起来，蠢蠢欲动地向外界活动。立春第三候的候应叫作"鱼陟负冰"，是指水面厚厚的冰逐渐开始融化，鱼开始到水面上游动了。此时，水面的碎冰如同被鱼背负着一般。

我国地域辽阔，各地气候相差悬殊，四季长短不一。"四立"是从天文学上来划分的，虽能反映黄河中下游四季分明的气候特点，"立"的具体气候意义却不显著，不能适用全国各地。江南春早，柳叶争先报春，杜甫诗云："柳无春光不精神，春无柳色减三分。春风一夜吹杨柳，十万嫩枝着绿条。"而此时北方部分地区还受着蒙古—西伯利亚干冷气流的影响，气温较低。直到 2 月下旬，真正进入春季的只有华南。

雍正祭先农坛图第一卷·亲耕（局部）

时至立春，人们明显地感觉到白昼长了，天气暖和了。气温、日照和降雨趋于上升或增多，春耕大忙时节陆续开始了。"宁舍一锭金，不舍一年春。""误了一年春，全年受紧困。"东北地区要顶凌耙地、送粪积肥，并做好牲畜防疫工作。华北平原则要积极做好春耕准备和兴修水利。西北地区要为春小麦整地施肥，尤其是牧区仍应防御白灾的发生，加强牲畜的防寒保暖。西南地区要抓紧耕翻早稻秧田，做好选种晒种以及夏秋作物的田间管理。长江中下游及其以南地区要清沟理墒，做到沟渠畅通，避免发生渍害。

立春以后，北半球的天气因阳光直照程度加大，气温升高较快，北方南下的冷空气经照射很快变暖。但是，我国北方大部分地区这时正是冰冻未消、积雪待融的时候。这时阳光热力虽有增加，大部分热量都被将融化的冰雪吸收，而这时冷空气还有一定强度，又往往形成寒潮，可能把播种的农作物冻伤或冻死。

在华南地区，"立春雨水到，早起晚睡觉"，冬甘薯追肥，早玉米播种，小麦防治黏虫，春耕春种全面展开了。南部早稻将陆续播种，要抓住"冷尾暖头"及时下种，还要防范霜冻或冰冻灾害，并注意加强果林及禽畜、水产的防寒保暖工作。四川盆地应加强对小麦锈病等病虫害的监测与防治。

❀ 立春民俗文化

⊙ 句芒·迎春

句（gōu，音钩）芒，俗作"勾芒"，亦称芒神、木神。古代传说中，句芒是主管草木和各种生命生长的草木神和生命神，也是主管农事的春之神。

先秦文献中有不少关于芒神的记载。《左传·昭公二十九年》记载："木正曰句芒。"《礼记·月令》记载："（孟春之月）其帝大皞，其神句芒。"郑玄注："句芒，少皞之子曰重，为木官。"

相传，少皞出生在西方的海滨，那里有一棵孤零零的大桑树，树又粗又高，足足有一丈。树叶通红瑰丽，紫水晶一样的桑葚一万年才结果一次，谁要吃了就会长生不老。少皞长大之后去了东方，在一个深幽山谷中建立了一个鸟的国家。他自己便做了这鸟国的国王。他给心爱的鸟儿全都封了官。百鸟之中，光彩照人的凤凰的官最大，其他五颜六色的鸟儿也都一一负有专责，分管天下之事。

百鸟朝凤

句芒就是这少皞的儿子。少皞特别喜欢春色，便用春天的特征来给儿子取名叫句芒。春天，豆种破土时有一个弯，青草出芽时有一个尖，"句"就是豆芽的那个弯，"芒"就是青草苗的那个尖。

句芒长大后便帮他父亲做事，后来当上了东方天帝伏羲的助手，主管春天的一切事务。句芒出生在鸟的王国，所以他长的是鸟的身子人的头。他的脸盘方方的，总是穿一身白袍子，外出时有两条龙给他拉车子。正如《山海经·海外东经》所载："东方句芒，鸟身人面，乘两龙。"郭璞注："木神也，方面素服。"这就是芒神为鸟首人身、骑龙的形象。

最初的芒神也许与鸟图腾有关，有关学者推测可能是一种区域性的氏族神。这种图腾既是该氏族的源头，也是他们的保护神，当然也主宰万物生长、农业丰收。《淮南子·时则训》："东方之极，自碣石山，过朝鲜，贯大人之国，东至日出之次，榑木之地，青土树木之野，太皞、句芒之所司者万二千里。"《随巢子》记载："有大神人面鸟身,降而福之。司禄益而民不饥,司舍益宫而国家实,司命益年而民不夭,四方归之。"这个大神就是句芒。

古代立春日,由人扮句芒,其首用木雕成,顶在扮演者头上,下穿红色或白色长袍,胸部开一洞口,可以往外窥看。在举行迎春活动中,牵牛或驱牛而行,象征芒神督促春牛努力耕种,预示丰收。

古人在立春日多用隆重的迎春仪式来迎接句芒神。文献记载,在周代,立春前三日,天子开始斋戒,到了立春日,亲率三公九卿诸侯大

句芒

夫到东郊去迎春。为了迎春,在国都东门外八里的地方先修好"东堂"。东堂屋高八尺,台阶三级。迎春的队伍一律是青色的车,青色的衣服,青色的旗帜。队伍浩浩荡荡,吹着牛角,唱着迎春的《青阳》曲,舞动着羽毛做的仪仗,跳着用来迎春的《云翘》舞。来到东堂礼拜东方句芒神后,隶役抬着句芒神和土牛在鼓乐仪仗队的前导下,被迎入皇宫内的彩棚中,称为"迎春"。

到东汉时正式产生了迎春礼俗和民间的服饰饮食习俗。据说从汉文帝起,迎春时天子亲自扶犁,躬耕于野,表示对春耕的动员。在唐宋时代,迎春活动的地点就不止是在东郊了。如宋代《梦粱录》中就记载:"立春日,宰臣以下,入朝称贺。"这表明迎春活动从郊外进入宫廷,成了宫廷之内的互拜。到明清两代,立春文化盛行,清代称立春的贺节习俗为"拜春",其迎春礼仪形式称为"行春"。

迎春是立春的重要活动,事先必须做好准备,进行预演,俗称"演春"。然后才能在立春那天正式迎春。清人顾禄所著《清嘉录》指出,立春祀神祭祖的典仪,虽比不上正月初一的岁朝,但要高于冬至的规模。

⊙鞭春

立春，又称打春。这里的"打春"指的是"打春牛"，又叫"鞭春牛""鞭土牛""祭春牛""鞭春"，表示春耕即将开始。

中国是一个农业大国，而牛则是与农耕有着密切关系的家畜。传说大禹治水时，每治一处水患，必用一头雄牛镇水妖。后来在河湖堤畔，就有以铁牛、石水牛镇水的习俗。因此，牛不仅是人们从事农耕不可或缺的动物，同时也成了吉祥的象征。

古人有残冬时造土牛以送寒气的习俗，后来发展为用鞭子打土牛。据《事物纪原》载："周公始制立春土牛，盖出土牛以示农耕早晚。"后世历代封建统治者在立春日都要举行鞭春之礼，意在鼓励农耕。到了汉代，每当立春日，很多地方总要举行祭春牛活动，大家欢庆祭礼，表示迎春。后汉《礼仪志》："立春日，夜漏未尽五刻，京师百官，皆衣青衣。郡国县道官，下至斗食令史，皆服青帻。立春幡，施土牛耕人于门外，以示兆民。"春幡由绸制成；"土牛"即"春牛"；"耕人"即"芒神"，手执一鞭赶牛，寓意劝农。唐代，鞭春牛活动相沿成习，一座城中，东、南、西、北四门各造一土牛、芒神，其颜色必须与城门所在的方位相对应，如城东青色、城南赤色、城西白色、城北黑色。立春这一天，各州、县衙门又用纸扎成一头"春牛"，由州、县官主持，用红、绿丝线或彩绸编成的"春鞭"打牛三下，这活动称为"打春"，寓意让春牛辛勤耕作，勿误农时。

《东京梦华录》中说，宋代"立春前一日，开封府进春牛入禁中"。立春之辰"官吏各县彩杖击牛"，名曰"打春牛"，或叫"鞭春"。尤其是宋仁宗颁布《土牛经》后，鞭土牛风俗传播更广。到了明朝，不但民间盛行，官方也把它列

土牛鞭春

入重要的社会活动。明人刘侗的《帝京景物略》中记述当时的迎春活动道:"立春候,府县官吏具公服,礼勾芒,各以彩杖鞭牛者三,劝耕也。"

直到清朝,迎春和鞭春的活动都是极为热闹的,不止京城,全国各地都有。至清末,立春前各地衙署门前(或农村村口)均用泥土加色料(或用竹扎纸糊)塑造"春牛"和"耕夫"。立春日,由知州、县令或村中乡老行香主礼,祭礼春神,然后擂鼓三声,众官员(或乡民)手执红、绿丝线捆扎的"春杖"围击春牛,谓之"鞭春",以"示劝农意"。最后众村民将泥牛打碎,分土而回,撒在各自的农田。有的地方还在纸春牛肚里藏上花生、栗子、柿饼、核桃之类的干果,当牛被打破时,干果散落出来,男女老少都来捡拾。据说,谁拾得多,谁家的庄稼收成就好。

制作春牛,不管是泥塑还是纸糊,尺寸上都有明确的规定。土牛以柘木做骨架,其身高四尺,身长八尺,牛尾长一尺二寸。《燕京岁时记》载:"立春先一日,顺天府官员,在东直门外一里春场迎春……引春牛而击之,曰打春。"同时颁发《春牛芒神图》,使迎春的形式更加完善。

⊙春牛图

古代每到立春日要举行鞭春之礼。到了清朝,鞭春形式更演变为全民参与的重要民俗活动。

清朝顺天府在每年六月就要求钦天监绘制明年的《春牛芒神图》,在立春到来前,把图分到各地农村,由此告诉大家春已到来,春耕活动要随之开始。

后来,历法家根据历象所推算出来的当年的立春时间,会在春牛图上显示出来。立春距正月初一前后五天内,芒神与牛并立;前五天外,芒神立牛前面;后五天外,芒神则立牛后面。牛口的开与合也有规定,即按纪年的干支阴阳而定:阳年(天干单数为阳:甲、丙、戊、庚、壬)口张开,阴年(天干双数为阴:乙、丁、己、辛、癸)口闭合。同时,阳年时春牛的尾巴摆在左边,阴年则摆在右边。

人们还根据节气的推算和年度天气气候的演变趋势,将春牛图着上了不同的颜色。牛头的颜色按纪年的天干而定:甲、乙年为青色,丙、丁年为红色,戊、己年为黄色,庚、辛年为白色,壬、癸年为黑色。牛身的颜色按纪年的地支而定:亥、子年为黑色,寅、卯年为青色,巳、午年为红色,申、酉年为白色,辰、戌、丑、未年为黄色。而牛角、牛耳和牛尾巴的颜色就按立春这天的纪日天干而定:甲、乙日为青色,丙、丁日为红色,戊、己日为黄色,庚、辛日为白色,壬、癸日为黑色。牛胫的颜色按立春日的纪日

春牛图

地支而定:亥、子日为黑色,寅、卯日为青色,巳、午日为红色,申、酉日为白色,辰、戌、丑、未日为黄色。牛笼头拘绳的颜色按立春日的纪日天干而定:甲、乙日为白色,丙、丁日为黑色,戊、己日为青色,庚、辛日为红色,壬、癸日为黄色。芒神的衣服颜色和腰带颜色按立春日的纪日地支而定:亥、子日黄衣青腰带,寅、卯日白衣红腰带,巳、午日黑衣黄腰带,申、酉日红衣黑腰带,辰、戌、丑、未日青衣白腰带。

除了春牛身体和芒神服饰的颜色根据年干支和立春日干支的纳音(纳音是以六十甲子分配五音的方法,以水、火、木、金、土五行为生成之数)来确定颜色(金为白色、木为青色、水呈黑色、火呈红色、土呈黄色)外,芒神头髻的梳法也以立春日纳音为法:金日平梳两髻在耳前;木日平梳两髻在耳后;水日平梳两髻,右髻在耳后,左髻在耳前;火日平梳两髻,右髻在耳前,左髻在耳后;土日平梳两髻在顶直上。

至于芒神与牛的相对位置,也有约定俗成的规定:芒神阳年立于牛左,阴年立于牛右。芒神的老少则按纪年的地支分为三种情况:寅、申、巳、亥年为老人像,子、午、卯、酉年为少壮像,辰、戌、丑、未年为童子像。

另外,古时《春牛芒神图》下达各省府州县后,除样式、颜色严格按图制成偶像外,同时要求在尺寸规格上充分反映出夏历的特点,把主要内容反映在春牛、芒神身上。如春牛身高四尺,象征着春、夏、秋、冬四个季节;身长八尺,代表着春分、秋分、夏至、冬至、立春、立夏、立秋、立冬八个主要节气;牛尾长一尺二寸,象征着一年十二月;芒神身长三尺六寸五分,代表着

春牛图

一年的 365 天；芒神手提的鞭子长二尺四寸，代表着二十四节气。

古人根据春牛、芒神的颜色和样式，便可以了解节气的早晚、春耕夏耘的先后，预卜年岁收成的丰歉。若芒神赤脚，则表示今年多雨水；若芒神头上戴顶红色帽子，则表示今年大旱。可见在古代农业社会里，春牛、芒神的确扮演着非常重要的角色，可以说，春牛图是一种朴素的农业生产科学挂图，用来预报春天迟早，以便农民及时耕种。

⊙ 咬春

立春这一天，有一种叫作"咬春"的习俗，流行于北京、河北等地。

咬春又叫"食春菜"，是一种吃鲜尝新的活动，具有迎接新春的意味。据记载，明、清两代最流行的咬春是吃一种名叫"心里美"或"赛梨"的紫色萝卜，吃起来又脆又甜又有点辣。人们认为，吃了它可解除春天困乏。老北京南苑有"大红门的萝卜叫京门"之俗语。那时候，再穷的人家，也要买个萝卜给孩子咬咬春。

清代潘荣陛在《帝京岁时纪胜》中说："新春日献辛盘。虽士庶之家，亦必割鸡豚、炊面饼，而杂以生菜、青韭菜、羊角葱，冲和合菜皮，兼生食水红萝卜，名曰咬春。"

咬春习俗有个神奇的传说。相传远古时候，人们对一岁之首的立春，总要热闹地庆祝一番。有一年，当人们准备迎接立春之时，不料瘟疫四起，所有人都染上了一种怪病。个个心虚气短，失神落魄，头重脚轻。立春前一

天，一位老者来到了一个村庄，去敲一户人家的门，发现没人应声。门虚掩着。他推门进屋，惊见炕上躺着五口人，个个脸色焦黄，昏沉沉像睡着一样。老者连呼几声没人应。他赶紧来到一个中年人跟前，连声问究竟。中年人只抬了一下眼皮，合着眼用微弱的声音断断续续地说："全村人都得了像我这样的病。"老者一连去了几家，情形都是一样。老者也莫名其妙。于是，老者合眼祷告，脑海中出现了南海观世音菩萨。观音菩萨收到祈求后说，等地气通时，让乡人百姓每人啃吃几口萝卜，瘟疫便可自动解除。这时候已到了第二天的大清早了。过了约一袋烟的工夫，突然地上有雾气袅袅升起，"啊——"老者喜不自禁地喊着："地气通了！地气通了！"老者赶忙通知村里的每家每户，人们咬吃萝卜之后，身体全都好了。邻近村庄的人们得知，吃了萝卜后，身体也都好了。

人们感谢那位老者，更不会忘记将他们从苦难中解脱出来的萝卜。从此，人们便在立春这天吃几片萝卜，以求平安。咬春的习俗也就形成了，一直传承至今。

⊙春饼、春盘和春卷

立春这天民间流行吃春饼。这是一种用白面烙成的薄饼，吃时卷上以凉拌菜为主体的丝状菜肴（原本就是丝状的或加工成丝状的），取"春到人间一卷之"之意。

立春吃春饼之俗由来已久。晋代潘岳《关中记》载："（唐人）于立春日做春饼，以春蒿、黄韭、蓼芽包之。"那时春饼里包的都是蔬菜。宋代商业比较发达，春饼不仅自做自吃，也会出现在饮食市场上。明清以后，比较繁华的城镇，如州府所在地，几乎都有经营春饼的店铺。

清代《北平风俗类征·岁时》中说，立春那天食春饼，"备酱熏及炉烧盐腌各肉，并各色炒菜，如菠菜、韭菜、豆芽菜、干粉、鸡蛋等，且以面粉烙薄饼卷而食之"。这正是清末民间时期老北京人吃春饼应景之节俗，俗话有"打春吃春饼"之语。

如今吃春饼随时可在家庭中自制。用温水烫面烙制或蒸制，饼皮可大如团扇，也可小如碗碟，两页一合。烙时每张薄饼上的一面抹些香油，使吃时容易揭开。饼里包的菜俗称"合菜"，除必备有葱丝、甜面酱外，其他据家人爱好可多可少,生熟兼有,荤素齐全。其中熟菜应有炒粉丝豆芽、摊黄菜(鸡蛋)、炒韭菜,有豆腐干最好。吃春饼,老北京讲究把饼卷成筒状,俗话叫"有头有尾"。立春这天阖家围桌食之,其乐融融。

立春这一天,民间还流行用葱、蒜、姜、萝卜、韭菜等蔬菜,烧熟佐饭,有的不烹煮,生排在盘上,便叫春盘。

春盘晋代已有,那时称"五辛盘"。"五辛"是指五种辛辣(葱、蒜、椒、姜、芥)蔬菜。当时春盘用于宴席和馈赠。五辛的用意是要使生活过得好,不但要辛勤地劳动,在生活上还需要节俭,不要一开始就要鱼要肉,要做好糠菜半年粮的安排。同时还寓意着吃了蒜,要善于打算;吃了葱,使人智慧聪明;吃了韭菜,使人幸福长久。

唐宋时期,吃春盘春饼之风盛行。杜甫《立春》诗:"春日春盘细生菜,忽忆两京梅发时。盘出高门行白玉,菜传纤手送春丝。"宋人陈元靓撰《岁时广记》称:"立春前一日,大内出春饼,并酒以赐近臣。"当时将春饼与菜置于一个盘内,春盘是极为讲究、精致的。至清代,皇帝也以春饼春盘赏赐忠臣近侍,受赐者感激不尽。

古代装在春盘内的传统节令食品还有春卷。《岁时广记》云:"京师富贵人家造面蚕,以肉或素做馅……名曰探官蚕。又因立春日做此,故又称探春蚕。"后来"蚕"字音转化为"卷",即当今常吃的"春卷"。

春卷发展到今天,已经比较定型。市场上现在有人专门做春卷出售。春卷皮制作十分讲究,取一平面铁板放在炉火上,铁板烧烫后,制作者手持一个精面团,先在铁板上揉个六寸见方的圆卷,然后利用面团的弹性,有节奏地让面团点在卷皮上不够圆满处,几下以后,一张薄如油纸的春卷皮就做好了。

春卷,古时常用椿树的嫩芽为馅,元代用羊肉为馅。现今春卷馅常用韭菜肉丝、笋丝肉丝、豆粉、玫瑰,较高档的还有鸡丝韭菜、虾仁肉丝等。做春卷时将馅心摊放在春卷皮上,两头折起,卷成长卷,然后下油锅炸成金黄色,以皮薄酥脆者为佳。春卷不仅是很好的节令食品,也成了人们平日可口的点心。

⊙佩燕子·戴春鸡·贴春画

古代立春日,在长安、关中一带,人们喜欢在胸前佩戴"燕子"。这燕子是用彩绸剪成的。这种风俗源自唐代,现在仍在农村流行。燕子是报春的使者,也是幸福吉利的象征。向阳人家都喜欢在庭房檩条下或房檐的墙壁上,搭上一小块木头做垫板,上写"春燕来朝"四字,燕子就可以在这里筑起自己的窝来。燕语声声:"不吃你家谷子,不吃你家糜子,只在你家抱窝孩子。"

春鸡亦称迎春公鸡,立春日佩戴的布制饰物。流行河南及山东滕县、黄县、曲阜等鲁南地区。立春前,年轻妇女用彩色碎布缝制"唤春咕咕(布谷鸟)""迎春公鸡"之类节日佩饰物,立春日佩挂在孩子身上。春鸡用纸底花布裹棉花,形同菱角,一角尖端缀花椒仁作鸡眼,另一角缝

戴春鸡

几根与身等长的花布条作鸡尾,造型朴拙,色彩斑斓,具有浓厚的乡土气息。春鸡钉在孩子左衣袖上,有新春吉祥之意。一般在农历正月十六日到庙会上将布鸡扔掉。在河南项城,人们剪彩色碎布做春鸡,一般戴在儿童的头上或袖上。此俗现仍流行。未种牛痘的孩子,春鸡嘴里要衔一串黄豆,几岁串几粒,称作鸡吃痘,寓意孩子不生天花、麻疹等疾病。

字贴宜春 清 周慕桥

贴宜春字画的风俗,唐代长安盛行,流传至今。春天来了,人们在门楣、门壁上张贴的字称"宜春字",画称"宜春画",如"迎春""春色宜人""春暖花开""腊梅图"等,以及"一门欢笑春风暖,四季祥和淑景新"或"春风得意,六合同春"等联语。院内、屋内墙上也贴"春"或"福"字。"剪绮裁红妙春色,宫梅殿

柳识天情。瑶筐彩燕先呈瑞,金缕晨鸡未学鸣。"这首古诗写出了春色满园、万物迎春的情景。

❋ 立春保健养生

立春是一年中的第一个节气,过了立春就意味着严冬过去了,万物复苏的春天来了。此时气温开始回升,白天渐长,降水也趋于增多。大自然与人的身体是相通的,此时人之阳气也逐步生发。人们保健养生的重点就是养好人体的阳气,使新陈代谢从冬天恢复过来,尽快适应春天的气候。

五脏配五行

立春养生,顺应万物始生的特点,着眼于一个"生"字。按自然属性,春属木,与肝相应。从五行特性和五脏的生理活动特点来看,肝喜调达,有疏泄的功能,木有生发的特性,故以肝属木。因此,立春养生重在养肝,戒暴怒,忌忧郁,做到开朗乐观,心境平和,使肝气得以生发,人体新陈代谢才能正常运行。

在饮食方面,要考虑立春时阳气初生的特点,宜"省酸增甘",即多吃辛甘发散之品,不宜食酸味食物。在五脏与五味的关系中,酸味入肝,具有收敛之性,不利于阳气的生发、肝气的疏泄。具有酸收性质的食物有马齿苋、西红柿、柑、橙子、橘、柚、杏、木瓜、枇杷、山楂、橄榄、柠檬、石榴、乌梅等。"春夏养阳",具有辛甘发散性质的食物有油菜、香菜、韭菜、洋葱、芥菜、白萝卜、辣椒、生姜、葱、大蒜、茼蒿、大头菜、茴香、白菜、洋白菜、芹菜、菠菜、荠菜、黄花菜、蕨菜、莴苣、茭白、竹笋、黄瓜、冬瓜、南瓜、丝瓜、茄子、豆豉等,可以适当多吃一些,以温补阳气。立春时,只要遵循养肝明目、减酸增甘、清补养肝、通利肠胃的原则来选择食物即可达到保健的目的。

立春时节,冬季的寒冷并没有马上退去,天气乍暖还寒。可能出现的"倒春寒"会对患有高血压、心脏病的人有很大的威胁,它可使高血压病人发生脑中风,诱发心绞痛或心肌梗塞。忽冷忽热的气候还易使儿童感染百日咳、猩红热、感冒等疾病。所以"春捂"非常重要。不宜急于脱去棉服。年老体弱者尤其要注意保暖，不可骤减冬衣。唐代中医学著作《千金要方》主张春时衣着宜"下厚上薄"，清代老年养生著作《老老恒言》亦云："春冻半泮，下体宁过于暖，上体无妨略减，所以养阳之生气。"

在起居方面，春天人体气血亦如自然界一样，需舒适畅达，人们最好夜卧早起，免冠披发，松缓衣带，舒展形体，多参加室外活动，克服倦懒思眠状态，使自己的精神情志与大自然相适应，力求身心和谐，精力充沛。宋代苏轼的《养生三字经》说：

> 软蒸气，烂煮肉；
>
> 温羹汤，厚毡褥；
>
> 少饮酒，惺惺宿；
>
> 缓缓行，双拳曲；
>
> 虚其心，实其腹；
>
> 丧其耳，立其目；
>
> 久久行，金丹熟。

其大意为：老人消化能力差，因此饭应做得软些，肉要做得烂些；汤要温热不凉，衣服被褥要厚些；少喝酒，多休息，睡眠不够则闭目养神；走路要缓慢谨慎；心境要放宽，不可空腹无食物；少用耳朵和眼睛，以清心怡情；照此饮食起居，并且持之以恒，则能健康长寿。

立春多散步能够加强身体的代谢能力，消除冬季积存在体内的多余脂肪。中医还认为，闲逸的散步和缓行，四肢自然而协调地运动，可使全身关节筋骨得到运动，使人气血流通，经络畅达，利关节而养筋骨，畅神志而益五脏。现代运动医学认为，散步是增强心脏功能的有效手段之一，行走时由于下肢大肌肉群的收缩，可使心脏跳动加快，血液输出量增加，血流加速，以适应运动的需要，这对于心脏是一种很好的锻炼。散步时，体弱有病的老年人以慢走为好，每分钟六七十步，年轻人和健康中年人以快走为佳，每分钟行走 120 步左右。散步时要注意所穿衣服应宽松舒适，鞋要轻便，心情要放松。清代画家高桐轩有漫步之乐、耕耘之乐、把帚之乐、教子之乐、知足之乐、安居之乐、畅谈之乐、沐浴之乐、高卧之乐、曝背之乐。这"十乐"对身心健康也大有裨益。

立春要防流行性疾病。这是由于天气由寒转暖,各种致病细菌、病毒随之生长繁殖,温热毒邪开始活动,现代医学所说的流感、流脑、麻疹、猩红热、肺炎也多有发生和流行。为避免春季疾病的发生,首先要消灭传染源,其次要常开窗,保持室内空气清新,还要加强体育锻炼,提高自身免疫力。

❀ 立春节气诗词

立 春 日

唐·陆龟蒙

去年花落时,题作送春诗。
自为重相见,应无今日悲。
道孤逢识寡,身病买名迟。
一夜东风起,开帘不敢窥。

立春偶成

北宋·张栻

律回岁晚冰霜少,春到人间草木知。
便觉眼前生意满,东风吹水绿参差。

立 春 日

南宋·陆游

江花江水每年同,春日春盘放手空。
天地无私生万物,山林有处著衰翁。
牛趋死地身无罪,梅发京华信不通。
数片飞飞犹腊雪,村邻相唤贺年丰。

早春图 清 杨晋

❀ 立春节气谚语

立春一日,水暖三分。
打罢春,阳气转。

打春阳气转，雨水沿河边。

立春晴，一春晴；立春下，一春下；立春阳，花倒春。

立春晴，雨水匀。

立春晴好春水下，立春下雨倒春寒。

立春天气晴，百物好收成。

但愿立春一日晴，农夫不用力耕田。

立春落雨到清明，一日落雨一日晴。

雨淋春牛头，七七四十九天愁。

立春之日雨淋淋，阴阴湿湿到清明。

立春日下雪，百日后涨水。

立春打霜百日旱。

立春大雾生，百日冰雹不落空。

雷打立春节，惊蛰雨不歇。

立春一声雷，一月不见天。

立春东风回暖早，立春西风回暖迟。

立春风大春风大，立春下雨春雨多。

立春刮南风，今年收成好。

立春不下是旱年。

上半年看打春，下半年看处暑。

正月立春二月寒。

年内立春春不冷，年后立春三月冷。

立春雨水到，早起晚睡觉。

春打六九头，耕牛满地走。

年逢双春雨水多，年逢无春好种田。

两头春，伏天热。

两春夹一冬，无被暖烘烘。

立春雪水化一丈，打得麦子无处放。

立春热过劲，转冷雪纷纷。

立春早，早稻播种不宜早；立春迟，早稻播种不宜迟。

春脖长，回春晚，一般少有倒春寒；春脖短，早回暖，常常出现倒春寒。

打春冻人不冻水。

立春下大雪，百日还大雨。

立春放甘蔗，糖多秆秆大。

立春好栽柳，夏至好接枝。

雨　水

❀ 雨水气候与农事

　　每年公历 2 月 18 日、19 日或 20 日，太阳移至黄经 330°时交雨水节气。《月令·七十二候集解》云："正月节中，天一生水。春始属木，然生木者必水也，故立春后继之雨水。"

　　雨水一到，就是"九九"中的"七九"了。这时气候逐渐回暖，冰雪逐渐消融，降水逐渐增多，降水的形式也由降雪逐渐过渡到降雨了。黄河中下游一带，每年平均终雪期多在 3 月 10 日以前，平均初雨期在 2 月中旬，它们都在雨水节气日前后。雨水期间，黄河中下游一带的平均气温为 −4～2 ℃之间；总降水量比前一个节气有显著增加，达到 5～20 毫米，与惊蛰期间的总降水量相差不多。

　　在我国其他地区，雨水的含义跟当地的气候情况就不很相同。东北、西北、内蒙古和华北北部一带，雨水期间平均气温仍为 −18～−6 ℃，较立春增高不多；仍然降雪，降水量较前一节气没有增加。在江淮流域，节内平均气温已升到 2～10 ℃，降水一般是雨。由于来自南方的暖湿气流逐渐活跃起来，节内降水量增加到 30～80 毫米，比立春有所增多。至于南岭以南的华南地区，雨水期间平均气温虽然更高一些（超过 10 ℃），但降水量比江淮流域要少。华南、西南部分地区，由于早春雨较少，往往会发生程度不同的春旱。

　　古时由于每年一到雨水，有取鱼进行祭天的风俗，因此先民概括以"獭祭鱼"作为候应。獭是水里的动物，喜欢吃鱼，常常在捕了一条鱼之后，把它咬死放在岸边，再下水去捕，等捕来的鱼在岸边堆得够它吃一顿了，才美美地把鱼吃下肚。因为獭把鱼排放得像祭神时的供品，所以人们称之为"獭祭鱼"。雨水第二候的候应为"雁北乡"。自然界中，每年一到"雨水"之后就是"八九雁来"的时候,大雁往北飞了。雨水第三候的候应为"草木萌动",意思是大地上的草木开始萌芽了。

"一年之际在于春"。随着春天的来临,雨水期间,农村的备耕活动和春耕生产要迅速开展起来。在黄淮流域我国主要冬小麦产区,气温逐渐升高,冬小麦将自南向北逐步返青。这时抓紧压麦、耙麦、保墒,并根据具体情况浇灌返青水,可以预防春旱,促使返青后麦苗生长苗壮。北方春迟地区,雨水期间虽冬景未消,但送肥、选种等备耕活动也开始了。有的年份,华北北部、内蒙古大部和东北的西部雨雪稀少,秋冬连续干旱,对春播十分不利。这些地区,雨水期间更要注意顶凌耙地,镇压保墒,采取一切防旱抗旱措施,做好春播准备工作。

雨水时节,在淮河以南地区,一般雨水较多,以加强中耕除草为主,同时搞好田间清沟沥水,以防春雨过多,导致湿害烂根。华南春早,雨水期间正是双季早稻播种开始大忙时节。江南的油菜、小麦生长加快。农民开始准备播早稻。为防止忽冷忽热、乍暖还寒的天气危害秧苗,应注意抓住"冷尾暖头"天气,抢晴播种,力争一播全苗。特别是华南西部多春旱,要注意及时浇灌,以满足小麦拔节孕穗、油菜抽薹开花需水关键期的水分供应。

❀ 雨水民俗文化

⊙上元·元宵·灯节

雨水前后,我国各地有个重要的民俗节日便是元宵节,这一天又称"上元节",是中国道教的上元天官大帝的诞辰。按照我国民间传统习俗,在一元复始、大地回春的第一个月圆之夜,家家户户亲人相聚,一起高高兴兴地吃元宵,因而这一天又被称为"元宵节"或"灯节"。

据说,元宵节起源于汉代,汉惠帝刘盈死后,吕后一度篡权。吕后死后,一心保汉的周勃、陈平等人,协力扫除诸吕,拥刘恒为主,即汉文帝。文帝博采群臣建议,施仁政,救灾民,精心治国,使汉代臻于盛世。因为扫除诸吕的日子是正月十五日,所以,每到这一晚上,文帝就微服出宫,与民同乐,以示纪念。在古代,"夜"同"宵",正月又称元月,汉文帝就将正月十五定为元宵节,这一夜就叫元宵。

北方元宵节吃"元宵",北方沿袭旧称"元宵",南方则喜食"汤圆"。元宵也好,汤圆也好,都有团圆、甜蜜的寓意。

元宵之时,人们除吃元宵外,还有燃灯和观灯的风俗,所以元宵节又叫"灯节"。灯节亦始于汉代,兴盛于唐宋,并延续至今。汉明帝永平十年(公元 67 年),佛教传入中国,汉明帝提倡佛法,敕令在元宵节点灯敬佛,这就开了元宵放灯的先例。此后,元宵节燃灯、观灯之俗遂起。《开元天宝》遗事记载,唐玄宗时,放灯发展到热闹的灯市,"置百枝灯树,高八十尺,竖之高山,上元夜点之,百里皆见,光明夺月色也"。《朝野佥载》云:"(这时京城)作灯轮高二十丈,衣以锦绮,饰以金银,燃五万盏灯,簇之如花树。"可见唐代元宵灯市规模之大。到了宋代,元宵灯市更是盛况空前,各式各样的灯琳琅满目,如嫦娥奔月、西施采莲等人物灯,荷花、牡丹、瓜、藕、葡萄等花果灯,鹿、鹤、龙、马、凤、猴、金鱼等动物灯,还有用灯扎成的灯树、灯楼、鳌山、龙舟、牌坊等。

赏灯

随着元宵灯会的发展,又有灯谜盛会

兴起。灯谜,是谜语的一种形式,南宋时期,猜谜开始成为元宵节的游戏。杭州文人在元宵灯节把谜语贴在纱灯上,让过往赏灯的人猜,叫作"猜灯谜",此风以后愈演愈盛。

俗话说"正月十五闹元宵"。元宵灯节也是民间艺人争相表演节目的机会。扭秧歌、小车会、舞狮、跑旱船、踩高跷……民间节目多彩多姿。民间艺人大显身手,施展出劈叉、滚翻、跳跃、格斗等软硬功夫。有的动作健美,刚劲有力;有的诙谐滑稽,使人笑逐颜开。还有的把花灯与民间舞蹈结合起来,火热的龙灯舞、幽雅的荷花灯舞都有着浓厚的民俗色彩,增添了喜庆热闹的节日气氛。

⊙ 填仓节

填仓节,又名天仓节,节期为农历正月二十五日,是雨水期间的一个节日。宋时《东京梦华录》有载:"正月二十五日,人家市牛、羊、豕肉,恣飨竟日。客至苦留,必尽而去。名曰填仓。"意思是正月二十五日这天,人们去买牛、羊、猪肉,放开肚子吃一天。要是客人来了,就拼命挽留,让客人把肉都吃完。这个活动叫"填仓"。清代笔记《帝京岁时纪胜》也称:"(正月)廿五日为填仓节。"

打囤填仓

民间相传,很久很久以前,天下大旱三年,赤地千里,饿殍触目,统治者不顾百姓死活,照旧征粮派赋。有个给官府看粮的仓官守着满囤满仓的粮食,不忍目睹父老兄弟饥寒交迫,便毅然打开粮仓,救济灾民,并在正月二十五这天放火烧仓自焚。后人为了纪念这个仓官,每逢这天,农家、粮户以及与粮仓有关的行业均要设供致祭,并有填仓、打囤之俗。根据地区不同,有以饱食来表示填满仓的;有用灶灰、米糠等围出仓的形状,即在地上画一圆圈表示粮仓,并在其中放些粮食,以示仓满的;还有的地区要祭祀仓神,以祈一年粮丰仓满。

填仓节以华北、西北地区为盛。有大、小填仓节之分,前者在农历正月二十五,纪念仓官;后者在正月二十,祭仓神。山西《介休县志》记载:"二十日,名'小天仓'。煮黄米糕,燃灯礼佛。"晋北《大同志》说:"二十日,为'小添仓';二十五,为'大添仓',添买米面、柴炭等物。"河北《固安县志》云:"正月二十五日,俗以为仓官诞辰,用柴灰摊院落中为图形,或方或圆,中置爆竹以震之,谓之涨囤,又谓之填仓。"就是说,民间认为正月二十五日是仓官生日,用柴灰在院落中摊出或方或圆的形状,在其中燃放爆竹,叫"涨囤",也叫"填仓"。据说还有往圈中撒五谷的,这也叫"填仓",象征五谷丰登,仓满囤满。

填仓结束,做些杂面馒头,每个馒头顶上用手指摁个小坑,这坑叫"天仓"。馒头蒸熟后,揭笼盖先看"天仓"里水满不满,如个个水满,就是丰年象征;如水不满,就是七八成年景;如果没有水,便叫"干仓",为大旱之象。这一天还盛行敞开肚子吃饱喝足,也是叫"填仓"。最后还要往真的米囤粮仓上贴斗方、帖子,菱形的红纸上写着"五谷丰登""风调雨顺"或"吉""福"等吉利话,以祈愿丰收。

仓神的原型是仓星,《晋书·天文志》说:"天仓六星,在娄南,谷所藏也。"清韶公《燕京旧俗志·岁时篇·添仓》又把仓神说成"为西汉开国元勋韩信,俗称之韩王爷"。

填仓节这天,人们讲究喜进厌出。各家各户均不向别人家借东西,即使有人来家里借东西也必须拒绝。这一天,人们还要往囤里添粮,往缸里添水,门口要放些煤炭以镇宅。这天,人们在晚间祭祀仓神,凡是与饮食有关的地方都要置灯燃灯设祭,祈求一个好年景,俗称"点遍灯,烧遍香,家家粮食填满仓"。

仓神

这天的屋内、门外、槽头、鸡窝、石碓、水缸等处都要点灯；而新婚夫妇屋里的箱柜、几案、床上床下都要点上灯，祝愿他们能早早生育。山西吕梁地区的节俗最为典型，要按家庭人口数、各人属相给每个人用面捏一盏本命灯，然后再捏两条狗、一只鸡、一条鱼，以及人口盘子、仓官老爷、银钱、元宝、驮炭毛驴和酒盅、酒壶等，夜晚再将这些面灯注油点燃。本命灯置家中炕上，狗置大门口，鸡放院中，鱼浮水缸，驴站畜圈，仓官老爷挂天窗，其余均置家中。置放面灯时，口中要高呼："韩王爷，填仓来，粮食元宝填到咱家来！""黑小子，赶车来，元宝粮食赶到俺家来！"体现出民间百姓祈盼过上富裕生活的美好愿望。

⊙拉干爹

雨水节这天，四川一些地区流行"拉干爹"习俗。过去，人们迷信命运，为儿女求神问卦，看自己儿女好不好养育，生独子者更怕夭折，一定要拜个干爹。按小儿的生辰年、月、日、时以及金、木、水、火、土，找算命先生算算命里相合相克的关系。比如，如果命里缺木，拜干爹取名字时要用"木"字，才能保孩子健康百岁。此举年复一年，久而演化为一方之俗，传承至今又称"拉保保"。

在雨水节之际"拉干爹"，是取"雨露滋润易生长"之意。川西民间很多地方在这天都有个固定的"拉干爹"的场所。当天无论天晴或雨，准备"拉干爹"的父母都会手提装好酒菜、香蜡、纸钱的篼篼，带着孩子在人群中穿来穿去找适合孩子的干爹。如果希望孩子长大有知识，就拉一个文人做干爹；若希望孩子身体结实，就寻一个体格健壮的人当干爹。被拉着当"干爹"的，不乐意的挣开就走了，有的认为这是别人信任自己，相信答应之后自己的命运也会好起来，就爽快地应允。拉到"干爹"之后，拉者连声叫道："打个干亲家！"然后摆好带来的下酒菜，焚香点蜡，叫孩子"拜干爹，叩头""请干爹喝酒吃菜"，然后"请干爹给娃娃取个名字"，这样，"拉干爹"就结束了。分手后有常年走动的，称为"常年干亲家"；也有的分手后没有来往的，叫"过路干亲家"。如今，"拉保保"已成为四川多所公园一项独具特色的游园活动。

"拉干爹"这种风俗在我国其他地方民间也广泛流行，有不择时日和地点"拜拉路干爹""上门拜干爹"者。说法也有不同,中国北方常称"认干亲""打干亲",南方多称为"认寄父""认寄母",其实也都是为孩子认干爸干妈。如果实在无法将儿女拜寄给人,那么就只好将儿女拜寄给具有神性的山、石、土、水、树。可见,拜寄是借助、联合自然与社会力量共同促进儿女健康成长的直接体现。按行为特征来说,这是一种民间的保育习俗。

❦ 雨水保健养生

雨水时节,天气回暖,降水逐渐增多,空气潮湿,是调养脾胃的最佳时机。

中医认为,脾胃为"后天之本","气血生化之源",脾胃健旺是人体健康长寿的基础。

在中医的五行学说里面,脾胃在中医上称为"水火之海",有益气化生营血之功。人体机能活动的物质基础,如营养、气血、津液、精髓等,都生化于脾胃,脾胃健旺、化源

春雨 汉 画像石

充足,脏腑功能才能强盛,脾胃协调可促进和调节肌体新陈代谢,保证生命活动的协调平衡。

脾(胃)属土,土性敦厚,有生化万物的特性,脾又有消化水谷、运送精微、营养五脏六腑及四肢百骸之功效,为气血生物之源。五脏在病理上是相互联系、相互影响的,按照五行生克理论:木克土,即肝木过旺克伐脾土,也就是说,如果肝木疏泄太过,脾胃就会气虚;若肝气郁结太甚,脾胃则因之气滞。所以,春季养生既要注意养护肝木的生发之机,又要注意不要生发太过而伤及脾胃。明代医家张仲景提出,"土气为万物之源,胃气为养生之主""养生家必当以脾胃为先"。《图书编·脏气脏德》也指出:"养脾者,养气也,养气者,养生之要也。"

调养脾胃可根据自身情况,有选择地进行饮食调节、药物调养、起居劳逸调理。雨水时节饮食宜和肝养胃,健胃益气,特别注意肝气的疏泄顺达,尽量体现天人相应、食药一体的营养观。雨水节天气转暖、多风,常会出现皮肤干燥、嘴唇干裂现象,应多吃菠菜、芹菜、油菜、茭白、马齿苋、蒲公英、榆钱、枸杞子、车前草、马兰头等蔬菜,以及苹果、香蕉、雪梨、菠萝等新鲜水果,以补充人体水分。应尽量少食辛辣油腻的食物。此节气北方食疗以粥为好,如莲子粥、怀山药粥、红枣粥等;而南方特别是珠江三角洲一带,食疗多以汤为好,如猴头菇煲鲜鸡汤、云苓怀山药煲瘦猪肉汤、菠菜滚牛肉片汤、怀山药北芪猪横脷汤等。气温湿冷时,宜以炖汤养脾胃,如冬虫夏草炖水鸭、眉豆花生炖鸡脚、杞子怀山药炖猪腩肉等。中药材调养时要考虑脾胃功能的特点,可选用沙参、西洋参、决明子、白菊花等具有生发阳气的食物来调补脾胃。饮食不可过冷或过热。要少食羊肉、狗肉等温热食品,忌食花椒、茴香等辛热之品,不得生食葱、蒜,花生宜煮不宜炒。要少喝酒,特别是白酒。

养脾也要从精神方面加以调养。首先要心平气和,使肝气不横逆,使脾胃安宁,让脾胃的运化功能正常。其次要静心养气,既不扰乱心血,也不损耗心气,使心气充和,进而滋养脾脏,养脾得以健胃。雨水节天气多变,保持情绪的稳定对身心健康有着重要作用。《少有经》说:"少思、少念、少欲、少事、少语、少笑、少愁、少乐、少喜、少怒、少好、少恶,行此十二少,养生之都契也。"

在生活起居方面,雨水期间要起居有常、劳逸结合。要顺应自然,保护生机,遵循自然变化的规律,使生命过程的节奏随着时间、空间和四时气候的改变而进行调整,从而强健脾胃、调养后天、延年益寿。

雨水时节,天气乍暖还寒,湿气一般夹"寒"而来,人体关节组织往往随天气气候改变而收缩和松弛,容易造成关节酸痛。所以,有关节病者,特别是曾经骨折或有外伤史的患者更要注意保暖,适当按摩患部,加强局部血流畅通,以缓解疼痛。肩周炎、颈椎病对寒气比较敏感,这时节早晚寒气过重,容易造成旧病复发或疼痛加重。注意肩部和颈部的保暖也是防止寒气侵袭的好方法。

❀ 雨水节气诗词

春夜喜雨
唐·杜甫

好雨知时节,当春乃发生。
随风潜入夜,润物细无声。
野径云俱黑,江船火独明。
晓看红湿处,花重锦官城。

早春呈水部张十八员外二首(其一)
唐·韩愈

天街小雨润如酥,草色遥看近却无。
最是一年春好处,绝胜烟柳满皇都。

野　步
唐·齐己

城里无闲处,却寻城外行。
田园经雨水,乡国忆桑耕。
傍涧蕨薇老,隔村冈陇横。
何穷此心兴,时复鹧鸪声。

芦雁图　清　边寿民

溪山风雨图　元　王蒙

❀ 雨水节气谚语

雨水宜雨。

雨水节,落不歇。

雨水雨水,雪变成雨。

雨水日晴,春雨发得早。

雨水晴明,夏至前后无雨。

雨水阴,夏至晴。

雨水阴天生多雨。

雨水无雨，犁耙捡起。

雨水无雨，夏至无雨。

雨水雨，水就匀；雨水晴，水不均。

雨水落雨三大碗，大河小河都要满。

雨水落了雨，阴阴沉沉到谷雨。

雨打雨水节，二月落不歇。

雨水节气落雨，个个节气落雨。

雨水有雨百日阴。

雨下雨水春水好，雨水无雨春水少。

雨水前后雨，春天不易旱。

有了雨水水，才有春分水。

雨水雪多，春播雨少。

雨水前雷，雨雪霏霏。

七九八九雨水节，种田老汉不能歇。

雨水到来地解冻，化一层来耙一层。

雷响雨水后，晚春阴雨报。

雨水惊蛰寒，芒种水淹岸。

雨水冷得怪，春播定有害。

冷雨水，暖惊蛰；暖雨水，冷惊蛰。

雨水十九地化透，深翻土地是关头。

雨水有雨庄稼好，大麦小麦粒粒饱。

雨水东风起，伏天必有雨。

雨水南风春寒，雨水北风有雨。

雨水吹南风，春播暖；吹北风，春播寒。

雨水大风麦收雨。

正月雨水好种田，二月雨水没低田。

雨水甘蔗节节长。

雨水节，接柑橘。

惊　　蛰

❀惊蛰气候与农事

　　惊蛰，一年中的第三个节气，在每年公历 3 月 5 日、6 日或 7 日，太阳到达黄经 345°时开始。

　　《月令·七十二候集解》云："二月节，万物出乎震，震为雷，故曰惊蛰。是蛰虫惊而出走矣。""蛰"的意思是"藏"，动物钻进泥土里冬眠叫入蛰。惊蛰时节，春雷乍响，人们认为冬眠于地下的蛇、虫等动物受了惊吓而从土中钻出，开始活动了。其实，使冬眠动物苏醒出土的，并不是隆隆的雷声。真正唤醒了冬眠动物的，是大地回春的温暖天气。

　　古代将惊蛰分为三候，第一候的候应是"桃始华"，此时正值桃花盛

三月桃花放　武强年画

103

开时节;第二候的候应,为"鸧鹒鸣",即黄鹂叫了。黄鹂属益鸟,鸣声婉转,又可观赏,它的叫就被当作候应了;第三候的候应是"鹰化为鸠",这时天空中已经看不到鹰的踪影,取而代之的是斑鸠。此时,过冬的虫卵也要开始孵化。惊蛰是反映自然物候现象的一个节气。

华南、东南部长江河谷地区,多数年份惊蛰期间气温稳定在 12 ℃以上,有利于水稻和玉米播种,其余地区则常有连续 3 天以上日平均气温在 12 ℃以下的低温天气出现,不可盲目播种。惊蛰时节虽然气温升高迅速,但是雨量增多却有限。华南中部和西北部惊蛰期间降雨总量仅 10 毫米左右,继常年冬干之后,春旱常常开始露头。这时小麦孕穗、油菜开花都处于需水较多的时期,对水分要求敏感,春旱常常成为影响农作物产量的重要因素。黄淮流域的冬小麦在惊蛰期间普遍返青,生长加快。在这个季节,华北平原春雨很少,有的年份部分地区更旱,应及时防旱保墒。

在江南地区,惊蛰期间农村已是一片大忙景象。麦子拔节抽穗,油菜抽薹,茶树分枝发叶都进入生长旺盛的时期,双季早稻在 3 月中旬就可由南往北开始播种。华南的早稻这时就要插秧。这个季节,江南的春雨十分丰沛,3 月份的降水量大都超过 100 毫米,部分山区超过 200 毫米。由于春天阴雨天气较多,气温回升不如北方快。如遇较强的冷空气入侵,或是低温阴雨持续,早稻容易发生烂秧现象,对小麦的生长也很不利。

东北、内蒙古和新疆北部一带,惊蛰期间平均气温仍在 0 ℃以下,耕地没有全部解冻,但备耕活动已经开始。新疆南部春天来得较早,惊蛰期间平均气温已升到 5 ℃以上,跟华北平原相似。

"春雷惊百虫",温暖的气候条件利于多种病虫害的发生和流行,田间杂草也相继发芽,要及时搞好病虫害防治和中耕除草。"桃花开,猪瘟来",家禽家畜的防疫也应引起重视了。

❀ 惊蛰民俗文化

⊙二月二,龙抬头

惊蛰前后,有一个重要的民俗节日是二月二,民间有"二月二,龙抬头"的说法,意思是每年的农历二月初二是龙抬头的大吉日子,这一天也叫春龙节、龙头节。

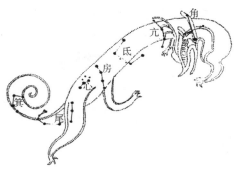

东方苍龙

二月初二正值惊蛰前后,据说神话中的大龙睡了一整个冬天,惊蛰这一天开始苏醒,会抬头升天。民间认为龙是祥瑞喜庆的化身和兴云布雨的神灵,而"二月二"则是龙欲升天、开始活动的日子,故曰"二月二,龙抬头"。

其实,"二月二,龙抬头"这句话源自古代天文学。古代天文学用二十八宿表示日月星辰在天空的位置,同时也用来判断季节。其中,角、亢、氏、房、心、尾、箕七宿组成了一个完整的龙形星座。角宿为龙的角,亢宿为龙的颈,氏宿为龙的胸,房宿为龙的腹,心宿为龙的心,尾宿为龙的尾。在正月之前,这个龙形星座隐没在地平线之下,我们看不见,传说此时龙正在蛰伏。而到二月二日早晨,这星座的龙角星会从东方地平线上出现,而整个龙的身子却还未显露,故称"龙抬头"。

春龙节的来源与一个神话故事有关。相传武则天夺取唐室江山,改国号周,自封为周武皇帝。玉皇大帝闻之大怒,传谕四海龙王,三年内不得向人间降雨。不久,司管天河的龙王听到百姓凄惨的哭声,看着饿殍遍野,为救黎民百姓,龙王违抗玉帝的旨意,为人间降了一次雨。玉帝得知,把龙王贬入凡间,压在一座大山下。山上贴了御旨:龙王降雨犯天规,当受人间千秋罪。要想重登灵霄阁,除非金豆开花时。

人们为了解救龙王,到处找开花的金豆。到了第二年二月初一这一天,街上来了一位老婆婆在叫卖金豆,人们一看她卖的其实是玉米,于是大家猛然醒悟过来:这玉米就像金豆,炒一炒开了花,不就是金豆开花吗?这

消息一传十,十传百,大家都知道了,约定次日家家都炒玉米豆。

二月二那天,各家各户一齐炒玉米豆,并在院里设案焚香,供上炒得裂开了花的"金豆",以便让龙王和玉帝看见。龙王知道百姓救它,便大

声向玉帝喊道："金豆开花了，快放我出去！"这时，玉帝看到人间家家户户院里金豆花开放，只好传谕，诏龙王回天庭，让他继续给人间兴云布雨。

从此以后，民间为感谢并纪念给大地带来喜雨，给丰收带来希望的龙王，就把每年的二月初二这一天定为春龙节、龙头节。每到这一天，家家户户都爆玉米花。人们一边炒，一边唱"二月二，龙抬头；大仓满，小仓流"，以祈愿风调雨顺、五谷丰登。

唐代，人们把二月二作为迎富贵的日子，要吃迎富贵的果子，就是吃一些点心类食品。南宋时，这一

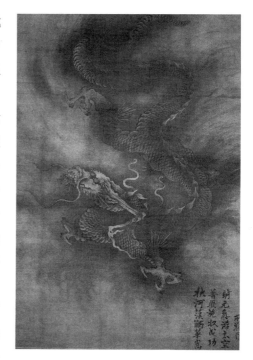

云龙图　南宋　陈容

天宫中有"挑菜"的活动。宴会上，在一些小斛（一种口小底大的量器）中种植生菜等新鲜蔬菜，把它们的名称写在丝帛上，压放在斛下，让大家猜，最后有赏有罚。

到了元朝，二月二就明确是"龙抬头"了。这一天，人们把吃的面条称为"龙须面"，烙饼叫作"龙鳞"，吃的馄饨叫"龙眼"，饺子则称"龙耳"，总之都要以龙体部位命名。

明代，二月二这天，人们要把元旦祭祀剩下的饼用油煎，以此熏床和炕，叫熏虫儿。清《帝京岁时纪胜》载："二日为龙抬头日，乡民用灰（草灰）自门外蜿蜒布入宅橱，旋绕

龙抬头日

水缸,呼为引龙回(引勤龙,送懒龙)。"希望此举能求得幸福、安康和吉祥。江苏地方有人用草木灰画成一层套一层的圆圈,起名叫"仓圈",以此预兆农业丰收。还有人在"仓圈"旁边用灰堆成梯子模样,表示粮食收获丰盈成山。

这一天,人人都要理发,意味着"龙抬头"走好运,给小孩子理发叫"剃龙头"。妇女不许动针线,恐伤"龙睛"。也有以蜡烛照房子墙壁,有"二月二,照房梁,蝎子蜈蚣无处藏"之语。

最有意思的是,二月二这天煮猪头。这猪头是腊月里杀猪时割下的,割下后就吊在房梁上不动,直到二月二才摘下来洗刷蒸

剃头 《图画日报》

煮。这一天,家家院子里都弥漫着肉香,人们等待着龙的醒来。据说,这一天如果龙还没醒的话,那轰隆隆的雷声就要来呼唤它了。

⊙祭白虎·打小人

惊蛰日也叫"白虎日"。按广东各地流行的传说,凶神之一的白虎(俗称虎爷)也在惊蛰这天出来觅食,开口吃人。在古老的农业社会里,老虎为患是常有的事,为求平安,人们便在惊蛰日祭白虎了。

传说,祭祀时以猪油抹白虎的嘴,它就不能张口;以蛋喂食,饱食后的白虎就不会伤人了。按传统,那蛋必为鸭蛋。

有的学者认为,人们祭祀的"白虎"其实就是"白虎"星座。

壁画白虎

而进入春天,白虎座就要让位给苍龙座,不再"张口伤人"。

除了祭白虎,广东人在惊蛰这天也有"打小人"的习俗。主要仪式是在三岔路口、桥底或路旁,焚香祭神"打小人"。所谓"小人"即自己意念中的对头人,其与白虎精、虫蚁、霉菌一样是邪恶害人的,所以要祭而打之。

惊蛰象征二月份的开始,平地一声雷会唤醒冬眠中的蛇虫鼠蚁,家中的爬虫走蚁又会应声而起,四处觅食。所以古时惊蛰日,人们会手持清香、艾草,熏家中四角,以香味驱赶蛇、虫、蚁、鼠和霉味,久而久之,渐渐演变成不顺心者拍打对头人和驱赶霉运的习俗,这就是"打小人"的前身。

⊙炒惊蛰

炒惊蛰的习俗流行于广东大埔等地。当地有一种黄蚁,凡人家藏了糖果之类的东西,就会有很多黄蚁来吃,人们非常厌恶黄蚁。每年惊蛰这天夜里,家家户户炒黄豆或麦粒,炒完舂后又炒,反复多次,边做边说:"炒炒炒,炒去黄蚁爪;舂舂舂,舂死黄蚁公。"民间以为这样做可减轻黄蚁的危害,使得当年家中蚁蝼皆无。

另有与"炒惊蛰"相接近的"震虫""吃虫"的习俗。陕西、甘肃、山东等省有"爆龙眼"的习俗:人们把黄豆、芝麻之类放在锅里翻炒,噼啪有声,求风调雨顺。男女老少争相抢食炒熟的黄豆,谓之"吃虫",寓意人畜无病无灾,庄稼不生害虫。

在闽西汀州,人们煮带皮毛的芋子或炒豆子、炒米谷,相信这样可以消灭多种小虫,俗语称:"炒虫炒豸,煞(煮)虫煞豸。"有的人家还做芋饭或芋子饺,以芋子象征"毛虫",以吃芋子寓意除百虫。

赣南的上犹、崇义以及遂川等地,惊蛰日上午,农家将谷种、豆种及各种蔬菜种子取一小撮放入锅中干炒,谓之"炒虫"。炒熟后分给自家或邻居小孩吃,据说如此一来可保五谷丰收,不受虫害。

山东一些地区，人们在惊蛰日要在院中生火炉烙煎饼，意为熏燎害虫。鲁东南一带二月二，主妇以炊棍敲锅台，谓之震虫；以彩纸、秸草或细秸秆成串悬于堂屋梁上，谓之串龙尾。

⊙惊蛰除虫

与炒惊蛰相似，我国民间还普遍有惊蛰除虫的传统习俗。人们常说："春杀一虫，胜过夏杀一千。"选择在害虫刚刚起蛰的时候除之是非常适时的。

浙江宁波惊蛰日有"扫虫节"，农家拿着扫帚到田里举行扫虫仪式，寓意为扫除一切害虫。如果遇上害虫，江浙一带就家家户户纷纷将扫把插到田头地间，意为请扫帚来帮助清除虫灾。

二月初二这天，河南南阳农家主妇要在门窗、炕沿处插香熏虫，并剪制鸡形图案悬于房中，以避百虫。旧时在农村屋顶上立有瓷公鸡，俗称"凤鸡"。俗信"凤鸡"有镇风煞、克蚁害、护宅保平安之效。鸡在我国传统民俗中被视为吉祥物。《荆楚岁时记》亦云："贴画鸡或两个铸五彩及土鸡于户上，悬苇索于其上，插桃符其旁，百鬼畏之。"

鸡王镇宅

江西遂川居民早年也有惊蛰日杀虫的习俗，在房前屋后的墙基、畜栏、厕所等处撒上生石灰，在桃木果树下喷洒石灰水，菜园中也撒一些石灰粉，以杀虫、防虫。清康熙二年（1663 年）《乳源县志》载："惊蛰日，家以石灰撒于墙基，谓除岁中虫蚁。"

《千金月令》说："惊蛰日，取石灰糁门限外，可绝虫蚁。"石灰原本具有杀虫的功效，在惊蛰这天撒在门槛外，认为虫蚁一年内都不敢上门，这和"闻雷抖衣"一样，都是在百虫出蛰时给它一个"下马威"的举动，希望害虫不敢来骚扰自己。

❀ 惊蛰保健养生

惊蛰时节,气温上升,春风微拂,大地一片生机,春意扑面而来。此时保健养生,应根据自然物候现象、自身体质差异,进行合理调养。例如,阴虚体质的人多形体消瘦,手足心热,心中时烦,少眠,便干,尿黄,不耐春夏,多喜冷饮。这种类型的人多阴虚火旺,性情急躁,心烦易怒,应遵循"恬淡虚无、精神内守"的养生法,加强自我涵养,培养冷静沉着处事的能力。有条件的人,春、夏季可去凉爽怡人的地方游玩,应选择环境安静、坐北朝南的房子。饮食方面阴虚体质的人应多吃清淡食物,如糯米、芝麻、蜂蜜、乳品、豆腐、鱼、蔬菜、甘蔗等,少食燥烈辛辣之品。太极拳是较为适合阴虚体质的人的运动项目。又如,阳虚体质的人多形体白胖,或面色淡白,手足欠温,小便清,大便时稀,怕寒喜暖。这种类型的人阳气不足,常情绪不佳,情绪波动比较大,因此要善于调节自己的情绪,多参加有益的社交活动。阳虚体质的人,冬季要注意保暖,春、夏则应多晒太阳,每次至少 15～20 分钟,以提高在冬季时的耐寒能力。还应该加强体育锻炼,散步、慢跑、太极拳等都是比较合适的运动项目。这种类型的人,饮食方面应多吃羊肉、鸡肉、鹿肉等壮阳食物。

中医认为,凡是多面色晦滞、口唇色暗、肌肤干燥、眼眶较黑暗者,多为血瘀体质之人,应多做有助气血运行的运动项目,如交谊舞、太极拳,保健按摩等。此种体质的人多有气郁之症,培养乐观情绪很重要。精神愉快则气血和畅,有利于血瘀体质的改变。饮食方面,应多食具有活血化瘀作用的食品,如桃仁、黑豆、油菜、慈菇、醋等,山楂粥和花生粥是很好的选择。

中医还认为:凡是形体肥胖、肌肉松弛、嗜食肥甘、神倦身重者多为痰湿体质之人,应长期坚持散步、慢跑、舞蹈、球类等活动,通过运动结实皮肤、致密肌肉。饮食方面,痰湿之人应多食健脾利湿、化瘀祛湿的食物,如白萝卜、扁豆、包菜、蚕豆、洋葱、紫菜、海蜇、荸荠、白果、枇杷、大枣、薏苡仁、红小豆等,少食肥甘厚味、饮料、酒类之品,且每餐不宜过饱。

随着天气渐暖,昆虫惊蛰而出,开始活跃,要注意防止它们带来的致病病菌。南方地区鲜花盛开,极易引发花粉病,过敏体质的人要注意预防花粉过敏。

　　由于地理环境、气候的差异,居民生活习惯不同,会形成不同的体质,易患不同的病症。《医理辑要》中说:"要知易风为病者,表气素虚;易寒为病者,阳气素弱;易热为病者,阴气素衰;易伤食者,脾胃必亏;易老伤者,中气必损。"人体发病的主要原因,取决于体质的不同,也就是说体质决定着人体对某些致病因素的易感性。

　　一个人的体质也不是一成不变的,只要坚持有目的地保健养生,不断提高生活质量,就可以纠正体质上的偏颇,获得健康长寿。

❀ 惊蛰节气诗词

观 田 家

唐·韦应物

微雨众卉新,一雷惊蛰始。
田家几日闲,耕种从此起。
丁壮俱在野,场圃亦就理。
归来景常晏,饮犊西涧水。
饥劬不自苦,膏泽且为喜。
仓廪无宿储,徭役犹未已。
方惭不耕者,禄食出闾里。

春晴泛舟

宋·陆游

儿童莫笑是陈人,湖海春回发兴新。
雷动风行惊蛰户,天开地辟转鸿钧。
鳞鳞江色涨石黛,嫋嫋柳丝摇麹尘。
欲上兰亭却回棹,笑谈终觉愧清真。

春景山水图　明　钟钦礼

惊蛰家人子辈为易疏帘

宋·范成大

二分春色到穷阎,儿女祈翁出滞淹。

幽蛰夜惊雷奋地,小窗朝爽日筛帘。

惠风全解墨池冻,清昼胜翻云笈签。

亲友莫嗔情话少,向来屏息似龟蟾。

❀惊蛰节气谚语

惊蛰到,鱼虾跳。

惊蛰春雷响,农夫闲转忙。

惊蛰一犁土,春分地气通。

惊蛰不开地,不过三五日。

惊蛰至,雷声起。

惊蛰到,脱棉袄。

惊蛰过,暖和和,蛤蟆老角唱山歌。

惊蛰不耙地,就像蒸馍走了气。

节到惊蛰,春水满地。

过了惊蛰节,老牛老马硬如铁。

到了惊蛰节,耕地不能歇。

惊蛰秧,赛油汤。

惊蛰地化通,锄麦莫放松。

惊蛰清田坎,死虫几千万。

惊蛰高粱春分秧。

惊蛰点瓜,遍地开花。

惊蛰不放蜂,十笼九笼空。

惊蛰晴,百事成。

惊蛰有雨,田荒地裂;惊

雍正像耕织图册　耕

蛰天晴,雨水均匀。

惊蛰有雨早撒秧,惊蛰无雨不要忙。

惊蛰一朝霜,牵牛吃老秧。

惊蛰雷开窝,二月雨如梭。

惊蛰节日雾,粮食满仓库。

惊蛰闻雷,小满发水。

惊蛰闻雷声,全月雨轰轰。

未蛰先蛰,一百二十日阴湿。

未到惊蛰雷声响,四十八天无太阳。

未到惊蛰响雷霆,一日落雨一日晴,晴晴落落到清明。

雷打惊蛰前,二月雨淋淋,三月四月无秧水。

惊蛰有雨并闪雷,麦积场中如土堆。

惊蛰乌鸦叫,春分地皮干。

雷打惊蛰后,低田好种豆。

雷响惊蛰前,夜里捕鱼日过鲜。

惊蛰暖,梅雨少。

惊蛰不冻虫,寒到五月中。

冷惊蛰,暖春分;暖惊蛰,冷春分。

惊蛰寒,秧成团;惊蛰暖,秧成秆。

惊蛰牛打颤,谷子秫秫种两遍。

惊蛰刮北风,从头另过冬。

惊蛰不动风,冷到五月中。

惊蛰前后东南风,三五天内暖烘烘。

惊蛰春翻田,胜上一道粪。

过了惊蛰节,亲家有话田间说。

春　分

❀ 春分气候与农事

在每年的公历 3 月 20 日、21 日或 22 日，太阳到达黄经 0°（春分点），此时正是二十四节气的春分。

春分的含义有两层，一是指一天时间白天、黑夜平分，各为 12 小时。春分这天，太阳的位置在赤道的正上方，南、北半球昼夜时间几乎相等，而春分过后太阳的位置逐渐北移，北半球开始昼长夜短。所以，春分在古时又被称为"日中""日夜分"。二是指平分了春季。古时以立春至立夏为春季，春分正当春季三个月之中，这一天为春季的一半，故叫春分。

杏林春燕

作为春天的标志，较明显的就是我国北方有燕子来了。因此，古代人们把"玄鸟至"作为春分第一候的候应。玄鸟，即燕子。春分第二、第三候的候应为"雷乃发声"和"始电"。就是说，每年一到春分节气，开始出现打雷闪电现象。

春分一到，雨水明显增多，平均气温已稳定超过 10 ℃，这是气候学所定义的春季温度。春分后白昼逐渐变长，黑夜逐渐变短，气温回升快，我国南方大部分地区雨水充沛，阳光明媚，这种条件有利于越冬作物生长，所以农谚说"春分麦起身，一刻值千金"（华中）、"麦到春分昼夜长，油菜开花遍地黄"（江淮地区）。南方大部分地区气温则继续回升，但一般不如雨水至春分这段时期上升得快。3月下旬平均气温,华南北部多为 13~15 ℃,华南南部多为 15~16 ℃。高原大部分地区已经雪融冰消,旬平均气温为 5~10 ℃。这有利于水稻、玉米等作物播种,也非常适宜植树造林。

春分前后,华南常常有一次较强的冷空气入侵,气温显著下降,最低气温多低于 5 ℃。有时还有数股冷空气接踵而至,形成持续数天低温阴雨,对农业生产不利。根据这个特点,应抓住冷尾暖头适时播种。从气候规律说,这时江南的降水迅速增多,进入春季"桃花汛"期,要注意搞好清沟沥水排涝防渍工作。沿江地区要谨防"倒春寒",应充分利用天气预报,抓住"冷尾暖头"天气做好早稻育秧工作。而在"春雨贵如油"的东北、华北和西北广大地区,降水依然很少,抗御春旱的威胁仍是农事活动的重点。时值春分节气,北方地区多大风和扬沙天气。

春分过后,除了"春风不度"的西北高寒山区和北纬 45°以北的地区,我国各地日平均气温稳定升至 0 ℃以上,严寒已经逝去,气温回升较快,尤其华北地区和黄淮平原,日平均气温几乎与多雨的江南地区同时升至 10 ℃以上而进入明媚的春季。辽阔的大地上,岸柳青青,桃红李白,莺飞草长,小麦拔节,油菜花香,华南地区更是一派暮春景象。

❀ 春分民俗文化

⊙ 祭祀日神

从周代开始,春分有祭日仪式,此后历代相传。清《帝京岁时纪胜》曰:"春分祭日,秋分祭月,乃国之大典,士民不得擅祀。"

从甲骨卜辞看,远古曾有相当繁复的祭日仪式。这是因为天之诸神,唯日为尊。所以《礼记·郊特牲》说:"郊之祭也,迎长日之至也,大报天而主日也。"日为万物之源,人类感谢太阳的恩赐,因而在祈祷丰收时,自然要祭祀日神了。

日神名羲和。在我国传说时代的历史中,羲和是很出名的。《尚书·尧典》说:"乃命羲和,钦若昊天,历象日月星辰,敬授人时。"这里,羲和是负责观象授时的总天文官。《尚书·尧典》又说:"帝曰:咨,汝羲暨和,期三百有六旬有六日,以闰月定四时成岁。"羲和还管理历法,负责置闰。在屈原时代,人们相信羲和是替太阳神驾车子的。《天问》道:"羲和之未扬,若华何光?"意思是羲和还未扬起鞭子,太阳神的车子还未动,那神奇的若木花为什么会大放光芒?

从人间的天文官到天上太阳神的驭手,我们已经从传说时代的历史走向神话了。但是羲和的故事还需要上溯。在《山海经·大荒南经》中可以找到更加怪诞的羲和:"东南海之外,甘水之间,有羲和之国。有女子名曰羲和,方浴日于甘渊。羲者帝俊之妻,生十日。"这个羲和成了古代神话中上帝的妻子、太阳的母亲,而且本领十分大,生了十个太阳。可

以看出,羲和是太阳的母亲是原始神话。《山海经》是战国至秦汉间的作品,但其保存的是较古的朴素的传说。人们分析这个太阳的母亲羲和代表晨曦,因为日出之前先有晨曦,这引起古人的联想,认为太阳是产自晨曦的。羲和又被视为太阳神,他驾着六条龙拉的车子,每天从东到西驶过天空。到了屈原时代,"羲和"就被转义为太阳神的车夫了。

汉代《淮南子·天文训》里还有日母羲和驾车送爱子日神巡行的描绘。与之相应的是我国古代迎送太阳的习俗。最早在殷墟卜辞中有"宾日""出日""入日"等语,记录了殷商时期朝迎夕送日神的礼拜仪式。《尚书·尧典》中有"宾日"于东、"饯日"于西的拜日风俗记载。《礼记》则进一步将此俗信礼仪化,"祭日于坛"。孔颖达注解:"谓春分也。"

羲和　河南南阳
汉代画像石刻

春分祭日,其场所大多设在京郊。北京在元朝就

建有日坛,现在这座日坛建于明嘉靖九年（1530 年）,坐落在北京朝阳门外东南日坛路东,又叫朝日坛,它是明、清两代皇帝在春分这天祭祀大明神（太阳）的地方。朝日定在春分的卯刻,每逢天干为甲、丙、戊、庚、壬年份,皇帝亲自祭祀,其余年份由官员代祭。

日坛公园

整个日坛被正方形的外墙围住,每次祭祀之前皇帝要来到北坛内的具服殿歇息,然后更衣到朝日坛行祭礼。朝日坛坐落在整个建筑的南部,坐东朝西,这是因为太阳从东方升起,人们要站在西方朝东方行礼的缘故。坛为圆形,坛台 1 层,直径 33.3 米,周围环绕矮墙,东南北各有棂星门 1 座。西门为正门,有 3 座棂星门,以此相区别。墙内正中用白石砌成一座高 1.89 米、周长 64 米方台,叫作拜神坛。明朝建成时,坛面用红砖砌成,以象征大明神太阳。这本是一种非常富有浪漫色彩的装饰,但到清代却改用方砖铺墁,使日坛逊色许多。

祭日规格虽然比祭天与祭地典礼略低,但仪式也是颇为隆重的。明代皇帝祭日时,要奠玉帛（即向神敬献玉帛）,礼三献,乐七奏,舞八佾,行三跪九拜大礼。清代皇帝祭日礼仪有迎神、奠玉帛、初献、亚献、终献、答福胙、车馔、送神、送燎等九项议程,也很隆重。如今的日坛不再为封建帝王服务,成为人们休闲娱乐的公园。

⊙竖鸡蛋

春分这一天,我国各地民间流行竖鸡蛋游戏,这个地道的中国习俗早已传到国外,成为一项世界游戏了。

竖鸡蛋方法简单易行。在春分日,选择一个光滑匀称的鸡蛋,轻轻地在桌子上把它竖立起来。虽然失败者颇多,但成功者也不乏其人。

春分这一天比较容易把鸡蛋竖起来,其中是有一些科学道理的。因为

春分是南北半球昼夜等长的日子,呈66.5°倾斜的地轴与地球绕太阳公转的轨道平面刚好处于一种力的相对平衡状态,有利于竖蛋。同时,春分正值春季的中间,不冷不热,花红草绿,人心舒畅,思维敏捷,动作利落,也易于竖蛋成功。

更重要的是,鸡蛋的表面凹凸不平,有许多突起的"小山"。"山"高0.03毫米左右,"山峰"之间的距离为0.5~0.8毫米。根据三点构成一个三角形和决定一个平面的道理,只要找到三个"小山"和由这三个"小山"构成的三角形,并使鸡蛋的重心线通过这个三角形,那么,这个鸡蛋就能竖立起来了。此外,最好选择下了四五天的鸡蛋,因为此时鸡蛋的卵磷脂带松弛,蛋黄下沉,鸡蛋重心下降,有利于鸡蛋的竖立。

⊙花朝节

花朝节,俗称"花神节""百花生日""花神生日""花节",此节俗流行于我国多数地区,但节期不太一致。浙江、东北等地在农历二月十五日,山西有的地区为二月初二,还有一些地区为二月十二日。

花朝节,最早见于春秋时期的《陶朱公书》。此节是纪念百花的生日,因古时有"花王掌管人间生育"之说,故又是生殖崇拜的节日。传说道教南岳夫人魏华存的弟子女夷,善于种花养花,被后人尊为"花神",并把花朝节附会成纪念她的节日。晋人周处《风土记》说:"浙江风俗言春序正中,百花竞放,乃游赏之时,花朝月夕,世所常言。"春序正中就是农历二月十五。

民间另有传说花朝节始于武则天。武则天嗜花成癖,每到夏历二月十五,她总要令宫女采集百花,和米一起捣碎,蒸制成糕,用花糕来赏赐群臣。从官府到民间都流行花朝节活动。到了宋代,花朝节的日期有被提前到二月初二或二月十二的。

据传,花朝盛于宋。北宋苏东坡《花朝春夜》诗道:"春宵一刻值千金,花有清香月有阴。歌管楼台声细细,秋千院落夜沉沉。"诗中以花香、月影、楼台、秋千、院落等描绘出花朝春夜的美好景色。又因二月十五日的花朝与八月十五日的月夕相呼应,花朝月夕,更是良辰美景,花好月

花朝扑蝶会

诚斋诗话二月十二日为花朝为扑蝶会闽朱公画二月十二日为百花生日无两一日花熟

花朝扑蝶会

圆,象征着人类的美好和幸福。

花朝节俗,各地不一。东北地区要为花神设置神位,用素馔祭之。河南开封是举行民间的"扑蝶会",优胜者可获大奖。在洛阳,这一天要到龙门石窟等处游玩,采食野菜,品尝时鲜。商丘人更注重天象与丰收的关系,以花朝日之阴晴占卜全年小麦与果菜的丰收。北京有文人雅士赋诗唱和、赏牡丹之俗。江苏一些地区有赏红之俗。苏州人在花朝节,要在虎丘花神庙前宰杀牲畜,祭祀花神,恭祝仙诞。清代蔡云诗咏:"百花生日是良辰,未到花期一半春。红紫万千披锦绣,尚劳点缀贺花神。"上海、浙江有节日时吃撑腰糕的习俗,认为这样做能使后腰不疼。

祭花神,祝花诞,或郊游赏花踏青,或花前月下饮酒赋诗……在我国许多民间节日中要数花朝节最富有诗情画意了。花朝节的特色食品是百花糕,而且花粉类食物有益于健康。采摘新鲜的花瓣,和着糯米粉,全家人一起动手做,更有节日气氛。做好后,邻里之间互相馈赠,增进友情,和谐关系。百花糕至今已成为民俗小吃。

⊙春祭

春分这一天,民间开始祭祖扫墓等活动,叫春祭。扫墓前先要在祠堂举行隆重的祭祖仪式,杀猪、宰羊、烧香点烛、放鞭炮,请吹鼓手吹奏,由礼生念祭

坟墓祭祀 《清俗纪闻》

文,带引行三献礼。春分扫墓开始时,首先扫祭开基祖和远祖坟墓。全族和全村都要出动,规模很大,队伍往往达几百人甚至上千人。开基祖和远祖墓扫完之后,然后分房扫祭各房祖先坟墓,最后各家扫祭家庭私墓。大部分地区春季祭祖扫墓,最迟在清明要扫完。有一种说法,谓清明后"墓门"自动关闭,祖先英灵就受用不到祭品了。

⊙栽"戒火草"

景天

早在南北朝时,江南地区的人们春分这天在屋顶上栽种戒火草,俗信认为如此就整年不必担心有火灾发生了。此类说法体现了人们对平安生活的美好期望,也反映出人们对防火患的重视。

《本草纲目》中,有一种药用植物叫作景天,又名慎火、戒火、辟火,相传是火灾的克星,它可能就是民间所说的"戒火草"。春分那天,"民并种戒火草于屋上"。明代《群芳谱》说,景天为"南北皆有,人家多种于中庭,或盆栽置屋上,以防火"。关于此俗,安徽《歙县志》说:"谨火,即慎火,一名景天……有盆养屋上以避火者。"

又有传说仙人掌也避火。清乾隆年间《泉州府志》曰:"戒火,一名仙人掌,形如人掌,人家以罐植之屋上,云可御火灾。"被古人纳入"火灾克星"的还有树木,如江苏泰州有黄杨辟火的说法,江西东北部开水塘、种樟树以防火灾。也有一些地方的居民在门前插柳以防火患。

⊙吃春菜、酿酒、粘雀子嘴

吃春菜是岭南风俗。过去,广东开平市苍城镇的谢氏家庭有个不成节的风俗,叫"春分吃春菜"。"春菜"是一种乡人称之为"春碧蒿"的野苋

仙人掌

菜。到春分那天,全村人都去田野里采摘春菜,这时的春菜茎是嫩绿的、细细的、约有巴掌长短。采回的春菜烹饪方法往往是将其与鱼片"滚汤",名曰"春汤"。有顺口溜说:"春汤灌脏,洗涤肝肠。阖家老少,平安健康。"

据明嘉靖《淄川县志》记载,明嘉靖二十五年(1547年),山东王村就有"春分酿酒拌醋"的习俗,这项习俗现在还流行于北京、天津、河北、山东、山西、浙江等地。

春分这一天,岭南农民都按习俗放假,每家都要吃汤圆;而且还要把不包心的汤圆十多个或二三十个煮好,用细竹叉扦着置于室外田边地坎,名曰"粘雀子嘴",免得雀子来破坏庄稼。

广东省茂名市化州地区北郊旺位村,春分前后,村民准备好纸宝香烛,以螃蟹代三牲拜荔。三炷香燃起后,口中念念有词:"螃蟹红红,荔枝大如灯笼;螃蟹圆圆,荔枝载满车船。"

春分前后,拜神的民俗节日有二月十五日开漳圣王诞辰。开漳圣王又称"陈圣王",为唐代武进士陈元光,因对漳州有功,死后成漳州守护神。二月十九日为观世音菩萨诞辰,每逢诞辰,信徒便前往各观音寺庙祭拜。二月二十五日为三山国王祭日,三山国王是指广东省潮州府揭阳县的独山、明山、巾山三座山的山神,信徒以客家人士为主。

安徽南陵称春分为"春分节"。这天黄昏,农村的孩子们会争相敲打铜铁响器,声传村外,东乡叫"逐厌猫狗",北乡叫"逐疫气",南乡叫"逐野猫"。广东阳江妇女在这天到山上采集百花叶,舂成粉末,与米粉和在一起做汤面吃,说是能清热解毒。

春分时节,人们纷纷出门去踏青、荡秋千,也是放风筝的好时候。

❀ 春分保健养生

春分节气平分了昼夜、寒暑，在这一段时间里，人们在保健养生时应注意保持人体的阴阳平衡。《素问·至真要大论》云："谨察阴阳所在而调之，以平为期。"这是说人体应该根据不同时期的阴阳状况，使"内在运动"也就是脏腑、气血、精气的生理运动，与"外在运动"即脑力、体力和体育运动和谐一致，保持"供销"关系的平衡，避免因不适当运动而破坏人体内外环境的平衡，加速人体某些器官的损伤和生理功能的失调，进而引发疾病，缩短人的寿命。现代医学证明：人在生命活动的过程中，由于新陈代谢的不协调，可导致体内某些元素出现不平衡状态，并因此导致早衰和疾病的发生。平衡保健理论研究也认为，在人生不同的年龄段里，根据不同的生理特点，调整相应的饮食结构，补充必要的微量元素，维持体内各种元素平衡，将会有益于健康。

传统饮食养生与中医治疗均可概括为补虚、泻实两方面。益气、养血、滋阴、助阳、填精、生津为补虚，解表、清热、利水、泻下、祛寒、去风、燥湿等则可视为泻实。中医养生实践证明，无论补或泻，都应坚持调整阴阳，以平为期的原则。春分时节饮食调养，具体是要适量摄入一些禽类和豆类食物，以补充人体所需的微量元素，使身体功能维持在一个协调平衡的良好状态。此时禁忌偏热或偏寒的饮食，以免上火或腹泻。此时节烹调鱼、虾、蟹等寒性食物时，要佐以葱、姜、酒、醋等温性调料，以防止本菜肴性寒偏凉，食后伤脾胃。在食用韭菜、大蒜、木瓜等助阳类菜肴时，宜配以滋阴食物如蛋类，以达到阴阳互补之目的。

中医养生家强调，春季尽量少用补品及补药，清淡爽口的饮食更有利于春季养生。病中或病后恢复期的老年人，春季应以清凉、素净、可口、容易消化的食物为主，可选用大米粥、薏米粥、赤豆粥、莲子粥、黑米粥、青菜泥、肉松等，切忌食用太甜、油炸、油腻、生冷及不易消化的食品，以免损

伤脾胃功能。

春分时节,人们要保持轻松愉快、乐观向上的精神状态,要坚持适当锻炼,定时睡眠、定量用餐,有目的地进行调养,以达到养生的最佳效果。

我国北方在春分时节常会出现沙尘暴天气。在沙尘暴发源地和影响区,大气中颗粒物增加,污染加剧,对人类健康造成了多方面损害。其中,眼、鼻、喉、皮肤等部位受到损害主要表现为流鼻涕、流泪、咳嗽、咳痰等刺激症状和过敏反应,严重的会导致皮肤炎症、结膜炎等。而吸入肺内尘粒一旦超过肺本身的清除能力,就会沉积于胸腔内,导致肺及胸膜的病变,引起支气管炎、肺炎、肺气肿等疾病。因此,在沙尘暴天气到来时,要及时关闭门窗,出行要尽量避免骑自行车、注意穿戴防尘的衣服、手套、面罩、眼镜等,要勤洗手、脸。此时空气比平时干燥,颗粒物很容易通过鼻腔进入人体,应注意多喝水,增强对环境的适应能力。

春分时节也是流脑的高发期,要常晒衣服、被褥,同时要经常开窗,通风换气,警惕流脑发生,以保健康。

❀ 春分节气诗词

春 分 日

唐·徐铉

仲春初四日,春色正中分。
绿野徘徊月,晴天断续云。
燕飞犹个个,花落已纷纷。
思妇高楼晚,歌声不可闻。

鸠雀争春图　清　余穉

春分与诸公同宴呈陆三十四郎中

唐·武元衡

南国宴佳宾,交情老倍亲。

月惭红烛泪,花笑白头人。

宝瑟絗余怨,琼枝不让春。

更闻歌子夜,桃李艳妆新。

踏 莎 行

宋·欧阳修

雨霁风光,春分天气。千花百卉争明媚。画梁新燕一双双,玉笼鹦鹉愁孤睡。薜荔依墙,莓苔满地。青楼几处歌声丽。蓦然旧事上心来,无言敛皱眉山翠。

❀ 春分节气谚语

吃了春分饭,一天长一线。

春分无雨莫耕田,秋分无雨莫种园。

春分无雨到清明。

春分落雨谷雨晴,谷雨落雨满地青。

泡春分,晒清明。

春分日有雨,秋分日有大水。

春分地气通。

春分无雨勤管田,秋分无雨勤管园。

春分有雨是丰年。

春分有雨,伏天不干。

春分降雪春播寒。

春分前冷,春分后暖;春分前暖,春分后冷。

春分南风,先雨后旱。

春分早报西南风,台风虫害有一宗。

春分大风夏至雨。

春分刮大风，刮到四月中。

春分西风多阴雨。

春分前后雨大风，秋分冰雹准来临。

春分不种麦，别怨收成坏。

春分前后，大麦豌豆。

春分春分，麦苗起身。

春分有雨家家忙，先种瓜豆后插秧。

春分虫蚁满地走，农民田间汗流流。

春分前后怕春霜，一见春霜麦苗伤。

春分到，把种泡，点了玉米忙撒稻。

春分时节乱插犁，抢种一粒收万粒。

春分麦起身，一刻值千金。

春分早，谷雨迟，清明种花正当时（棉花）。

春分至，把树接，果树佬，没空歇。

春分有风，秋分有雨。

清　明

❀ 清明气候与农事

每年公历的 4 月 4 日、5 日或 6 日，太阳到达黄经 15°交清明节气。

"一年好景在清明"。当此时节，严冬已过，气候转暖，杂花生树，莺飞草长，杨柳飘丝，惠风和畅，一切都充满了生机。清明节气的第一个候应为"桐始华"，桐树逐渐开出了淡紫色的花朵，微风中开始弥漫沁人心脾的幽香。古书里有"桐木知年月、闰年"的记载。二候的候应是"田鼠化为鴽"。这时节在田野里很难看到喜阴的田鼠的踪迹，它们全回到地下的洞中去了，取而代之的则是处处鸣叫的田鴽鸟。三候的候应为"虹始见"。随着气温上升，雨量逐步增加，空气中水汽含量高，在阳光照耀下，雨后开始出现虹，为多彩的春景再添瑰丽。

气象学上通常把候平均气温回升到 10 ℃时作为春之始，这个指标对于植物的生育是很有意义的：10 ℃是很多喜温植物开始萌芽、生长的起码的温度，也是很多越冬植物开始旺盛的生殖活动所要求的温度。根据这个标准，大江南北的大部分地区，到了清明前后日平均气温稳定在 10 ℃以上，这时气温回升加速，每 10 天升高 1.5～2 ℃，直到谷雨，气温就上升到 15 ℃左右。这种季节转变，农作物的感应是相当敏锐的。每到清明,越冬作物就开始为繁殖后代而忙碌:小麦挺着大肚子,大麦探出了穗子,油菜、蚕豆、紫云英盛开着各色花朵;而喜温作物也迎着春光开始萌芽生长,像早稻、玉米、高粱、黄豆等先后被播种,番茄、辣椒、黄瓜、茄子相继离开苗床。过不久,要开始播种棉花了。春耕春种的画面就这样展开了。

"清明断雪,谷雨断霜",这句农谚也说明了清明前后气候的显著转暖。但由于清明前后正值季节转变,冷暖空气交汇频繁,因而温度变化大,且不稳定。在暖空气影响下,有时一两天内气温会上升 8～10 ℃,最高温度常常可升至 31 ℃左右,仿佛初夏提早来临。相反的,当冷空气南侵时,一两天内又会突然降 8～10 ℃。因此,个别年份也有清明不断雪、谷雨不断霜的情况。春季开始后,越冬作物迅速生长,抗寒能力显著下降,播种或移栽的喜温作物,一般都是不耐低温的,因此初春的晚霜和气温的剧变,必须严加防范。

清明前后,我国东南太平洋上暖湿空气势力日益增强,向大陆输送着水汽,因而雨水渐增,平均每 10 天降水 30 毫米左右。因为冷暖空气交替形成了春雨连绵与春光明媚交替出现的状况,有时细雨沥沥或者时雨时晴,通常可持续 4～7 天,个别年份长达十天半月。这种连阴雨天气对作物生长十分不利,常使早稻大量烂秧,影响蔬菜秧苗的移栽成活。但有时又会出现连续 5～10 天甚至半个多月的春光明媚、风和日丽的好天气,抓住这种机会播种早稻、移栽蔬菜最为适宜。

"梨花风起正清明"。这时多种果树进入花期,要注意搞好人工辅助授粉,提高坐果率。华南早稻栽插扫尾,耘田施肥应适时进行。"明前茶,两片芽",茶树新芽生长正旺,要注意防治病虫害。名茶产区也陆续开采,应严格科学管理,确保品质和产量。

❀ 清明民俗文化

⊙禁火寒食

古代钻木取火,四季用不同的木。春取榆柳之火,夏取枣杏之火,季夏取桑柘之火,秋取柞楢之火,冬取槐檀之火。与春相关的是榆、柳之火。

春季禁火之说,最早见于《周礼·司烜氏》:"仲春以木铎修火禁于国中。"对此,《夏小正》的解释是:"去冬一百五日为寒食者,乃因龙忌丹阳集会,龙星亢之位,春属东方,心为大火,惧火甚,故禁火。"古人相信天人合一,禁火与太空星辰有关。

随着生产力水平的发展,钻木取火渐渐被淘汰。然而,禁火是写入《周礼》和《论语》的古制,在春季出火之前告诫人们禁止生火,要吃冷食。禁火寒食究竟是哪天,历来说法不一。到魏晋南北朝时始确定为清明前一二日。南朝人宗懔《荆楚岁时记》载:"去冬至一百五日,即有疾风甚雨,谓之寒食,禁火三日,造饧大麦粥。"这里说的冬至后105日正是清明节前两天。唐朝沿袭此制,清明前两天禁火,第三天即清明节晚上,由宫内传火,赐予近臣,有所谓"内宫初赐清明火"。能得到皇帝赐火者只是少数达官显贵,他们得火后将传火的柳条还插于门前,炫耀于人。后人争相仿效,逐渐形成清明插柳之俗。过了清明,新燃的火称"新火"。唐代禁火寒食甚严,违者可被处死。寒食节前人们多制甜饧(今谓麦芽糖),帮助寒食时下咽,所

禁火 寒食

以寒食节街坊里吹箫卖饧的小贩特别多。

宋朝基本上沿袭唐制，不过已将寒食与清明合二为一，一并纪念。《东京梦华录》记载汴京人过寒食、清明节："清明节，寻常京师以冬至后一百五日为大。寒食……寒食第三日，即清明日矣。凡新坟皆用此日拜扫……四野如市，往往就芳树之下，或园囿之间，罗列杯盘，互相劝酬。都城之歌儿舞女，遍满园亭，抵暮而归。各携枣䭅、炊饼、黄胖、掉刀、名花异果、山亭戏具、鸭卵鸡雏，谓之'门外土仪'。轿子即以杨柳杂花装簇顶上，四垂遮映。自此三日，皆出城上坟，但一百五日最盛。节日，坊市卖稠饧、麦糕、乳酪、乳饼之类。缓入都门，斜阳御柳，醉归院落，明月梨花。"

禁火寒食，也有传说是为了纪念春秋时晋国的"士甘焚死不列侯"的介子推。此传说流传普遍，尤以山西为盛。据说春秋时期，帮助晋文公重耳复国的大臣介子推功成身退，隐居绵山。为了逼迫介子推出山做官，文公于清明前夕焚山烧林，不料介子推宁愿抱树焚身，并留下血诗一首，其中有"割肉奉君尽丹心，但愿主公常清明"的诗句。文公读罢子推遗诗，伤心之至，决定把绵山封给他，称为"介山"，还规定全国所有人一个月内不许生火，只吃冷食。从此，清明前夕有寒食节，寒食活动延续到清明日。这样，寒食节与清明节并称，都成了祭祀扫墓、怀念先辈的节日。

禁火、寒食之俗流传既广，人们多沿顺而不能违背，"咸言神灵不乐举火，由是士民每冬辄一月寒食"（《后汉书·周举传》）。后来，寒食的天数逐渐减少，从一个月减到数天。即使到了后世，山西寒食禁火也特别严格，平安时期禁火七日，动乱时期也要禁火三日。当地人认为火禁不严，必有风雹之祸，所以每至寒食节，村社的老者就要拿着鸡毛到各家灶灰中去扫掠，如果鸡毛稍有焦卷，就要罚香纸钱。如果有人确实有病，或老弱者不能吃冷食的，须到介子推庙里去卜乞小火。卜吉则取火，不吉则无论如何也不敢用火，以示对介子推（已升化为神灵）的虔信。

然而，《左传》《史记》等较早的典籍里并无介子推被焚的记载。汉代《新序》《新论》始提及介子推被焚之事，但语焉不详，并没有把介子推之死与寒食禁火联系在一起。到东汉末年，蔡邕《琴操》始将两事附会到一起，但没有说寒食节在清明节前一两天。寒食节被确定为清明前夕，已经是魏晋的事了。有学者认为，大概因晋朝与晋国同有一个"晋"字，人们更愿意相信有关介子推的传说，所以才把这一其实早在西周就有的禁忌，附会到春秋时期的介子推身上，并且代代相传，沿袭至今。

⊙扫墓祭祖

清明节是我国传统的纪念祖先的节日，其主要形式是扫墓祭祖。清明时祭扫坟茔是和丧葬习俗有关的节俗。这个习俗在我国起源甚早。据古书记载，古代"墓而不坟"，就是说只打墓坑，不筑坟丘。后来，墓而且坟，祭扫之俗便有了依托。西周时对墓葬已十分重视。《周礼·春官·冢人》云："凡祭墓，为尸。""尸"为神主之意，也就是设牌位的意思。至今在浙江绍兴清明上坟时，必在坟堆左边立一石，题"后土之神"，祈求山神保佑双亲，然后祭左右邻墓，最后祭自己家的祖先。早在战国时期，《孟子》曾提及一个为人所耻笑的齐国人，常到东郭坟墓乞食祭墓的祭品，可见当时扫墓之风很盛行。到了秦代，秦始皇出寝起居于墓侧，后来汉承秦制，洛阳诸陵都以朔（初一）、望（十五）、二十四节气、伏、社、腊之日上饭，就是说，每逢初一、十五以及二十四节气等日子，都要到陵墓上祭奠，礼仪繁琐，劳民伤财。唐明皇开元二十年（732年）宣布一道圣旨："寒食上坟，礼经无文，近世相传，浸以成俗，应该允许，使之永为常式。"从此废止了其他时节的上坟习俗，而只许寒食节上坟。由于寒食与清明相近，清明又是历来"上饭"之日，所以寒食、清明统称为拜扫节日，强化了慎终追远、敦亲睦族的孝亲传统，清明初具节日性质。

到了宋代，民间兴起焚烧纸钱祭奠先人的习俗，由于寒食禁火，百

清明扫墓

姓烧纸就只能在清明期间举行,清明扫墓由此逐渐取代寒食扫墓的传统。

明、清承袭唐宋清明扫墓民俗。民国初年又把清明节定为插柳、植树节。这样代代相传,"清明"才成为中华民族的传统节日。

⊙增封、标祀、挂社和挂纸钱

每年清明节,民间在祭扫祖墓时,流行有增封、标祀、挂社和挂纸钱等风俗。

增封又称封坟、添土。每年清明节民间祭扫祖墓时,除带供奉的祭品食物和纸钱外,还带铁锹抬筐。因风吹雨淋的侵蚀,加上人畜损坏,土堆的墓冢封土层往往逐渐剥落、下陷,祭扫完毕,众人总要抬土数筐加增于坟上,增添墓冢的封土层。有的地方是将墓冢的封土层再包上一重,故又称"包坟""盘坟"。淮北地区包坟时故意将坟包得像圆圆的馒头,寓意本年度将获得小麦大丰收。

标祀俗称清明吊子。每年清明节,各家各族扫墓祭祖完毕,往往插一竿于墓前或坟上,标志已行祭祀。竿上糊以长条白纸,也有挂以楮钱的,还有既糊白纸又挂楮钱的。此竿南方是以竹为之,北方则用柳枝。这些柳枝,每每成活,生长成树。

挂社,亦称挂青、挂清明,流行于我国各地。《春秋公羊传·哀公四年》:"社者,封也。"注云:"封土为社。"后引喻为祭祀之意。每年清明,民间都要郊游扫墓,焚纸钱,列祭品,祭奠祖先,同时剪纸为幡插于墓上,用以寄托哀思,故名。清富察敦崇《燕京岁时记》载:"世族之祭扫者,于祭品之外,以五色纸钱制成幡盖,陈于墓左。"湖北《来凤县志》云:"清明光三日祭墓,以纸为帛,植诸竿,插墓上,曰挂青。期复祭于冢。新冢则祭于社日前,一切同清明,曰

烧纸钱

挂社。《长乐县志》载："清明节祭扫坟墓,以丝棉纸配杂色纸制为彩幡,挂于墓上,曰插青。"

至于挂纸钱风俗,它又称为挂纸或挂钱。最初献给死者在冥世间使用的是实物,货币流行后改为献钱币。汉代用冥钱或瘞,唐代故为纸钱。《旧唐书·王屿传》:"汉以来,葬者皆有瘞钱,后俚俗稍以纸剪钱为鬼事。"所以挂纸钱出现比较晚。每年清明时节,家家祭祖扫墓,在墓前焚纸钱,或悬纸钱于墓树、墓碑。安徽《歙县志·风土》:"(清明)悬纸钱于墓,名曰挂纸。"

清明祭祖,汉族自古以来即有莫祭(上坟、扫墓),也有裕祭(在祠堂或太庙中祭祀远近祖先),古代称合祭。清明节当天有些人家也在家里拜祭祖先。

⊙踏青

踏青,又叫春游,也称探春、寻春等。

阳春三月,春光明媚,柔风徐徐,一派生机。此时出外祭扫者往往"哭罢,不归也,趋芳树,树圃,列坐尽醉"(刘侗《帝京景物略》)。于是逐步衍生出踏青郊游的习俗。

据史料考证,郊游习俗来源于春秋时的郑国。当时,郑国人每年三月上旬的已日,都要到溱水、洧水(今河南境内)边游玩,用水洗去污垢和灾晦。后来,这种风俗又从郑国逐渐流行到其他地区。人们逐渐习惯于在这天到河边洗涤以消灾,再后来,这种习俗就逐渐演变为春游。

唐朝以后,清明扫墓的风俗流行起来,男女老少都借着扫墓的机会"踏青"。按照哀而不伤、阴阳调和的文化传统,墓祭是通阴间,踏青是顺阳气。"江上冰销岸青青,三三五五踏青行"。这是北宋苏辙《踏青》诗句。民间以为,踏青能得天地之灵气和生机,所以患病卧床、年迈体弱者,平时久卧床上,与大地隔空而得不到天地之精气,难以消除病患,这一天一定要由人搀扶着到室外去走一走,否则病将加重。即使身强体壮之人,也需踏青春游,沐浴清和明净之气,以祈安康。民间多有倾家出动去野宴游娱的。

著名画家张择端《清明上河图》生动地描绘出北宋时汴京附近以汴河

清明上河图　北宋　张择端

为中心的清明时节社会各阶层的生动景象，人物栩栩如生，场面真切生动，是一件有重要历史价值的生活风俗画。通过此画，古代清明郊游热闹盛况可见一斑。

⊙ 曲水流觞

上巳节，节期三月初三日，又称"重三""春禊"。上巳是古代一个袯（fú，音服）除不祥、祈降吉福的节日。远在周代，已有水滨袯禊之俗。朝廷指定专职的女巫掌管此事。袯，是袯除病气和不祥；禊，是修洁、净身。袯禊是通过洗濯身体，达到除去凶疾的一种祭祀仪式。

史书记载，大约在汉代，三月上巳才被确定为节。但因农历上巳日每年都不固定，为了便于记忆和统一，魏晋以后将上巳节定在了农历三月初三。每逢此日，官民都去水边洗濯。不仅民间风行，连帝王后妃也去临水除垢，袯除不祥。后来，此俗又进一步演变为临水宴饮。人们在举行袯禊仪式后，坐在水渠旁，在上游放置酒杯，任其顺流而下，杯停在谁的面前，谁即取饮，赋诗或彼此相乐，故称为"曲水流觞"。"觞"系古代盛酒器具，即酒杯。通常为刻木制成，小而体轻，底部有托，可浮于水上。也有陶制的，两边有耳，又称"羽觞"，因其比木杯重，玩时则放在荷叶上，使其浮水而行。这种游戏自古有之，后来逐渐成上巳节日活动的一个重要组成部分。

东晋永和九年（353年）三月初三上巳节，大书法家王羲之与亲朋结伴来到兰亭，在举行过袯禊仪式后，即行曲水流觞游戏，所谓"又有清流激湍,映带左右,引以为流觞曲水。列坐其次,虽无丝竹管弦之盛,一觞一咏,亦足以畅叙幽情"。当时这些文人所赋诗作被编为《兰亭集》,又由王羲之写了序言,记叙了兰亭景色之美和游戏时的欢乐,而他手书的《兰亭集序》被后人誉为"天下第一行书"。

在绍兴,"曲水流觞"活动之咏诗饮酒的儒风雅俗,一直盛传不衰。从元代诗人杨廉夫在卧龙山西园建立的"龙山诗巢"到明代徐文长和沈青霞等十人结社唱和,一直到今天,每年农历三月初三,各地书法家都要到绍兴兰亭聚会,泼墨挥毫,咏诗论文。

曲水流觞

⊙ 戴柳·插柳·赠柳

清明须戴柳枝,这也是清明一俗。

相传,折柳栽插一俗,最初是为了纪念"教民稼穑"的神农氏,后来演变为一种纪年祈寿的方式,民谚有"戴个麦,活一百;戴个花,活百八;插根柳,活百九"之说。出游之时,自可寻觅新鲜柳枝插戴头上,或结成杨柳球戴在鬓畔,以保红颜不老,即使没出郊外,也能买到柳枝佩戴。俗话说"清明不戴柳,来世变黄狗""清明不戴柳,红颜变皓首",所以人人争戴,小贩还以此做生意。清代杨韫华《山塘棹歌》云:"清明一霎又今朝,听得沿街卖柳条。相约比邻诸姐妹,一枝斜插绿云翘。"

唐代段成式《酉阳杂俎》载,戴柳插柳之俗在唐代已流行。唐中宗就在清明这天分赠侍臣细柳圈戴在头上。唐人认为三月三在河边祭祀时,头戴柳枝可以摆脱毒虫的伤害。宋《梦粱录》载,清明时节,京师家家户户须以柳条插在门上,名曰"明眼",否则会眼睛昏花,不能清晰明朗。直至清朝,杭州一带,每至清明满街都还有叫卖杨柳的小贩,每家人家都买回柳枝插在门上。

人们是那么看重柳枝的力量，以致农家以插柳日晴雨占水旱，谚云"檐前插青柳，农夫休望晴""柳条青，雨蒙蒙；柳条干，晴了天"。除戴柳、插柳之外，又有此日要用柳条穿起祭祀剩下的糕点，到立夏日用油煎了给小孩吃以防小孩疰夏的习俗。

也有人认为戴柳插柳的俗规与清明赐火有关。寒食之后紧接着便是清明。寒食禁火，到清明时火种已大都灭绝，必须钻木取火。但钻木取火是不太容易的。《辇下岁时记》载，唐代宫廷里每至清明节，都要在宫廷前钻榆木取火，先取得火者，皇帝赐给绢三匹，金碗一只。由于钻火不易，皇帝每以榆、柳火种赐给臣下以示恩宠。得到火种的官僚为表荣幸，常将传火的柳条插在门楣。后人争相仿效，蔚然成风，五代时江淮间便已家家门插杨柳。后来甚至衍生出不插柳便无火种、便无生机、便无光明等说法，还有妇女不戴柳便会早衰、短寿等禁忌心理，当亦与此俗有关。

又有人以为清明戴柳、插柳还应有另外的解释。原来中国人以清明、七月半和十月朔为三大鬼节，这三天正是百鬼并出讨索替代之时，人们一方面祭拜众鬼，另一方面也要防止鬼的侵扰迫害，而防止的办法就是插柳、戴柳。这不仅是三月柳枝新嫩正合时宜而已，更重要的是柳在中国人的心目中有辟邪的功用。原来佛教传入到中国后，受观音菩萨手持杨柳净瓶的影响，人们认为柳可以却鬼，而称柳为"鬼怖木"。北魏贾思勰《齐民要术》说："正月旦取杨柳枝著户上，百鬼不入家。"清明既是鬼节，值此柳枝正发芽的时节，人们自然纷纷插戴柳枝避邪了。

"折柳赠别"的风俗也很流行。李白《忆秦娥》词云："年年柳色，灞陵伤别。"古代长安灞桥在长安东，跨水作桥，汉人送客至此桥，折柳枝赠别亲人。因"柳"与"留"谐音，以表示挽留之意。

这种折柳赠别的习俗，最早起源于《诗经·小雅·采薇》"昔我往矣，杨柳依依"。用离别赠柳来表示难分难离、不忍相别、恋恋不舍的心意，也喻意亲人离去正如离枝的柳条,到新的地方很快地"生根发芽",好像柳枝之随处可活。

人们不但见了杨柳会引起别愁,连听到《折杨柳》曲,也会触动离绪的。李白《春夜·洛城闻笛》:"此夜曲中闻折枝,何人不起故园情。"其实,柳树可以有多方面的象征意义,古人又赋予柳树种种感情,于是借柳寄情便是情理之中的事了。

⊙ 放风筝

风筝,我国北方称"纸鸢",南方称"纸鹞",在东南沿海一带有"正月灯,二月鹞"之说,许多地方流行清明放风筝的习俗。

风筝是我国古代的一项发明。最早的风筝是用木头做的,叫"木鸢"。据《韩非子》记载,大约公元前 400 年,思想家墨子就曾做过"木鸢"。墨子早年做过木匠,传说木匠祖师鲁班就是他的学生。墨子和鲁班制作的"木鸢",就是世界上最早的风筝。大约在西汉时期,人们改用竹子和丝绸来制作风筝,后又改用纸张,名称也相应地改为"纸鸢""风鸢""纸鹞""纸鸱""风鹞"。

纸鸢最初不仅用于嬉戏,也用于军事。据宋高承《事物纪原》载,公元前 190 年,汉将韩信攻敌城时,便用纸鸢测定距离。梁武帝时,侯景围攻台城,有人做纸鸢携带文书放出告急。到唐代,国泰民安,各种民间游艺有了很大发展,纸鸢也就更多地用于娱乐。这个时期,在原来的纸鸢基础上增加一些花样,把竹、苇制成的小笛、小哨放在上面,经风一吹,发出悦耳的声响,声似鸣筝,所以纸鸢有了"风筝"这个新名称。明代陈沂在《询刍录》里说,五代时李邺曾于宫中做纸鸢,"后于鸢首以竹为笛,使风入作声如筝鸣,俗呼风筝"。唐代的高骈有《风筝》诗云:"夜静弦声响碧空,官商信任往来风。依稀似曲才堪听,又被风吹别调中。"

唐以后,风筝盛行,以清明节为"风筝节"。宋代诗人范成大《清明日狸渡道中》有"石马立当道,纸鸢鸣半空"句,一个"鸣"字,说明当时已很流行在纸鸢上加载乐器。陆游《观村童戏溪上》诗也说:"竹马踉跄冲淖去,纸鸢跋扈挟风鸣。"宋代城市里,已有专营风筝的买卖人出现。明清之际,是风筝的鼎盛时期。相传明代著名剧作家梁辰渔善扎风筝,尤以扎制凤凰风筝闻名于世,据明代张大复《梅花·草堂笔谈》记载,有一次他以"彩缯作凤凰,吹

此中图放风筝之图也每到春季无事之人
用竹捉子做成蝴蝶或各样飞禽不等上繫
线一条望空放起人仰面视之以吸空气所谓
衛生也

放风筝

入云端,有异鸟百十拱之",可见他制作的风筝格外精细、逼真,以致飞鸟都莫辨真假。《红楼梦》的作者曹雪芹也对风筝颇有研究,他不仅在扎糊、彩绘上有独到之处,还著有《南鹞北鸢考工志》一书,记载了很多有关风筝的珍贵资料。

古人放风筝常在清明前后。《帝京岁时纪胜·三月》记载:"清明扫墓,倾城男女,纷出四郊……各携纸鸢线轴,祭扫毕,即于坟前施放较胜。"在清明前后放风筝,《清嘉录》这样解释:"春之风自下而上,纸鸢因之而起,故有清明放断鹞之谚。"人们把风筝放得很高,然后断线将其放掉,象征着驱除晦气和病痛。

经过历代人民和风筝艺人的共同努力,中国的风筝形成了自己的历史传统和独特风格,为世界各国人民所喜爱。山东潍坊风筝、天津杨柳青风筝久负盛名,畅销国内外。

⊙荡秋千

荡秋千又称打秋千,也是清明节一俗。唐代诗人韦庄曾有七言绝句云:"满阶杨柳绿丝烟,画出清明二月天。好是隔帘花树动,女郎撩乱送秋千。"

秋千的起源可追溯到上古时代。那时,我们的祖先为了谋生,不得

不上树采摘野果，或翻山越岭猎取野兽。在攀援和奔跑中，他们往往抓住粗壮的野藤，依靠身体的摇荡摆动，上树或跨越沟涧，这是荡秋千最原始的雏形。至于后来用绳悬挂于木架，下拴踏板的秋千，相传在春秋时期我国北方就有了。清人翟灏《通俗编》引《古今艺术图》云："秋千本山戎之戏，自齐威公北伐山戎，此戏始传中国。"山戎是春秋时北方的一个古老部族，地处今辽宁西南、河北东北部之间。周惠王十四年（前 663 年），齐桓公伐

月曼清游图之曲池荡千

山戎时，带回了秋千游戏，从此，秋千在我国北方逐渐普及起来。秋千本叫"千秋"，出自汉武帝在皇宫后庭祈祝千秋之寿的祝词，后来被人倒着读，才改名为"秋千"。汉以后，荡秋千成为清明、寒食、端午等节日流行的民间游戏。

秋千在南北朝时传到了我国长江流域，成为每年寒食、清明前后的一种游戏，从此相沿成俗。南朝梁人宗懔《荆楚岁时记》记载："春时悬长绳于高木，士女衣彩服坐立其上而推引之，名曰打秋千。"到唐代，清明前后荡秋千的风俗更为流行。唐玄宗李隆基是个出名的爱玩乐的皇帝，据《开元天宝遗事》记载，每年到寒食节，皇宫中都要竖起许多秋千架，让嫔妃宫女们尽情玩乐。宫女们身穿彩衣，随秋千凌空上下，宛若仙女从天而降，唐玄宗看得入迷，称之为"半仙之戏"。

从唐宋两代的诗词可以看出，秋千确实受到人们的普遍喜爱，尤其是妇女儿童，更是乐此不疲。唐代王维《寒食城东即事》里有"秋千竞出垂杨里"的诗句，杜甫《清明二首》也说过"万里秋千习俗同"。宋代还出现了"水秋千"，即将秋千架于船头，表演者借秋千悠动，使身体凌空而

起,在空中完成各种动作后跳入水中。

从唐、宋至元、明、清各朝,无论是宫廷内苑,还是庶民百姓,到清明节都争相立起秋千架,荡秋千为戏。荡秋千就同放风筝一样,成了我国春季一项妇孺皆宜的传统娱乐活动。

在融融春光中,登上秋千在空中悠然飞荡,真使人有飘飘欲仙之感。荡秋千不但饶有趣味,而且能够培养人的勇敢精神,增进身心健康,加强人的平衡感,所以很自然地成了清明节很受欢迎的一个重要活动。

⊙蹴鞠·拔河

"十年蹴鞠将雏远,万里秋千习俗同",这是杜甫的《清明》诗句,说明蹴鞠和秋千都是唐朝非常流行的清明节游戏。

蹴鞠是一种皮球,球皮用皮革做成,球内用毛塞紧。蹴鞠的"蹴"就是踢,"鞠"就是球。蹴鞠就是用足去踢球。古代的鞠,类似于今天的足球。汉代刘向《别录》云:"蹴

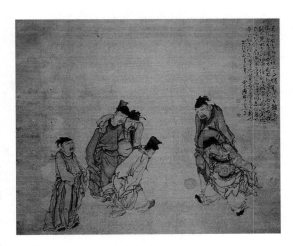

蹴鞠图 清 黄慎

鞠,黄帝所造,本兵势也。"这说明至晚在汉代,蹴鞠就已经流行了。西汉桓宽《盐铁论》说,西汉社会承平日久,权贵人家以"临渊钓鱼,放犬走兔,隆豺鼎力,蹋鞠斗鸡"为乐,平民百姓也是"里有俗,党有场,康庆驰逐,家卷蹋鞠",说明早在西汉时期,上至权贵,下至百姓,都踢球。

也许唐人把古代的实心鞠改成了充气的足球,所以后世常把蹴鞠说成"蹴气球"。唐代诗人曹松于寒食日出郊闲游,记录了当时"去间影过秋千女,地上声喧蹴鞠儿"的喧闹景象。韦庄《长安清明》也说:"内宫初赐清明火,上相闲分白打钱。"白打就是蹴鞠。可见唐代的清明节有赌球的活动。元代还以比赛蹴鞠作为军队训练项目之一。

唐代的清明节,拔河比赛也达到了高潮。拔河兴起于春秋战国时

代。传说战国时楚国和吴国在水上作战,连续失利。后来有个人创造了一种叫"牵钩"的武器。每遇吴国的战船时,楚军便用系绳的"钩强"把船"退则钩之,进则强之",予以来击。吴军往往处于支援不得进身、退却难以脱离的状态,最后被打得大败。后来这"牵钩"逐渐演变成了一种体育活动,即"拔河"。《景龙文馆记》中说:"清明节,唐中宗命侍臣为拔河之戏,以大麻绳两头系千条小绳,数人执之争挽,以力弱者为输。"可见其场面之大。《唐语林》说:"明皇数御楼设此戏,挽者至千余人,喧呼动地,蕃客庶士,观者莫不震骇。"唐景龙四年(710 年)清明节,宫中举行过一次拔河大赛,宰相、驸马、将军齐上阵,互不相让,成为体育史上一次盛况空前的拔河。

古时拔河人数多,场面大,非常热闹。《隋唐·地理志》中说:"俗以此庆丰收,用致丰穰,其事亦传至它郡。"因为清明节不久便是"乡村四月闲人少"的繁忙季节了,所以拔河又有祈祷丰收之意,以致帝王倡导,下民仿效,遂成风俗。

清明拔河的习俗,至今在我国许多地方还很盛行。

❀ 清明保健养生

清明时节,气候回暖,柳丝吐黄,拂面不寒杨柳风,蝶影蹁跹,春风又绿江南岸,春归来的气息浓郁极了。人的身体也同样发生着变化,人体循环加快,肌肤舒展开来,五脏六腑开始活跃起来。中医认为,清明节讲养生,贵在与自然同气相求。

清明时节是人体阳气生发的高峰时段,人的肝脏处于旺盛状态,肝火旺盛自然会影响到血管、脑、心和肾等器官,导致高血压、心脏病等的产生。所以,此时节调养以柔肝为主,要注意阴阳平衡。

人们在晨练上可多做户外活动,多与绿树青草接触,多呼吸新鲜空气,达到与自然同气相求的目的。心态上要轻松自然,放下烦恼与沉重,与节气相和谐。

研究表明,外界的不良刺激,长时间的精神紧张、焦虑和烦躁等情绪波动,会导致和加重高血压病的症状。因此,高血压患者要注意调整自己的情绪,注意减轻和消除异常情志反应,移情养性,保持心情舒畅。同时,择时服药,使药效更好地发挥作用。根据自己在一天中血压变化规律,一般在血压高峰出现之前1～2小时服药。避免做负重活动,以免引起屏气,继而引起血压升高等。

在清明时节,阳气已十分充足,要注意补肝不宜过度。饮食上要谨慎温补,可多食些柔肝养肺的食品,如荠菜益肝和中,菠菜利五脏通血脉,山药健脾补肺等。内火过盛者应尽量避开温热性的食物,如白酒、精白面(可吃全麦面)、辣椒、生葱、生蒜等热性食物,狗肉、羊肉、海虾、海参、鲢鱼、桂圆、甜橙、木瓜、韭菜、茴香等温性食物,以免内火上壅太盛引起头晕、头昏、胸背烦热之症。古人云:"春不食肝,夏不食心,秋不食肺,冬不食肾,四季不食脾,如能不食,此五脏万顺天理。"这就是告诫人们,针对五脏的食物进补要适中,不可过度。肝脏在清明时节仍处于极其旺盛的状态中,不宜过度补肝。

清明节前后湿气非常重,还要提防湿气致病。这种湿气致病可分为外湿和内湿。外湿表现为身体沉重、疼痛,尤其是关节伸缩不顺,引发腰背病或关节痛;内湿则表现为脾胃不佳,尤其是本身脾胃就不好的人,口淡、食欲下降,胸腹感到很闷,容易发生拉肚子、功能性胃肠炎发作的情况。提防湿气致病,要注意保暖,不要吃太寒凉的食物,多吃健脾胃、去湿食物,适当温补,让湿气随大小便外排。阴雨天、湿气大时不要常开窗,但最好仍进行通风。注意室内的抽风和排湿,不要久居潮湿之地,也不要到外面潮湿的地方劳作。要多外出晒太阳,适当运动。在汤品调理中,多用利水渗湿和养血舒筋的药材,如银耳、薏米、黄芪、山药、桑葚、菊花、杏仁等。种子植物营养丰富,多食清明五谷养生粥(荞麦、燕麦、薏米),可益肝、除烦、去湿、和胃、滑肠、补虚,增强抵抗力,延年益寿。

上班族往往不注重保健养生,不是工作压力大、劳动强度大,就是生活没有规律,使身体机能过早衰退,易发生多种疾病。所以说,加强锻炼,增强身体素质,提高机体免疫力对疾病的预防有着重要的意义。

青少年在春季长得最快,所以强化营养很重要。奶类、蛋类、豆类以及各种新鲜蔬菜、水果、芝麻、枣类、玉米、花生等要搭配食用,让孩子有好胃口。俄罗斯专家观察发现,坚持吃野菜的孩子较不吃者平均高出

5～10厘米。科学证明,孩子熟睡时比清醒时生长速度要快3倍。因为睡眠时脑垂体分泌的生长激素要比清醒时多。因此,专家建议,7～12岁的孩子每天应睡11～12小时,7岁以下的孩子则应在12小时以上。青少年要经常进行合理的户外体育活动,接受日光照射,同时通过跑、跳等动作对身体进行机械刺激,加快生长。

❈ 清明节气诗词

清　明
唐·杜牧

清明时节雨纷纷,路上行人欲断魂。
借问酒家何处有,牧童遥指杏花村。

清明即事
唐·孟浩然

帝里重清明,人心自愁思。
车声上路合,柳色东城翠。
花落草齐生,莺飞蝶双戏。
空堂坐相忆,酌茗聊代醉。

清明日登老君阁望洛城赠韩道士
唐·白居易

风光烟火清明日,歌哭悲欢城市间。
何事不随东洛水,谁家又葬北邙山。
中桥车马长无已,下渡舟航亦不闲。
冢墓累累人扰扰,辽东怅望鹤飞还。

桃源仙境图　明　仇英

清明日曲江怀友

唐·罗隐

君与田苏即旧游,我于交分亦绸缪。

二年隔绝黄泉下,尽日悲凉曲水头。

鸥鸟似能齐物理,杏花疑欲伴人愁。

寡妻稚子应寒食,遥望江陵一泪流。

清　明

宋·高翥

南北山头多墓田,清明祭扫各纷然。

纸灰飞作白蝴蝶,泪血染成红杜鹃。

日落狐狸眠冢上,夜归儿女笑灯前。

人生有酒须当醉,一滴何曾到九泉。

苏堤清明即事

宋·吴惟信

梨花风起正清明,游子寻春半出城。

日暮笙歌收拾去,万株杨柳属流莺。

清明节气谚语

清明无雨旱黄梅,清明有雨水黄梅。

清明晒得沟底白,田里长出好小麦。

清明晴,鱼儿跳上坪;清明落,鱼儿跳上锅。

清明不明,谷雨不淋。

雨打清明节,干到夏至节。

清明桃花水,立夏田开裂。

清明湿了乌鸦毛,麦子要从水里捞。

水涨清明前,洪水涨一年。

清明前后一场雨,胜似秀才中了举。

清明雨星星，一棵高粱打一斤。

清明前后，点瓜种豆。

清明种瓜，船装车拉。

清明喂个饱（上肥），瘦苗能长好。

寒风冷雨，出在清明谷雨。

清明下重霜，冻死苦雨秧。

清明有霜梅雨少。

清明过后三朝霜，条条沟里好铺床。

终霜清明前，高高山上去种田；终霜清明后，坑坑洼洼去种豆。

清明多雾，夏季多雨。

清明雾浓，一日天晴。

清明起尘，黄土埋人。

雷打清明前，高山好种田；雷打清明后，洼地好种豆。

清明响雷头个梅。

清明冷，好年景。

清明暖，寒露寒。

清明热得早，早稻一定好。

清明前后北风起，百日可见台风雨。

清明一吹西北风，当年天旱黄风多。

清明东风动，麦苗喜融融。

清明东风天多变，清明南风天气晴，清明西风阴天多，清明北风大风刮。

清明北风十天寒，春霜结束在眼前。

清明前后，大风怒吼。

清明刮大风，当年冰雹多。

清明打了霜，九块秧田十块光。

清明热得早，早稻一定好。

谷　雨

❀ 谷雨气候与农事

谷雨是春季的最后一个节气。每年公历 4 月 19 日、20 日或 21 日，太阳到黄经 30°的位置，即为谷雨。清明过后，雨水增多，大大有利于谷类作物的生长，"谷雨"节气由此得名。

谷雨这个节气，除了反映降雨量增加和作物播种、出苗外，浮萍也已漂水面。所以，古人将谷雨节气一候的候应概括为"萍始生"。二候的候应称作"鸣鸠拂其羽"，意思是说经常在田间地头看到鸣叫的布谷鸟，它们不时地用嘴角梳理自己身上的羽毛。"鸠鸟飞而翼其身"，表示"趋农急矣"，提醒人们农事活动要抓紧，不要耽误农时。三候的候应叫作"戴降于桑"，说这时戴胜这种候鸟已回来降落在桑树上，是采桑养蚕的大忙季节。

谷雨正值暮春季节。此时，我国绝大部分地区气温高达12 ℃以上，南方气温升高较快，一般 4 月下旬平均气温比中旬增高 2 ℃以上。华南东部常会有一两天出现 30 ℃以上的高温。华南沿海地区和川西南低海拔地带，气温更达 20 ℃以上。这时起，雨量明显增加，正是农田里禾苗需要大量水分的时期。民间流行许多相关的农谚，北方有"清明早，立夏迟，谷雨种棉正当时""谷雨前后，种瓜种豆"，南方则有"谷

雨栽早秧,节气正相当""谷雨,谷雨,对雨采茶""谷雨过一七,油菜油滴滴"(意为到了油菜成熟期)……都说明了谷雨前后正是农业生产最为繁忙的季节。

在谷雨节气里,大江南北,小麦已孕穗、抽穗,油菜正开花结果。早稻秧苗一般达二、三叶期,这时正是生产管理的关键时期。小麦要抓紧施好孕穗肥,秧苗要于二叶时追施"断奶肥"。对油菜进行一次叶面喷肥可起到促进籽粒饱满的作用,尤其适喷硼肥,可预防油菜"花而不实"。此时也是我国自南向北的棉花、玉米、春小麦的播种时节,各地应抓住"冷尾暖头"天气适时下种。"清明见芽,谷雨见茶",此时春茶的采制已进入旺季,宜抓紧进行。

谷雨节气,东亚高空西风急流会再一次发生明显减弱和北移,华南暖湿气团比较活跃,西风带自西向东环流波动比较频繁,低气压和江淮气旋活动逐渐增多。受其影响,江淮地区会出现连续阴雨或大风、暴雨,要提前投入防汛工作。沿江江南降水明显增多,这时雨量常达 100 毫米,已是"春雨断桥人不渡,小船撑出柳荫来"的桃花汛期,要谨防农田渍涝,绝不可松懈。

谷雨期间,江南、华南等地的局部强降雨及雷暴、冰雹、狂风等强对流天气将明显增多,要关注天气预报,合理安排农事。因为强对流天气会影响到水稻秧苗、油菜等作物的生长,不利于油菜开花结荚和早稻播种育秧,严重的会摧毁菜园、果园,摧毁农作物。有时还伴有短时、局部地区的大暴雨或特大暴雨,造成江河横溢和严重内涝,甚至会引发泥石流、山体滑坡等地质灾害,应加强防御。

北方地区的气温虽然转暖,但早晚还是比较凉。由于气温回升,土壤干燥、疏松,空气层结不稳定,上层风动量下传,锋面气旋活跃,因而大风、沙尘天气比较常见。华北、西北地区仍是"春雨贵如油"的少雨季节,海南、川西、广西西部也同样渴望雨水,加强春旱的防御仍是十分重要的工作。此时在西北高原山地,正是桃花、杏花盛开和柳树飞絮的好时节,呈现出一片花香四溢、柳飞燕舞的美好景象。

❀ 谷雨民俗文化

⊙ 谷雨帖

谷雨节流行禁五毒、杀五毒的习俗。谷雨时节气温升高，病虫害进入高繁衍期，为了减轻害虫对作物及人的伤害，农家一边进田灭虫，一边张贴谷雨帖，进行驱虫纳吉的祈祷。这一习俗在山东、山西、陕西一带十分流行。

清代吕种玉《言鲭·谷雨五毒》载："古者青齐风俗，于谷雨日画五毒符，图蝎子、蜈蚣、蛇虺、蟑、蜮之状，各画一针刺，宣布家户贴之，以禳虫毒。"

谷雨贴，属于年画的一种，上面刻绘神鸡捉蝎、天师除五毒形象或道教神符，有的还附有诸如"太上

谷雨帖　凤翔年画

老君如律令，谷雨三月中，蛇蝎永不生""谷雨三月中，老君下天空，手持七星剑，单斩蝎子精"等文字说明。

雄鸡治蝎

山西临汾一带，谷雨日晨将张天师禁蝎符（一说为太上老君"贬蝎敕令"）贴于大门背后，以消除百虫。禁蝎符是木刻印在黄表纸上的，画面为雄鸡衔虫，其爪下，抓有一只大毒蝎。其上印有"谷雨三月中，蝎子逞威风。神鸡叼一嘴，毒虫化为水"符咒。

雄鸡治蝎的说法早在民间流传。《西

游记》第五十五回说,孙悟空、猪八戒敌不过蝎子精,观音也自知近它不得。只好让孙悟空去请昴日星官,结果马到成功。昴日星官本是一只双冠子大公鸡。书中描写昴日星官现出本相——大公鸡,然后对着蝎子精叫一声,蝎子精立即现了原形,是个琵琶大小的蝎子。大公鸡再叫一声,蝎子精浑身酥软,死在山坡。

陕西地区的禁蝎咒符都是用木刻印刷而成的。每年谷雨这天,人们会在家中的墙壁上贴厌蝎符,符上写着"谷雨日,谷雨晨,奏请谷雨大将军。茶三盏,酒三巡,逆蝎千里化为尘",希望能保全家人平安。

山东的谷雨帖,一般采用黄表纸制作,以朱砂画出禁蝎符,贴于墙壁或蝎穴处。清乾隆六年(1741年),山东《夏津县志》记:"谷雨,朱砂符禁蝎。"禁蝎的民俗反映了人们驱害虫和渴望丰收平安的心愿。

⊙祭仓颉

谷雨节这天,陕西白水县有祭祀文祖仓颉的习俗。"谷雨祭仓颉"是从汉代就开始流传的民间传统习俗。

相传在4000年前,仓颉被轩辕黄帝封为左史官。仓颉做了史官以后,发明了结绳记事,还用树枝画图、造字,大大推进了社会的发展,为人类进步带来了光明。这件事情感动了玉皇大帝。有一年遇上旱灾,地里的庄稼颗粒无收,好多老百姓被饿死了。玉皇大帝念仓颉造字有功,便命天兵天将打开天宫粮仓撒向人间,一场谷子雨过后,人们总算得救了。

仓颉死后,人们把他安葬在白水县史官镇北,与桥山黄帝陵遥遥相对,并把祭祀仓颉的日子定在下谷雨的那天,也就是现在的谷雨节。

自此以后,每年的谷雨节,地处三县之交的仓颉庙都要举行庙会,会期7~10天,人们从四面八方赶来祭祀,表达对仓颉的崇敬和怀念之情。这一天,人们会举行各种各样的活动,比如扭秧歌、跑竹马、耍社火、武术表演、敲锣打鼓，一些戏班子、商号也赶来助兴，人们载歌载舞，热闹非凡。

仓颉在白水很有影响力，当地人入学拜师、敬惜字、爱喝红豆稀饭、喜住窑洞、祈雨求子、祈福禳灾等习俗都与仓颉有关。

⊙尝新茶

江南地区有谷雨尝新茶的习俗。

谷雨茶又叫"雨前茶"或"二春茶"，此时天气变暖，雨量适中，加上茶树经半年冬季的休养生息，使得春梢芽叶肥硕，叶质柔软、细嫩清香、色泽碧绿，里面所含的多种维生素和氨基酸比其他季节采摘的茶叶都要高。喝起来滋味鲜活，口感醇香怡人，还能清火、辟邪、明目。

谷雨茶有一芽一嫩叶或一芽两嫩叶的。一芽一嫩叶的茶叶泡在水里像古代展开旌旗的枪，被称为旗枪；一芽两嫩叶则像雀类的舌头，被称为雀舌；与清明茶同为一年之中的佳品。一般雨前茶价格比较经济实惠，水中造型好、口感也不比明前茶逊色，大多茶客通常都更追捧谷雨茶。

真正的谷雨茶是谷雨这天上午采的鲜茶叶制做的。民间传说真正的谷雨茶能让死人复活。虽然这只是传说，但可见这谷雨茶在人们心中的分量有多重。爱茶懂茶之人常把谷雨前采摘的茶珍藏起来。这天，除了在家饮雨前茶，还有结伴外出饮新茶的习俗。民间有"三月茶社最清出"的说法。茶馆都要重新装饰一番，迎接茶客。旧时文人雅士还要相聚品茶，风雅自在。另外还可以品尝茶点小吃，如江南的眉饼、亮眼糕等。

中国茶叶学会等部门倡议将每年谷雨这一天作为"全民饮茶日"并举行各种与茶有关的活动。

⊙食香椿

谷雨食香椿是北方的习俗。这一习俗，据说起源于汉代。香椿还曾与荔枝一起作为南北两大贡品，深受皇帝及朝廷贵族喜爱。宋代的苏轼赞其"椿木实而叶香可啖"。谷雨前后是香椿上市的时节，这时的香椿梗肥叶嫩，醇香爽口。鲜香椿中含有丰富的糖、蛋白质、脂肪、胡萝卜素和大量的维生素 C，营养价值高。民间有"食用香椿，不染杂病"的说法。香椿具有提高机体免疫力以及健胃、理气、止泻、润肤、抗菌、消炎、杀虫之功效。需要注意的是，香椿为发物，多食易诱使老毛病复发，因此，慢性疾病患者应少食或不食。

⊙牡丹花会

谷雨前后是牡丹花开的重要时段，因此牡丹花也被称为"谷雨花"。"谷雨三朝看牡丹"，赏牡丹成为人们闲暇时重要的娱乐活动。至今，山东菏泽、河南洛阳、四川彭州多于谷雨时节举行牡丹花会，供人们游乐观赏。不过，由于气候变暖，现在牡丹往往到不了谷雨就盛开了，菏泽牡丹花会只好根据花期而改变时间，彭州牡丹花会也在公历 3 月下旬或 4 月上旬就开幕了。

❀ 谷雨保健养生

谷雨时节已届暮春，接着便要立夏了。"人以天地为气，四时之法成"（《素问·保命全形论》）。这是说，人生于天地之间，自然界中的变化必然会直接或间接地对人体的内环境产生影响，保持内、外环境的平衡协调是避免、减少疾病发生的基础。因此，在谷雨时节要针对其气候特点，有选择地进行调摄养生。

谷雨时节人们很容易产生"春困"。天气变暖会让人的皮肤越来越松弛，毛孔放大，皮肤末梢血管的供血量增加，从而导致中枢神经系统发生镇静、催眠作用，使身体困乏。此时宜早睡早起，保证充足的睡眠，以适应气候变化。睡前要洗面、洗脚、按摩面部、搓脚心。人体所有重要的

穴位都集中在足部，所以要经常用热
水泡脚，这样可以推动血气运行，温补
脏腑，安神宁心，消除一天的疲劳，从
而全身心放松，达到休息的最高境界。
早晨起来要做早操，坚持晨跑，伸展四
肢，舒展阳气，从而强身健体，减少疾
病发生。

　　"夫百病之生也，皆生于风、寒、
暑、湿、燥、火，以之化之变也，诸湿肿
满，皆属于脾；消颈项强，皆属于
湿……"（《素问·至真要大论》）。谷
雨节后降雨增多，空气潮湿，许多人会
出现肩颈痛的问题，这多因湿邪所致。在雨季来临前，多食用可促进水
分代谢的食物或中药，如黑豆、红豆、绿豆、白蔻仁、鲤鱼、茯苓等，可预防
气血瘀阻。不吃未煮熟的生冷食物，少吃性属寒凉的蔬菜、水果，以免湿
气产生。同时要注意保暖，避免着凉。也不要长时间久坐不动，伏案工
作一个小时后可站起身来活动一下筋骨，以保证血液正常流通。中医认
为，"久视伤血，久卧伤气，久立伤骨，久行伤筋，久坐伤肉"。所以，要进
行一些适宜的体育锻炼。现代医学研究发现，谷雨节前后，天气忽冷忽
热，是神经痛的常发期。常见的有肋间神经痛、坐骨神经痛、三叉神经痛
等。若出现臀部、大腿后侧、小腿踝关节后外侧、面部一侧的额部、上颌
或下颌部突然发作如烧灼样或针刺样疼痛就要注意了，一旦出现后，要
马上就医。

　　谷雨时调养身体，关键是要育肝柔肝，健脾益气。此阶段人的肝阳
过盛，特别需要注意肝气的疏泄顺达。肝开窍于目，肝血不足，就可能导
致视物不清，或肝气郁结化热，如肝气上升扰头，则会头晕目眩。此时的
食疗重在养肝、清肝、滋养明目。此时的脾脏正处于阳盛状态，人体的消
化系统活动频繁，所以在饮食上应多吃一些补血益气的食物，如粳米、鳝
鱼、豆腐、鸽蛋、枸杞、牛肉、蚕豆、芹菜、胡萝卜、土豆、菠菜、山药等。

　　谷雨，时届暮春，饮食应注意"五低"，即低盐、低脂、低糖、低胆固醇、低刺激。低盐,世界卫生组织推荐每天食盐摄入量不超过 6 克。食盐太多会诱发高血压病。低脂,每天摄入总量不超过膳食总量的 15%～30%。低胆固醇,每天食肉类食品不能超过 300 克。少吃含胆固醇高的动物内脏,因为胆固醇过高会导致动脉硬化和心脑血管等多种疾病。低刺激即非辛辣刺激性食品,如少吃辣椒、胡椒、姜、大蒜、洋葱、白酒、韭菜等。

谷雨前后是野菜盛产的季节。野菜当令的季节多吃一点,可以起到很好的保健作用。例如:荠菜具有健胃和脾、明目止血、利尿解毒功效,民间有"荠菜当灵丹"的说法。马兰菜清热解毒,止血利尿,对牙龈出血、肝炎、小儿高热、惊风等有一定的疗效。马齿苋能消炎、清凉、解毒,有预防痢疾的作用,并对胃病及十二指肠溃疡、口腔溃疡等疾病有效。不过,吃野菜当慎重,如苦菜性凉味苦,有解毒、败火之功效,但过量食用可伤人脾胃。还有许多野菜都以其偏颇之性,对久食者产生危害。

谷雨前后还可食用一些能够缓解精神压力和调节情绪的食物,例如多吃一些含 B 族维生素较多的食物,对改善抑郁症有明显的效果。小麦胚粉、标准面粉、荞麦粉、莜麦面、小米、大麦、黄豆及其他豆类、黑芝麻、瘦肉等含有丰富的 B 族维生素。另外,多食用碱性食物有助于缓解人的急躁情绪,如虾、蟹、鱼、海带等有助于改善情绪。

谷雨时节,很多人会感觉体内积热,身心不适。消除积热可选择食用竹叶粥、绿豆粥、酸梅汤或菊槐绿茶等,也可以搭配一些清热养肝的食物,如芹菜、荠菜、菠菜、莴笋、荸荠、黄瓜等。同时应该充分休息,并进行适当的体育锻炼。有条件的可以到郊外游玩,呼吸一下山野中的新鲜空气,有利于排出人体内的积热,使人心旷神怡。

❀ 谷雨节气诗词

台　城

唐·韦庄

江雨霏霏江草齐,六朝如梦鸟空啼。

无情最是台城柳,依旧烟笼十里堤。

大观间题南京道河亭

宋·史徽

谷雨初晴缘涨沟，落花流水共浮浮。

东风莫扫榆钱去，为买残春更少留。

蝶　恋　花

宋·范成大

春涨一篙添水面。芳草鹅儿，绿满微风岸。画舫夷犹湾百转。横塘塔近依前远。江国多寒农事晚。村北村南，谷雨才耕遍。秀麦连冈桑叶贱。看看尝面收新茧。

❀ 谷雨节气谚语

谷雨要雨。

谷雨阴沉沉，立夏雨淋淋。

谷雨有雨清明晴，今年有个好阳春。

谷雨有雨，缸中有米。

谷雨有雨雨水好，谷雨无雨雨水少。

谷雨一场霜，伏天雨汪汪。

谷雨有雾秋水大。

雷打谷雨前，无水好种田；雷打谷雨后，高山种大豆。

谷雨雷，唤黄梅。

谷雨东南多浸种，立夏西风少下秧。

谷雨南风起，三伏多暴雨。

谷雨西北风，鲤鱼飞过屋。

谷雨一刮风，冷到六月中。

谷雨前应种棉，谷雨后应种豆。

春山游骑图　明　周臣

春田播到谷雨兜,晚田播到大暑后。

早稻播谷雨,收成没够饲老鼠。

谷雨三朝蚕白头。

谷雨在月头,秧多不用愁。

谷雨在月中,寻秧乱筑冲。

谷雨在月尾,寻秧不知归。

谷雨打苞,立夏龇牙,小满半截仁,芒种见麦茬。

谷雨立夏三月,抓紧春耕莫迟延。

谷雨是旺汛,一刻值千金。

谷雨好下种,小满插早秧。

谷雨插好秧,夏季收满仓。

谷雨种棉花,要多三根杈。

谷雨立夏三月天,抓紧春耕莫迟延。

夏季节气篇

立　夏

❀ 立夏气候与农事

每年公历 5 月 5 日、6 日或 7 日，太阳到达黄经 45°时交立夏节。

立夏节气一候的候应名为"蝼蝈鸣"。这说明一到立夏节气，就会听见害虫蝼蝈的鸣叫。各种农作物开始进入生长繁茂时期，最忌害虫，将"蝼蝈鸣"作为候应，对于提醒注意防治地下害虫，是很有益的。二候的候应叫"蚯蚓出"。此时地下温度持续升高，使蚯蚓从土壤中钻到地面上来。

王瓜

三候的候应叫"王瓜生"。就是说王瓜（也叫土瓜）这时已开始长大成熟，人们可采摘。立夏的三个物候现象，意味着夏天的脚步越来越近了。人们习惯上把立夏当作气温明显升高、炎暑将临、雨量增多、动植物都进入生长旺季的标志。

在天文学上，立夏表示即将告别春天，夏天要开始了。实际上，若按气候学的标准，日平均气温稳定升达 22 ℃以上为夏季开始。立夏前后，我国只有福州到南岭进入物候学上的夏季，而东北、西北部分地区这时则刚刚踏入春季。全国大部分地区如华北平原、黄淮平原、长江中下游地区日平均气温多为 18～20 ℃，正是"百般红紫斗芳菲"的仲春和暮春季节。

立夏万物繁茂，夏秋作物进入生长后期，冬小麦扬花灌浆，油菜接近成熟，夏收作物年景基本成定局，所以农谚说"立夏看夏"，可以根据长势估产了。水稻栽插及其他春播作物的管理也进入了大忙季节。此时，大部分地区的棉花、玉米、高粱、谷子等大田作物陆续出苗，须要查苗补种。作物生长迅速，要抓紧灌溉施肥。由于高温高湿的气候特点明显，容易发生大麦锈病、黏虫、吸浆虫、棉蚜、红蜘蛛等病虫害，要及时观测防治。

立夏以后，江淮流域和江南有不少年份会出现阴雨连绵天气，俗称"春汛"。雨量和雨日均明显增多，连绵的阴雨不仅导致作物的湿害，还会诱发多种病害的流行。这时小麦正抽穗扬花，最易感染赤霉病，若预计未来温暖但多阴雨的天气，要抓紧在始花期到盛花期喷药施治。南方的棉花在阴雨连绵或时暖时寒的天气条件下，通常会引起炭疽病、立枯病等病害的发生，造成大面积的死苗、缺苗。应积极采取必要的增温降湿措施，并配合药剂防治，以保全苗壮苗。"多插立夏秧，谷子收满仓"，立夏前后正是大江南北早稻插秧的大好季节。"能插满月秧，不薅满月草"，这时气温仍较低，插秧后马上加强管理，早追肥，早耘田，早治病虫，促进早发。中稻播种要及时扫尾。茶树这时春梢发育最快，稍一懈怠，茶叶就要老化，正所谓"谷雨很少摘，立夏摘不辍"，要集中全力，分批突击采制。

华北、西北等地虽气温回升快，但降水仍然不多，加之春季多风蒸发强烈，大气干燥和土壤干旱均会严重影响冬小麦的正常生长，对棉花、玉米、高粱、花生等春作物苗期生长也十分不利。尤其是小麦灌浆乳熟前后的干热风更是导致减产的重要灾害性天气，应采取中耕、补水等多种措施抗旱防灾，以争取小麦高产，确保作物幼苗的健壮生长。

❀ 立夏民俗文化

☉祭赤帝祝融

古人非常关注立夏。《礼记·月令》中说，皇帝在立夏这一天，必须亲率文武群臣到南城郊外去迎夏。

皇帝迎立夏于南郊是一种祭祀。《资治通鉴》云："汉明帝永平二年，是岁，初迎气于五郊。"《续汉书》载："迎气，五郊之兆。四方之兆各依其位。中央之兆在未，坛皆三尺。立春之日，迎春地东郊，祭青帝句芒，车服皆青，歌青阳，八佾舞云翘之舞。立夏之日，迎夏于南郊，祭赤帝祝融，车服皆

祝融

赤，歌未明，舞如迎春。"可见皇帝到南郊去祭祀的神是祝融。

南是祝融的方位，属火。祝融本身就是汉族民间信仰的火神。《史记·楚世家》载："重黎为帝喾高辛居火正，其有功，能光融天下，帝喾命曰祝融。"《吕氏春秋·四月》曰："其帝炎帝，其神祝融。"南方、火神、赤帝、祝融、夏天，相互联系起来，实际上指的就是太阳。

相传女娲之后，隔了很久很久，又出现了一个大神，就是太阳神炎帝。他和他的玄孙火神祝融共同治理着南方一万二千里的地方，是南方的上帝。当炎帝出世之时，人类已经生育繁多，食物不够吃了。炎帝教人类共同劳作，播种五谷，收获的果实大家均分。炎帝又叫太阳发出光和热，使五谷孕育生长，从此人类不愁衣食。大家感念炎帝的功德，尊称他为"神农"。

太阳神而兼农业之神的炎帝，据说在他刚刚诞生之地的周围，自然

地涌现出了九眼井。这九眼井的水彼此相连,若是汲取其中一眼井的水,其他八眼井的水都会波动起来。当炎帝要教人类播种五谷的时候,从天空中便纷纷降落下来许多谷种,他就把这些谷种收集起来播种在开垦过的田地上,以后才有了供人类食用的五谷。又有传说,那时候有一只遍身通红的鸟,嘴衔一株九穗的禾苗,飞过天空,穗上的谷粒坠落在地上,炎帝便把它们拾起来,种在田里,以后便长成又高又大的嘉谷。这种嘉谷,人吃了可以充饥,还可以长生不死。这些传说,都意味着神农时代的人已经学会用人工种植野生的谷物了。

炎帝即神农,姜姓,号烈山氏。相传炎帝首倡农耕种植,又遍尝百草辨识药性,发明中医药以拯救夭伤,制陶器、辟市场,发明五弦琴。炎帝被尊为中华民族始祖。

炎帝不但是农业之神,同时也是医药之神。因为太阳是健康的泉源,所以和医药也有关系。传说他曾经用一种叫作"赭鞭"的神鞭,来鞭打各种各样的药草。这些药草经过赭鞭一打,有毒无毒,或寒或热,各种性质都自然地呈现出来。他根据这些药草的不同性质,给人们治病。又传说炎帝亲自去品尝各种各样的药草,为此曾在一天当中就中毒 70 次。还有传说神农尝百草,最后,尝到一种有剧毒的断肠草,终于肠子断烂,不幸离开人间。炎帝为人类献身的精神令人难忘。据说山西太原的釜冈还存有神农尝药的鼎,在成阳山里,还可以找到神农鞭药的处所,那山又叫神农原药草山。

中国的药基本上是草本,与五谷同为植物,隶属农业类。由此可知历代皇帝到南郊祭祀火神祝融,实际上是拜祭祝融的曾祖父——炎帝。拜祭回来后要赏赐诸侯百官,命令乐师教授联合礼乐,令太尉引荐勇武、推荐贤良、选择强壮,并令司徒等官吏巡行各地,勉励农众抓紧耕作。

⊙立夏见三新

立夏节正是我国北方大部分地区的小麦上场时节。立夏那天，天子在农官献上新麦时，要献猪到宗庙，举行尝新的礼仪……而民间也同样要在立夏之日"供神祭先"。这一祭祀风俗源于春秋战国，流行于我国东北、华北、华东、中南等广大地区，有酬谢神灵、祖宗，喜庆新物丰收之意。

清人顾禄《清嘉录》云："立夏日，家设樱桃、青梅、麦，供神享先，名曰：立夏见三新。"这里的"神"指民间信仰中的神灵，"先"指祖先，以示有了新的收获，首先想到的是献给神灵与祖先享用。因地域不同，其祭日和祭品亦不同：皖南山区一般在立夏日举行，用苋菜馅饼、樱桃、青梅祀祖敬神，亦称"立夏见三新"；芜湖则在农历四月初一举行，将鲥鱼、玫瑰花、金银花、雨前茶、青梅、蚕豆、大麦、小麦、油菜籽等10种刚刚见到的时新物，拿来祀祖敬神，俗称"见十新"；和县、含山县等地渔民，农历四月初一"开网捕鲥鱼"，将第一网捕获的鲥鱼祭天地、祖宗，其名曰"荐新"。

江浙一带有"立夏尝新"的风俗。苏州人先以新熟的樱桃、青梅和麦子这"三新"祭祖，然后人们尝食。无锡民间历来有"立夏尝三鲜"的习俗。三鲜分地三鲜、树三鲜、水三鲜。地三鲜即蚕豆、苋菜、黄瓜（或有蒜苗、元麦为其一），树三鲜即樱桃、枇杷、杏子（或有梅子、香椿头为其一），水三鲜即海蛳、河豚、鲥鱼（或有鲳鱼、黄鱼、银鱼、子鲚鱼为其一）。在常熟，人们立夏尝新，食品更为丰富，有"九荤十八素"的说法。

⊙茶俗

立夏时节，新茶上市，来客敬茶。自古以来，以茶待客之民俗，流传大江南北。俗话说："开门七件事：柴、米、油、盐、酱、醋、茶。"茶，历来也是我国人民日常生活的必需品。

陆羽说："茶者，南方之嘉木也。"我国是茶的故乡，也是最早发现茶树和利用茶叶的国家。《神农本草经》上就有"神农尝百草，日遇七十二毒，得茶而解之"的记载。后人认为是神农发现了茶这种植物，神农死后，人们就把神农死的地方称为茶乡。

茶在古代称"苦荼"，后来又叫"槚"，一直到东汉时，"茶"的名称才固定了下来。不过，当初人们只把茶当作一种药材，认为它具有利尿、去痰、消食、提神等药效，后来人们发现它味甘香浓，清心提神，明目去腻，是一种很好的饮料。于是饮茶之风日盛，茶叶在人们生活中的地位也越来越重要了。

西汉末年，文学家王褒在《僮约》一文中说到，家僮要在家里煮茶，又要去武阳买茶。武阳今属四川省彭山县双江镇一带，这说明当时四川已出现了茶叶市场。

三国两晋时，文人以茶待客渐成风气。到南北朝时，佛教盛行，由于茶有兴奋提神的作用，便成了坐禅的和尚们必不可少的饮品。

茶到唐代已成为许多人家"一日不可无"的东西了。此时饮茶方式也大有改进。唐以前，是将茶叶和水一起倒入锅里，加入葱、姜、枣、橘皮、茱萸、薄荷等作料烹煮，水开后，去沫喝汤。唐代开始逐渐改变，陆羽在他的《茶经》中总结出了一套新的方法。《茶经》是我国第一部有关茶的专著。陆羽一生嗜茶，他用毕生精力探索茶的起源、流传、品种、栽培、采制、煮熬、用水等问题，被后世称为"茶神"。卖茶的店铺都将他的像当作神来供奉。据说当时的德宗皇帝想喝陆羽烧的茶，便将陆羽召进宫去，德宗喝了"茶圣"亲自烹的茶，称赞不已。

　　唐代有一个以喝茶出了大名的文人，名叫卢仝。他有一首诗写他自己饮茶七碗的不同感觉。诗云："一碗喉吻润；二碗破孤闷；三碗搜枯肠，唯有文字五千卷；四碗发轻汗，生平不平事，尽向毛孔散；五碗肌骨清；六碗通仙灵；七碗吃不得也，唯觉两腋习习清风生。"饮茶的妙趣，被卢仝抒发得淋漓尽致，历来为人津津乐道。

　　从唐宋到明清，我国饮茶风气越来越盛，茶叶品种也越来越多。唐以后煮茶时先将茶叶碾成细末，加入米粉之类的东西，形成茶团或茶饼，饮用时将茶团捣碎煎煮。宋代不仅在城市，就连乡村也出现了以卖茶为业的茶肆、茶坊。从元代开始，散茶逐渐取代了茶团、茶饼，人们直接用焙干的茶叶煎煮，并且还出现了泡茶。

斗茶图　元　赵孟𫖯

　　相传，最早以茶待客的礼俗，是从吴国末年的孙皓开始的。孙皓每次大宴群臣，都要把他们灌得酩酊大醉，引以为乐。大臣弗昭的酒量很小，孙皓就叫他以"茶茗"代酒。自这以后，文人便开始用茶接待客人了。

到了唐代,以茶待客的风俗已遍及民间每个角落。以唐代颜真卿"泛花邀坐客,代饮引清言"之类描写用茶待客人的大量诗文,可以看出当时饮茶礼俗的盛行。

随着饮茶之风盛行,茶馆、茶室、茶社、茶楼、茶摊遍布城乡。茶馆、茶室既是饮茶解渴之处,也是城乡重要的社交场所。一座茶馆,三教九流,五方杂处,是民间百态和各种信息荟萃之地。江浙一带,商量儿女嫁娶、买卖房屋、谈生意,常在茶馆里商谈,调解家庭纠纷、邻里冲突也在茶馆里进行。有的大茶馆,楼下是茶馆,楼上是书场,品茶、听书任人挑选。有的茶馆内设棋社,可一边饮茶一边对弈。

茶也被当作礼品。南宋都城杭州,立夏那天,小孩都要去称体重,过完秤后要坐七条门槛,吃"七家茶"。茶叶从七家邻居要来的。据说吃过"七家茶",小孩夏天便不会生病。每逢立夏日,家家户户都要煮新茶,并配以各色精细点心、糖果、水果之类,馈送邻居和亲戚朋友,当地人也把这称作"饮七茶"。

⊙ 称人

立夏称人的习俗,主要流行于我国江苏、浙江、江西、皖南等地区。

古诗云:"立夏称人轻重数,秤悬梁上笑喧闺。"清《苏州府志》载:"立夏日……以大秤衡人而记其轻重。"《江乡节物调·小序》:"杭俗:立夏日,悬大秤男女皆称之,以试一年之肥瘦。"上海有"节交立夏记分明,吃罢摊菜试宝称"的说法,中午时男女老幼都要称一下体重。

农村家家户户都有量度重物的大秤。人们在立夏这天,用绳索把秤挂在屋梁或门前树上,秤钩悬一个凳子,大家依次坐到凳子上面称一下。有的司秤人一边打秤花,一边讲着吉利话。称老人要说:"秤花八十七,活到九十一。"称姑娘说："一百零五斤，员外人家找上门。勿肯勿肯偏勿肯，状元公子有缘分。"称小孩子则说："秤花一打二十三，小官人长大会出山。七品县官勿犯难，三公九卿也好攀。"打秤花只能里打外（即从小数打到大数），不能外打里。

立夏称人是测试体重变化趋势的一种活动。清代《清嘉录》所载："立夏日，家户以大秤权人轻重，至立秋日，又称之，以验复中之肥瘠。"20世纪30年代《宁国县志》也记载："立夏。以秤称人体轻重，免除疾病，所谓不怯夏也。"据说这一天称了体重之后，夏天就不怕炎热，不会消瘦，也不会有灾病了。称人体轻重，以便及时发现身体变化情况，查找原因，诊治恶疾于初发，对维护身体健康有一定的积极意义。今在某些地区仍习见。

至于立夏称人习俗的来历，民间传说三国时代，孟获被诸葛亮收服，归顺蜀国之后，对诸葛亮言听计从。诸葛亮临终嘱托孟获每年要来看蜀主一次。诸葛亮嘱咐之日，正好是这年立夏，孟获当即去拜阿斗。从此以后，每年夏日，孟获都依诺前来拜望。过了许多年，晋武帝司马炎灭掉蜀国，掳走阿斗。而孟获不忘丞相重托，每年立夏带兵去洛阳拜望阿斗，每次去都要称阿斗的体重，以验证阿斗是不是被晋武帝亏待了。孟获扬言如果亏待了阿斗，就要起兵攻晋。晋武帝为了蒙蔽孟获，就在每年立夏这天，用糯米加豌豆煮成中饭给阿斗吃。阿斗见豌豆糯米饭又糯又香，饭量大增。孟获进城称人，每次都比上年重几斤。阿斗虽然没有什么本领，但有孟获立夏称人之举，晋武帝也不敢亏待他，日子也过得清静安乐，福寿双全。这一传说虽与史实有出入，但百姓希望的即是"清静安乐，福寿双全"的生活境界。立夏称人能给阿斗带来福气，人们也希望称自己能给他们带来好运。

⊙吃蛋·斗蛋

吃立夏蛋的习俗流行于全国各地。立夏前一天，很多人家就开始煮"立夏蛋"了。一般用茶叶末或胡桃壳煮，蛋壳会渐渐变红，满屋香喷喷。

立夏蛋应该趁热吃。吃时倒上好的酒,再洒些细盐,酒香茶香,又香又入味。民间以为立夏吃蛋能强身健骨,行动有劲。俗语称:"立夏吃蛋,石头都烂。"江南另有"立夏吃蛋,可免疰夏"之说。

立夏当天中午,家家户户煮好蛋(鸡蛋或鸭蛋,带壳清煮,不能破损),将蛋装入已用丝线编成的蛋套内,挂到小孩子脖子上。有的还在蛋上绘画图案,小孩子相互比试,称为斗蛋。蛋有两端,尖者为头,圆者为尾。孩子们三三两两围在一起玩斗蛋时,蛋头斗蛋头,蛋尾击蛋尾。一个一个斗过去,破者认输,最后决出胜负。蛋头胜者为第一,蛋称大王;蛋尾胜者为第二,蛋称小王或二王。

斗蛋、吃蛋的由来有一个有趣的传说。相传很久以前,女娲为了使人间的小孩子不得疰夏之疫,斗法胜了病疫瘟神,瘟神保证不让女娲的子孙再受病害,并让孩子以胸前挂蛋为标志,立夏之日只要孩童胸前挂蛋者一律不加伤害。于是,女娲给民间传话:立夏之日,无论男女老少,都要吃煮鸡蛋或咸蛋;小孩子胸前挂上煮熟的鸡蛋或鸭蛋,可避疰夏之疫。

五瘟之神

⊙立夏食俗

立夏过后就是炎热的夏天了。如何度过夏天,古人很早便极为重视,立夏在民间出现的一些食俗,往往寄托着祈福保平安的愿望。

立夏当天,许多地方的人们用赤豆、黄豆、黑豆、青豆、绿豆等五色豆拌白粳米煮成"五色饭"，后来发展为倭豆（蚕豆）肉煮糯米饭，菜有苋菜黄鱼羹，称吃"立夏饭"。

南方很多地区的立夏饭是掺杂豌豆的糯米饭。桌上摆有煮鸡蛋、全笋、带壳豌豆等特色菜肴。乡俗蛋吃双、笋成对、豌豆多少不计。俗信立夏吃蛋主心，吃了能使心气精神得到补充。吃笋主腿，寓意人的双腿也似笋那样健壮有力，能走远路。带壳豌豆状如眼睛，古人眼疾很多，以吃豌豆来祈祷一年眼睛似新鲜豌豆那样清澈，无病无灾。

宁波的立夏习俗是吃"脚骨笋"，用乌笋烧煮，每根三四寸长不剖开，吃时要两根一样粗的笋一口吃下，说吃了能"腿骨健"（身体健康）。再是吃软菜，认为吃后夏天不长痱子，皮肤也会像软菜一样细腻。

闽东周宁县纯池镇一些乡村吃"立夏糊"，主要有两类，一是米糊，一是地瓜糊。大锅熬糊汤，汤中有肉、小笋、野菜、鸡鸭下水、豆腐等，邻里互邀喝糊汤。这与浙东农村立夏吃"七家粥"的风俗有些类似。"七家粥"与"七家茶"也可当作立夏尝新的另一种形式，"七家粥"是收集了左邻右舍各家的米，再加上各色豆子及红糖，煮成一大锅，由大家来分享。"七家茶"则是各家带了自己新烘焙好的茶叶，混合后烹煮或泡成一大壶茶，再由大家坐在一起共饮。这些粥或茶的品尝仪式，可以说是过去农村社会中重要的联谊活动。

不过在闽东大部分地区，立夏以吃面粉加少许食盐烘制而成的"光饼"为主。周宁、福安等地将光饼入水浸泡后制成菜肴，而焦城、福鼎等地则将光饼剖成两半，将炒熟了的豆芽、韭菜、肉、糟菜等夹而食之。在闽南地区，立夏吃虾面，即购买海虾掺入面条中煮食。海虾熟后变红，为吉祥之色，"虾"与"夏"谐音，以此表达对夏季的祝愿。

湖北省通山县民间把立夏作为一个隆重节日，当地人立夏吃草莓（当地称草莓为"泡"）、虾、竹笋，谓"吃泡亮眼，吃虾大力气，吃竹笋壮脚骨"。

湖南长沙人立夏吃糯米粉拌鼠曲草做成的汤丸,名"立夏羹"。民谚说"吃了立夏羹,麻石踩成坑""立夏吃个团('团'音为'坨'),一脚跨过河",寓意力大无穷,身轻如燕。

上海郊县农民立夏日用麦粉和糖制成寸许长的条状食物,称为"麦蚕",人们吃了,据说可免疰夏。

立夏这一天,浙江、江苏、湖北、湖南、江西、安徽等地,人们爱吃乌米饭。这是一种紫黑色的糯米饭,是采集野生植物乌桕树的叶子煮汤,用此汤将糯米浸泡半天,然后捞出收入甑里蒸熟而成,乌黑油亮,清香可口。

相传立夏吃乌米饭的风俗源于战国时期著名军事家孙膑。他和庞涓本是同窗学友,都是鬼谷子的学生。两人跟随师父苦学三年。庞涓急于求成,学了些皮毛之术就拜别师父,来到了魏国。孙膑认为自己学业尚未完成,继续跟师父苦学。鬼谷子早就看中了这位老实忠厚的学生,将兵法精华都传于孙膑。

两年过去了,孙膑收到庞涓的一封信,说自己已当上了大将军,邀请他到魏国,共同辅佐魏王。孙膑得到老师的同意,到了魏国。孙膑很得魏王赏识。从此经常与庞涓在一起共商国家大事,谈论富国强兵之道,并研讨阵法和用兵之策。庞涓见孙膑高于自己许多,才知道先生已把兵法都传授给了孙膑,又不禁嫉恨交加,欲设计陷害孙膑。

有一天,孙膑突然被一群刀斧手绑架,用了一次大刑,还被挖去了两只膝盖骨,然后抛进监狱。孙膑痛得死去活来,不禁大声责问士卒,士卒说是魏王的命令。庞涓来了,假惺惺地抱住孙膑的废腿泣不成声地说:"若是旁人还能搭救,可对魏王,我能有什么办法呢?"

庞涓每天都到狱中来看望孙膑,还让人送来好茶好饭供孙膑食用,孙膑非常感动。有一天,庞涓又来看孙

孙膑

膑,闲聊起来。庞涓用花言巧语劝孙膑把自己的用兵之道写下来,著书立说,传之后世。孙膑听着不禁点头称是,从此每天写书不停。

几个月过去了,兵书很快就要写成了。一天,看守孙膑的老狱卒热心地对孙膑说:"先生的兵书写成之后,我一定设法给你送回家去。"孙膑微微一笑说:"老人家,不必了,兵书写成之后我就送给庞大将军。我们是同窗好友,交给他,我就放心了。"

老狱卒长叹一声,悲凉地说:"先生,你太仁厚了,害你的正是庞将军啊!是他嫉恨你的才学,才设计陷害你的啊!"

孙膑听了老狱卒的话,惊得目瞪口呆。他思前想后,终于恍然大悟,识破了庞涓的险恶用心。他愤怒已极,把写好的兵书全部烧毁。

为了保全自己,孙膑故意装疯卖傻。庞涓怀疑孙膑装疯,就把他关进猪圈里。看守孙膑的老狱卒与老伴商议后,用乌桕树叶浸拌后煮熟后捏成小团子给孙膑吃。这种小团子颜色、形状跟猪粪差不多。这天正好是立夏,庞涓来看孙膑,以为孙膑疯了,竟然吃猪粪,就放松了对他的看管。

齐国早就听说孙膑的才名,田忌派人同老狱卒一起设计救出了孙膑。孙膑来到齐国,被拜为军师,坐在轮椅上指挥打仗。后来,齐国和魏国交兵,在马陵道这个地方,孙膑打败魏军,庞涓气绝身亡。孙膑终于报仇雪恨。

孙膑十分感激那位老狱卒,每到立夏,他就要吃一顿乌树叶糯米团。人们钦佩孙膑的气节才华,也在立夏时做乌米饭吃。立夏吃乌米饭的风俗便形成了。据说吃乌米饭还能祛风败毒,防蚊虫叮咬呢。

❀ 立夏保健养生

立夏时节,天气转热。传统养生认为,"四时惟夏难调理"。心对应"夏"。心色赤,属火,同时心气通夏气。因此心火在夏季最为旺盛。专家提醒,人们在春夏之交要顺应天气的变化,养生的重点是保养心脏,措施是防"热"。

夏日气温升高后,人们极易烦躁不安,好发脾气。这是因为气温过高加

剧了人们紧张心理,心火过旺所致。特别是老年人,由发火生气引起心肌缺血、心律失常、血压升高的情况并不少见,甚至因此而发生猝死。"暑易伤气","易气伤心"。所以,夏日来临,人们要重视精神的调养,做到精神安静、制怒平和,多做一些比较安静的事情,如绘画、练字、听音乐、下棋、种花、钓鱼等。也要顺应夏季昼长夜短的特点,调整工作计划和生活节奏。要尽可能地放松,戒躁戒怒,保持乐观情绪。对此,民间流传着一首《长寿三字经》,其中讲了关于精神健康的各种要点,包括了调神、养神、怡神等要素,全文如下:

> 心胸宽,人快活;心胸窄,忧愁多;
>
> 人世间,有不平;纵七情,能致病;
>
> 不悲观,不消沉;心开朗,精神振;
>
> 乐陶陶,精神好;烦躁躁,要病倒;
>
> 脾气怒,催人老;善制怒,变年少;
>
> 闲生非,闷生病;自找病,自受痛;
>
> 心绪好,大有益;生闷气,气成疾;
>
> 笑开口,春常在;笑一笑,十年少;
>
> 笑笑笑,通七窍;情绪高,体格好。

立夏以后饮食宜清淡,应以易消化、富含维生素的食物为主,少吃油腻和辛辣的食物。"春夏养阳",养阳重在养心,养心可多喝牛奶、豆制品,适当地补充蛋白质如鱼、鸡肉、瘦肉等,既能补充营养,又能起到强心的作用。平时多吃蔬菜、水果及粗粮,可增加纤维素、B族维生素、维生素C的供给,能起到预防动脉硬化的作用。总之,立夏时节要养心,为安度酷暑做准备,使身体各脏腑功能正常,以达到"正气充足,邪不可干"的境界。

多进稀食是夏季饮食养生的重要方法。如早、晚食粥,午餐时喝汤,这样能生津止渴、清凉解暑,又能补养身体。煮粥时加些荷叶,味道清香,粥中略有苦味,可醒脾开胃,有消解暑热、养胃清肠、生津止渴的作用。在煮粥时加些绿豆或单用绿豆煮汤,有消暑止渴、清热解毒、生津利尿的作用。还要注意补充一些营养物质,如多吃些西红柿、青椒、冬瓜、西瓜、杨梅、甜瓜、桃、李等新鲜果蔬,以补充维生素;多吃豆类或豆制品、香菇、水果、蔬菜等,以补充钾。此外,多吃些苦瓜、乌梅、草莓、黄瓜、绿豆等清热利湿的食物,都有很好的消暑作用。鱼、瘦肉、蛋和奶都是最佳的优质蛋白,也要适量地补充。

随着天气转热,人们爱吃刚从冰箱中取出的饮料、水果等。有些人特别是肠胃功能较弱的儿童,在吃冰冷食物后半小时左右就易发生剧烈的腹痛,严重的还会出现恶心、呕吐、头晕、腹泻和全身打战等症状。因此,从冰箱中取出来的食物要放一会儿再吃,且一次不能吃得太多,特别是老年人、儿童及患有慢性胃炎、消化不良的人更应注意。

立夏以后,日长夜短,气温升高。在高温环境下,人的血液循环系统将血液快速送到皮肤表面,加快向外散热。这使得到达大脑皮层的氧气不足,肌肉得到的血液也相应减少,于是人感到反应能力下降,容易疲劳。同时,唾液、胃液及胰液分泌减少,消化道的吸收功能下降,与心脏跳动有关的营养物质缺乏。而大量出汗又可引起血液浓缩,心跳加快,心脏负担加重。由于氯化钠丧失较多,吸收减少,使心脏应激性受到影响,从而造成心脏功能障碍。可见,热对人的生理的影响是全方位的。因此,夏天保持充足的睡眠对于促进身体健康,提高工作学习效率具有重要的意义。为了保证充足的睡眠,应做到起居有节,注意卧室空气清新,保持平静的心境,力求"心静自然凉"。同时,要有适当、合理的午睡时间,午睡可使大脑和身体各系统都得到放松,有利于下午的工作和学习,也可预防中暑。

立夏节气后,人们减少了穿衣,衣衫也比较单薄,即使平时身体很好的人也要当心外感风寒。当风而卧会引起口眼歪斜,为贪凉让空调制冷过足会引起关节酸痛,常见的是贪凉而引起的感冒、腹痛、腹泻等。因此,人们在夏季切莫贪凉而卧,避免在露天、过道、屋檐下睡觉,以防寒意侵袭。

❈ 立夏节气诗词

立夏日忆京师诸弟

唐·韦应物

改序念芳辰，烦襟倦日永。

夏木已成阴，公门昼恒静。

长风始飘阁，叠云才吐岭。

坐想离居人，还当惜徂景。

立　夏

宋·赵友直

四时天气促相催，一夜薰风带暑来。

陇亩日长蒸翠麦，园林雨过熟黄梅。

莺啼春去愁千缕，蝶恋花残恨几回。

睡起南窗情思倦，闲看槐荫满亭台。

立　夏

宋·陆游

赤帜插城扉，东君整驾归。

泥新巢燕闹，花尽蜜蜂稀。

槐柳阴初密，帘栊暑尚微。

日斜汤沐罢，熟练试单衣。

溪山清夏图　元　盛懋

❈ 立夏节气谚语

立夏不下，干断塘坝。

立夏不起阵（雷阵雨），起阵好收成。

立夏日下雨，夏至日少雨。

立夏小满田水满，芒种夏至火烧火。

立夏下雨，九场大水。

宁栽霜打头，不栽立夏后。

立夏雾，秋雨多。

立夏无雷动，谷米皆成空。

立夏杏花开，严（寒）霜不再来。

立夏不热，五谷不结。

一年四季东风雨，立夏东风昼夜晴。

立夏东风晴，稻发果实好；立夏西风雨，以后多阴雨。

立夏东南风，农民乐融融。

立夏南风夏雨多。

南风管立夏，高田捕鱼虾；北风管立夏，低田种芝麻。

立夏起西风，田禾收割丰。

立夏刮北风，旱断青苗根。

立夏风不住，刮到麦子熟。

上午立了夏，下午把扇拿。

立夏三朝遍地锄。

谷子立了夏，生长靠锄耙。

立夏大插薯。

立夏种绿豆。

立夏天气凉，麦子收得强。

季节到立夏，先种黍子后种麻。

立夏立夏，修沟打坝。

早稻清明浸种，立夏插秧；中稻立夏浸种，芒种插秧。

立夏栽秧谷满楼，小满栽秧压断楼，芒种栽秧难增产，夏至栽秧没干头。

小　满

❧ 小满气候与农事

公历 5 月 20 日、21 日或 22 日，太阳到黄经 60°时，小满开始。

小满节气同惊蛰、清明一样，是反映生物受气候变化的影响而出现的生长发育现象的节令，其意思是自然界植物比较茂盛、丰满了，以麦类为主的夏收作物的籽粒逐渐饱满，但尚未到最饱满的时候。《月令·七十二候集解》也说："四月中，小满者，物致于此小得盈满。"

从字面上看，小满之"满"与节气无关，特指麦类等夏熟作物灌浆乳熟，其"满"之意，是盈满、饱满。但与真正的丰满、圆满相比，又差些时日。谓之小满，恰如其分。此时，除了东北和青藏高原未进入夏季，我国绝大部分地区日平均气温都在 22 ℃以上，是物候意义上的夏之首的"浦夏荷香满，田秋麦气多"的孟夏季节了。

小满节气的第一候应叫作"苦菜秀"。一到小满节气时，苦菜这种植物因炎热之气而苦味成，并且开始成熟结籽。小满节气第二候的候应，称为"靡草死"。"靡草"生长规律与百草不一样，一到小满节气时，因温度较高，它不胜至阳，便很快地枯死。第三候的候应，名为"麦秋至"。百谷以其初生为春，熟为秋。四月为麦收季节，"麦以孟夏为秋"（《月令章句》），说明小麦开始成熟了。

小满时节，江南平均气温一般高于 22 ℃，有些地方的最高气温可达 35 ℃，且进入多雨的季节。这时早稻已进入分蘖后期或拔节始期，要及时烤田，控制无效分蘖，保穗增粒促高产。中稻此时要争取早栽，以利养分的积累继而提高亩有效穗数。此时也正是处苗期的棉花快速生长时期，要及时定苗、移苗、补苗，以利早发健长。另一方面，沿江棉区此时雨水较多，加之土壤黏重、通透性差，应勤中耕松土，以促根壮苗。此时，北方地区的春播已基本结束,要做好春播作物的田间管理,遇到降雨天气,要抓紧雨后的有利时机及时查苗、补种,力争全苗、壮苗,同时要注意防御大风和强降温天气对春播作物造成的危害。北方冬小麦已进入产量形成的关键阶段,应加强后期肥水管理,防止根、叶早衰,促进冬小麦充分灌浆,提高籽粒重,墒情偏差的地区要及时灌溉。

在黄淮、华北冬麦区,小麦在小满时节进入乳熟后期,此时最忌高温干旱天气。所以,农谚有"小满不满,麦有一险"的说法。此时,若出现30 ℃以上的平均高温和低于30%的空气相对湿度,并伴有 3 米/秒以上风速的"干热风"天气,常会使小麦出现籽实瘦秕现象,所以农谚有"麦怕四月风,风后一场空"之说。因此,麦田管理应采取针对性措施,加强"干热风"灾害的预测防御,减轻干热风对小麦的危害。

在南方地区,小满正是适合水稻栽插时节,田里如果蓄不满水,会造成田坎干裂,甚至到了芒种节气也无法栽插水稻。华南的夏旱严重与否,与水稻栽插面积多少紧密相连;而栽插的迟早,又与水稻单产的高低密切相关。华南中部和西部常出现冬干春旱,有些年份大雨要在 6 月甚至 7 月才会到来。而小满节气雨量常年不足(平均仅 40 毫米左右),不能满足栽秧需水量,因而使得水源匮乏的华南中部的夏旱更加严重。为了抵御干旱,需要改进耕作栽培技术措施和加快植树造林,尤其更注意抓好头年的蓄水保水工作。但是,也要注意可能出现的连续阴雨天气对小夏作物收晒的影响。西北高原地区到小满时节多已进入雨季,作物生长旺盛、生机勃勃。

❀ 小满民俗文化

⊙ 祭蚕

相传小满为蚕神生日,因此江浙一带在小满节气期间会举行祈蚕节。我国农耕文化以"男耕女织"为主，女织的原料北方以棉花为主，南方以蚕丝为主。蚕丝须靠养蚕结茧抽丝来获取，所以我国南方农村养蚕极为盛行，特别是江浙一带。

蚕很娇嫩，难饲养。

蚕花茂盛

气温、湿度，桑叶的冷熟、干、湿等均影响蚕的生存。由于蚕难养，古人视蚕为"天物"。为了祈求"天物"的宽恕和养蚕有个好的收成，因此人们在四月放蚕时节举办祈蚕节。

养蚕人家信奉嫘祖娘娘为蚕神。相传远古时候，有一位美丽、善良的姑娘，出生在西陵（今四川省盐亭县境内）嫘村山一户人家。姑娘长大后，每天外出采集野果，奉养体弱多病的年迈父母。她不怕苦和累，近处的野果采集完了，便跋山涉水到远处去采集，每天很晚才回家。不久，远处的野果也采完了，拿什么来奉养二老呢？姑娘心情万分焦急，靠在一棵桑树下伤心地哭起来，哭声是那么哀婉、凄凉，使远近的飞禽走兽都感动得流下了泪水。这哭声震动了天庭。玉皇大帝拨开云雾向下一看，见一个十四五岁的孝女哭得死去活来，便发了善心，把罪仙马头娘打下凡间，变成吃桑叶吐丝的天虫。马头娘看见姑娘悲伤的样子，便将桑果落在她的嘴边，姑娘舔舔嘴边，又酸又甜，便吃了一点，觉得没什么异样，就采了许多带回家给父母吃。老人吃后精神一天比一天好。

一个阳光灿烂的夏日，姑娘发现树上的天虫不断地吐丝做茧，在阳光下反射的七彩

蚕神图

光线非常美丽。出于好奇,姑娘采一粒放在嘴里,用手把丝拉出来,这丝又有韧性。她索性像天虫那样,把丝编成一块块小绸子,最后连成一大匹给父母披在身上,让他们觉得热天凉爽、冬天温暖。姑娘为天虫取名"蚕",带回家喂养。经过长期的经验积累,姑娘完全掌握了蚕的生产规律和缫丝织绸技艺,并将这些毫无保留地教给当地的人们。从此,人们结束了"茹毛饮血,衣其羽毛"的原始衣着,进入了锦衣绣服的文明社会。

姑娘会养蚕缫丝织绸的消息很快传遍西陵部落,西陵王非常高兴,收姑娘为女儿,赐名"嫘祖"。嫘祖这一创举很快传遍了神州大地,部落首领纷纷来到西陵向她求婚,都遭到嫘祖的婉拒。这时英俊非凡的中原部落首领黄帝轩辕,征战来到西陵,嫘祖一见倾心,很快嫘祖就成为黄帝的元妃。

嫘祖辅助黄帝战胜了南方的蚩尤和西方的炎帝,协调好各部落的关系,完成了统一中华的大业。嫘祖同时奏请黄帝诏令天下,把栽桑养蚕织锦的技术推广到全国。嫘祖死后,黄帝把她葬于落村山,后世尊称其为"先蚕娘娘"。

后人推崇嫘祖为我国养蚕取丝的创始人,被古代供奉为蚕神。每到植桑养蚕时节,各家在哪一天"放蚕"便在哪一天举行祈蚕节,但前后差不了两三天。南方许多地方建有"蚕神庙""蚕娘庙""蚕姑宫"养蚕人家在祈蚕节均到庙前跪拜先蚕,祈求蚕业丰收。

先蚕图

据记载,清道光七年(1827年),江南盛泽丝业公司所兴建的先蚕祠内专门筑了戏楼。小满前后三天唱祥瑞戏以讨吉利,这一民俗绵延了170年,反映了人们对自然万物和祖先创业的感恩之情。

⊙祭车神

小满节正值初夏,蚕茧结成,正等着采摘缫丝。江南地区,从小满之日开始,蚕妇煮蚕茧,开动缫丝车缫丝,取菜籽至油车房磨油,天旱时则用水

踏车

车戽水入田,民间谓之"小满动三车"。

《清嘉录》中记载:"小满乍来,蚕妇煮茧,治车缫丝,昼夜操作;郊外菜花,至是亦皆结实,取其籽至车坊磨油,以俟估客贩卖;插秧之人又各带土分科,设遇梅雨泛滥,则集秸橰以救之,旱则用连车递引溪河之水,传戽入田,谓之踏水车。号小满动三车,谓丝车、油车、田车也。"

在水车启动之前,农户以村落为单位举行"抢水"仪式(有演习之意)。多由年长执事者约集各户,安排妥当,到小满黎明燃起火把吃麦糕、麦饼、麦团,待执事者以鼓锣为号,众人以击器相和,登上事先装好的水车,数十辆一齐踏动,把河水引灌入田,至河浜水干为止。

有些地方在举行"抢水"仪式时还有祭车神的习俗。传说车神是一条白龙。农家在车水前于车基上放置鱼、肉、香烛等祭拜之。最有趣的是祭品中有一杯白水,祭祀祈祷时要将白水泼入田中,有祝水源涌旺之意。过去,行走在偏僻的江南古村镇水田边,时常会见到水牛被蒙住双眼转动水车的木车盘带动龙骨水车提水,或人力双脚交替踏车提水的情景。

⊙看忙罢·捻捻转儿·油茶面

小满以后,麦子逐渐成熟。出嫁的女儿要到娘家去探望并问候夏忙的准备情况。我国许多地方将此日定为一个节日,叫作"看忙罢"。女婿、女儿就像过节一样,携带礼品如绿豆糕、猪肉、黄杏、蒜薹等食品或水果、蔬菜,去丈人家慰问。农谚云:"麦梢黄,女看娘,卸了杠枷,娘看冤家。"夏忙前,女儿去看望娘家的麦收准备情况,而忙罢后,母亲再看望女儿,问候女儿的操劳情况,此俗体现了生

回娘家 剪纸

产劳动中母女情长。

"捻捻转儿"是小满前后人们爱吃的一种节令食品。"捻捻转儿"与"年年赚"谐音,寓意吉祥。这时田里麦子在灌浆,籽粒日趋饱满。人们把籽粒壮、刚硬中还略带柔软的大麦麦穗割回家,搓掉麦壳,用筛子、簸箕把麦粒分离出来,然后用锅炒熟,将其放入石磨中磨,磨齿中便出来缕缕长约寸许的面条,纷纷掉落在磨盘上。这些面条放入碗中,加黄瓜丝、蒜苗、蒜末、麻酱汁,就成了清香可口、风味独特的"捻捻转儿"。这种面条可凉吃,也可先拌少许开水,再拌入调味料,其味依然可口。

卖茶汤

小满前后,人们还爱吃"油茶面"。这时,人们会把已经成熟的小麦割回家中,磨成新面粉,放入锅内用微火炒成麦黄色,取出。再在锅中加入香油,用大火烧至油将冒烟时,立刻倒入已经炒熟的面粉中,搅拌均匀。最后,将黑芝麻、白芝麻用微火炒出香味;核桃炒熟去壳,剁成细末;连同瓜子仁一起倒入炒面中拌匀即成。食用时用沸水将"油茶面"冲搅成稠糊状,然后放上适量的白糖和糖桂花汁搅匀即可。也可以根据自己的喜好在"油茶面"中加盐食用。

⊙吃苦苦菜

小满前后是吃苦苦菜的时节,苦苦菜是中国人最早食用的野菜之一。《诗经》云:"采苦采苦,首阳之下。"苦苦菜遍布我国各地,医学上叫它败酱草,李时珍称它为天香草,陕西人叫它"苦麻菜",宁夏人叫它"苦苦菜"。

苦苦菜,苦中带涩,涩中带甜,清凉嫩香,新鲜爽口,而且含有人体所需要的多种维生素、矿物质、胆碱、糖类、核黄素和甘露醇等,具有清热、凉血和解毒的功能,特别适合小满时节食用。

《本草纲目》中说:(苦苦菜)久服,安心益气,轻身、耐老。医学上多用苦苦菜来治疗热症,古人还用它酿酒。

宁夏人喜欢把苦苦菜烫熟,冷淘凉拌,调以盐、醋、辣油或蒜泥,清凉辣香,就着馒头、米饭吃,使人食欲大增。中国著名美食家聂凤乔先生

1958年在宁夏发现了开黄花的苦苦菜,名曰"甜苦菜",其叶片大,茎秆脆,苦中带甜,与常见的开蓝色花朵的苦苦菜相比,有很多优点。

　　也有人用黄米汤将苦苦菜腌成黄色,吃起来酸中带甜,脆嫩爽口。有的人还用开水将苦苦菜烫熟,挤出苦汁,用以做汤、做馅、热炒、煮面,各具风味。

❧ 小满保健养生

　　小满的到来意味着炎热的夏季拉开了帷幕。这个时候,我国大部分地区的气温会显著升高,降水进一步增多,人们保健养生的重点是防热病和湿病。

　　中医认为,"湿"是六邪(即风、寒、暑、湿、燥、火)中的湿邪。夏天湿气重,外湿也能伤人,使人患病。一定温度下的空气中的相对湿度越小,水分蒸发越快,人们越感觉凉快。任何气温条件下,潮湿的空气对人体都是不利的。脚气、湿疹、汗斑、足癣等皮肤病的发生与天气闷热和潮湿有关,尤以湿重为主要致病因素。

　　预防"湿病",应该特别注意饮食调养,日常饮食应以清爽清淡的素食为主,常吃具有利湿、健脾、清热的食物,如赤小豆、绿豆、薏米、冬瓜、丝瓜、黄瓜、黄花菜、水芹、荸荠、黑木耳、藕、胡萝卜、西红柿、西瓜、山药、鲫鱼、草鱼、鸭肉等。忌食膏粱厚味、甘肥滋腻、生湿助湿的食物,如动物脂肪、海腥鱼类、酸涩辛辣、性属湿热助火之品及油煎熏烤之物,如生葱、生蒜、生姜、芥末、胡椒、辣椒、茴香、桂皮、韭菜、茄子、蘑菇、海鱼、虾、蟹、各种海鲜发物及牛、羊、狗、鹅肉类等。水果中芒果、榴莲也要少吃,因为这些水果易生湿伤脾,而中医认为脾是主管人体消化系统和水液代谢的,脾虚,水液代谢异常会加重皮肤病。原先有皮肤病的人平时可多喝些粥,如绿豆粥、荷叶粥、红小豆粥等以调理脾胃,促进体内湿热的排泄。其次是注意不要被雨淋,尽量避开潮湿的环境,以免外感湿邪,防止脚气、湿疹等病症的发生,同时要注意个人清洁卫生。最后,穿着衣物应选择透气性好的,以纯棉质地和浅色衣服为最好,这样既可防止吸热过多,又可透气,避免湿气郁积。

由于小满过后我国各地的气温不断升高,此时人们如果生活无规律、经常熬夜加班、饮食不定时或过食辛辣油腻,往往会产生内热。这样外热、内热交加,很容易让人出现一系列热病,例如,精神紧张,熬夜造成的心火过旺、失眠、口舌生疮。而饮食不当、过食辛辣会造成胃肠积热,导致便秘和口腔溃疡。预防热病需要多饮水,且以饮温开水为好,以促进新陈代谢,促进内热的排出。最好不要用饮料代替温开水,尤其是不要喝太多的橙汁。因为多喝橙汁可生热生痰,加重内热。其次,要多吃新鲜蔬菜水果,如冬瓜、苦瓜、丝瓜、水芹、藕、萝卜、西红柿、西瓜、梨、香蕉等,这些果蔬都有清热泻火的作用。

小满时节,白天增长,夜晚渐短,如果睡眠不好,白天容易困倦,因此要保证睡眠时间,以保持旺盛精力。同时要多到室外运动,以每天早、晚天气较凉快时为好,以散步、做操、打太极拳等最为适宜,应避免剧烈运动,这样既可以缓解精神压力,又可以促进食物的消化吸收,防止内热的产生。

小满以后,气温逐渐升高,此时的着装宜宽松舒适,这样活动方便,通风透凉,利于散热。一般来说,服装覆盖身体面积越少,体温散失越快,但在炎热的夏天,只有当外界气温低于皮肤温度时,暴露才会有凉快感。当外界气温高于皮肤温度时,暴露面积不宜超过人体总面积的25%,否则热辐射就会侵入皮肤,反而更热。

也因为小满之后天气渐热的原因,许多人喜欢洗冷水澡。冷水澡虽好,但不是每个人都适合的,如体质弱者或患有高血压、关节炎者就不宜洗冷水澡,以免对身体造成伤害。

由于小满时节气候高温高湿,各种食品极易腐败变质,食用后很可能造成腹泻,出现全身发热、头痛、恶心、腹疼、腹胀、拉黄色水样大便等症状。腹泻严重者短时间可能会脱水,病人口渴、声音嘶哑、四肢无力。一旦发生腹泻应及时对症治疗。同时注意休息,并从饮食上调理,要严把病从口入关,不吃不干净与腐败变质食品,不吃霉变食品。熟食或隔夜食品,在食用之前一定要加热煮透后再吃,预防食物中毒。还要注意餐具的清洗、消毒、保洁,坚持饭前、便后洗手,避免病菌入口。最好坚持每餐饭前食用醋或蒜,这既能增加胃内酸度,又能帮助消化、杀菌,提高胃肠道抗病能力。

❀ 小满节气诗词

缫 丝 行
宋·范成大

小麦青青大麦黄,原头日出天色凉。
姑妇相呼有忙事,舍后煮茧门前香。
缫车嘈嘈似风雨,茧厚丝长无断缕。
今年那暇织绢著,明日西门卖丝去。

四时田园杂兴(其二)
宋·范成大

梅子金黄杏子肥,麦花雪白菜花稀。
日长篱落无人过,惟有蜻蜓蛱蝶飞。

御制耕织图 练丝

缫 车
宋·邵定

　　缫作缫车急急作,东家煮茧玉满镬,西家卷丝雪满簜。汝家蚕迟犹未箔,小满已过枣花落。夏叶食多银瓮薄,待得女缫渠已着。懒归儿,听禽言,一步落人后,百步输人先。秋风寒,衣衫单。

❀ 小满节气谚语

　　小满要满,芒种不旱。

　　小满满过线,夏至管到年。

　　小满要满,雨水调匀。

小满小满，下河洗碗。

小满雨滔滔，芒种似火烧。

小满江河满，江河不满天大旱。

小满不满，麦有一险。

雨打小满头，晒死老黄牛。

小满闻雷伏雨少。

东风迎小满，三夏雨涟涟。

小满西南天干热。

西风送小满，三夏定是旱。

小满后出现大风，后半年多大雨。

小满无风卡脖旱。

小满暖洋洋，锄麦种杂粮。

过了小满十日种，十日不种一场空。

小满三天望麦黄，小满麦满仓。

小满三天遍地锄。

小满十日见白面。

小满种高粱，不用再商量。

小满高粱芒种谷，寒露蚕豆霜降麦。

小满小满，麦粒渐满。

麦到小满日夜黄。

小满三新见，樱桃、茧和蒜。

节到小满见三新，樱桃黄瓜大麦仁。

芒　种

芒种气候与农事

　　芒种节气在二十四节气中排序第九,此时太阳到达黄经 75°,时间在每年 6 月 5 日、6 日或 7 日。芒种的"芒"字,是指一些有芒的作物,如大麦、小麦。这些农作物,此时先后进入成熟期,需要抓紧时间收割。芒种的"种",其意思有二,一为种子的"种",二为播种的"种"。古时,"芒种"与"忙种"可以互通。《月令·七十二候集解》云:"五月节,谓有芒的种谷可稼种矣。"在北方大部分地区,芒种也是晚谷、黍、稷等农作物播种最忙的时节,所以农谚有"芒种忙种"的说法。

　　我国古代将芒种节气分为三候:第一个候应为"螳螂生"。一到芒种节气,前一年深秋产下的螳螂卵,因感受到阴气初生而破壳,小螳螂就出现了,所以,它被选作夏季的候应。芒种第二个候应名为"鵙始鸣"。鵙又叫伯劳鸟。每年一到芒种节气,就会听见鵙这种禽鸟感阴而开始鸣叫。有一种能模仿其他鸟鸣叫的鸟名为"百舌鸟",对自然气候规律性变化相当敏感。这种鸟,每年一到芒种节气时,却因感应到了阴气的出现,反而不鸣叫了。所以,"反舌无声"被作为芒种节气的第三个候应。

　　"芒种芒种,样样都忙"。人们常说的"三夏"大忙季节,即忙于夏收、夏种和春播作物的夏管。首先是夏收:因小麦、大麦已成熟,需要及时收割,以防阴雨、冰雹、大风等天气带来灾害。"收麦有如龙口夺粮",必须抓紧一切有利时机抢割、抢运、抢脱粒，做到颗粒归仓。油菜、豌豆等夏杂粮也要及时收割、脱粒，避免异常的天气出现而导致庄稼毁于一旦。其次是夏种：因夏大豆、夏玉米等夏种作物的可生长期有限，为保证到霜前有足够的收获，须尽量提前播种或栽插，方能取得较高产量，所以农谚有"芒种栽薯重十斤，夏至栽薯光根根""种豆不怕早，麦后有雨赶快摘""芒种穄子急种

谷"之说。最后是夏管：因芒种节后雨水渐多，气温已高，春种的庄稼如棉花、春玉米等已进入需水需肥与生长高峰，不仅要追肥补水，还需除草和防治病虫。否则，病虫草害、干旱、渍涝、冰雹等灾害同时发生或交替出现，会严重影响春种庄稼的收成。特别注意稻蓟马等病虫的防治。东北、西北地区的雨量仍然不多，冬、春小麦要适时浇水肥，做好生长后期的管理。

随着芒种的到来，我国华中、华东地区将进入梅雨季节了。梅雨天的一般特点是雨日多、雨量大，温度高，日照少，有时还伴有低温。据有关资料统计，一般情况下，武汉在 6 月 16 日、安徽安庆在 6 月 15 日、南京和上海在 6 月 17 日进入梅雨期。在湖南、江西、浙江大部，梅雨一般比长江流域来得早几天。我国东部地区全年的降雨量约有 1/3（个别年份为 1/2）是在梅雨季节下的，芒种入梅后正是水稻、棉花等作物生长旺盛、需水较多的季节，梅雨对庄稼十分有利。在东部及长江中下游地区，如果梅雨过少或来得迟，作物就会受旱。

我国西南地区，从 6 月份也开始进入了一年中的多雨季节。此时在西南西部的高原地区冰雹天气开始增多。在此期间，除了青藏高原和黑龙江省最北部的一些地区还没有真正进入夏季，大部分地区的人们已能体验到夏天的炎热了。

在 6 月份，我国的南方和北方，都有可能出现 35 ℃以上的高温天气。黄淮地区、西北地区东部可能出现 40 ℃以上的高温天气，不过一般不是持续性的高温。在华南的台湾、海南、福建、广东等地，6 月份平均气温都

185

在 28 ℃左右,如果在雷雨之前,空气湿度大,让人感觉到非常闷热,需采取防暑措施。

芒种民俗文化

⊙ 饯花会、安苗

饯花会起源于距今 1500 多年前。南朝梁人崔灵恩《三礼义宗》载:"芒种节举行祭饯花神之会。"这一习俗主要流行于江南一些地区。当地的人们认为,芒种一过,便是夏日,众花皆谢,花神退位,是日要摆设多种礼物为花神饯行。也有用丝绸悬挂花枝,以示送别。《红楼梦》第二十七回中写道:这日,"大观园中之人,都早起来了。那些女孩子们,或用花瓣柳枝编成轿马的,或用绫锦纱罗叠成干旄旌幢的,都用彩线系了。每一棵树上,每一枝花上都系了这些物事。满园里绣带飘飘,花枝招展,更兼这些人打扮得桃羞杏让,燕妒莺惭,一时也道不尽"。"干旄旌幢"中的"干"即盾牌,"旄"是旗杆顶端缀有牦牛尾的旗,"旌"与"旄"相似,但不同之处在于旌由五彩折羽装饰,"幢"的形状为伞状。芒种节为花神饯行的热闹场面由此可见一斑。

木雕四季花神

文人、闲士和多情之人忘不了祭祀花神,而农家在芒种时节要抓紧农事,一刻也不能耽搁。在巴渝地区,有"芒种忙种,碰到亲家不说话"等谚语。和农事密切相关的一些风俗习惯,还有"安苗",流行于皖南地区。每到芒种时节,种完水稻,为祈求秋天有个好收成,家家户户用新麦面蒸发包,把面捏成五谷六畜、瓜果蔬菜等形状,然后用蔬菜汁染上颜色,作为祭祀供品,祈求五谷丰登、人人平安。

⊙煮梅

芒种时节，民间有煮梅的习俗，这一习俗在夏朝便有了。长江中下游一带，芒种节正值黄梅成熟之时。正月开花的梅树在此时已结出梅子。青梅含有多种天然优质有机酸和丰富的矿物质，具有净血、整肠、降血脂、消除疲劳、美容、调节酸碱

平衡、增强人体免疫力等独特营养保健功能。但是，新鲜梅子大多味道酸涩，难以直接入口，需加工后方可用食用，这种加工过程便是煮。

煮梅，可以用糖与梅子一同煮，或将糖与晒干的青梅混合搅拌均匀，使梅汁浸出，也有用盐与梅子一同煮或用盐拌晒干的青梅，使梅汁浸出，比较考究的还要在里面加入紫苏。我国北方产的乌梅很有名气，将其与甘草、山楂、冰糖一同煮，便成了消夏佳品，叫酸梅汤。

说到煮梅，很多人会想到三国"青梅煮酒论英雄"典故。话说有一天，曹操一个人喝着闷酒，想了半天，就请刘备来喝酒聊天。喝了一会儿酒，曹操问刘备："你说这年头谁是英雄？"

刘备心里想："我肯定是英雄，只是现在不得志。"但刘备不敢说，说了要被曹操杀掉。于是顾左右言其他。绕了半天，曹操有些不耐烦，端起一杯酒喝完说："别绕了！这年头真正的英雄人物就是你跟我。"

天空"轰隆"一声打了个巨雷。刘备呆呆地看着曹操，筷子掉到了地上，一支筷子在地上弹了一下。曹操正用袖子擦胡子上的酒，听到筷子落地又弹起的声音，就问刘备："怎么啦？"刘备赶紧把筷子捡了起来，顺口说了句："这么大的雷，吓死我了。"曹操哈哈一笑："大丈夫怎么可以怕雷呢？"刘备赶紧接口："孔子是圣人，他也怕打雷，别说我了。"

此时，张飞、关羽两人怕曹操会杀刘备，闯了进来。见刘备没事，关羽连忙掩饰说自己来舞剑助兴。后来，刘备、关羽、张飞一起出来，刘备说："我天天在曹操的地盘上种菜，就是要让他知道我胸无大志，没想到刚才曹操竟说我是英雄，吓得我筷子都掉了。又怕曹操生疑，所以我就

以自己怕打雷掩饰过去了。"关羽、张飞佩服得不得了。

⊙持艾簪蒲额头王

芒种正逢端午节前后。每隔两年就有一次端午节是在芒种期间。此时,天气越来越热,蚊虫滋生,多种传染病开始抬头,因此农历五月又被称为"百毒之月"。

端阳故事图之悬艾人

正月是"建寅"月,按地支推算,五月为午。午被古代的阴阳家视为阳之极,端午系五月五日,这一天的干支虽不一定是午,但人们还是称其为"重午"。双午重叠,被当作一年里阳气最盛的日子。双午为火旺之相,过旺则为毒,要禳解,同时,古人认为阳气旺盛时节,也意味着"阴气萌作",因此派生出流传久远的门饰风俗。端午这一天,人们在门上插艾草与菖蒲。菖蒲又称水剑,因其形状如剑,俗信它能驱魔斩妖。艾草是菊科植物,具有驱虫辟瘟的作用,中医用艾灸来驱寒治病。有的人家用艾叶、苍术、白芷、佩兰等芳香性中草药点燃熏烟,以灭室内毒虫。为了确保孩子健康,又用苍术、山奈、白芷、菖蒲、雄黄、冰片等中药,制成香包,带在孩子衣襟上。香包里面装的中药散发出阵阵药香,对流感、白喉、水痕等幼儿常见传染病有一定的预防效果。

"唯有儿时不能忘,持艾簪蒲额头王"。"额头王"即在端午时用雄黄酒在孩子额头上画个"王"字。在鼻尖、耳垂上也涂上一些,以避毒虫侵害。雄黄酒用白酒掺以满根、雄黄配制而成,是古时夏季除害灭病的主要消毒药剂。除了用于孩子的皮肤点染外,床下、墙角等阴暗地方都要洒上一些。

农历五月五日,民间还有用佩兰熬水洗浴的风格,"五日蓄兰为沐浴"。古代认为,浴兰可以除病驱瘟,使得兰汤洁身之风盛行一时。屈原"浴兰汤兮沐芳华"就是这种习俗的写照。所以,端午节又称"浴兰节"。

⊙端午食粽·龙舟竞渡

端午,始于中国的春秋战国时期,至今已有 2000 多年历史。由于中国地域广大,民族众多,端午节的由来说法众多。千百年来,屈原的爱国精神和感人楚辞深入人心,因此,端午源于纪念屈原之说,影响最广最深,而且民间把端午节吃粽子和龙舟竞渡等民俗,都与纪念屈原联系在一起。

端午节吃粽子,是中国人的传统习俗。根据纪念屈原说,屈原投江后,人们为了不让鱼、龙、虾、蟹咬他的身体,

端阳故事图之裹角黍

便拿出为屈原准备的饭团、鸡蛋等食物,投入江中喂鱼、龙、虾、蟹。后来为怕饭团为蛟龙所食,人们用棟树叶包饭,外缠彩丝,后发展成粽子。根据史书记载,早在春秋时期,人们用菰叶(即茭白叶)包黍米成牛角状,称"角黍";用竹筒装米密封烤熟,称"筒粽"。晋代,粽子被正式定为端午节食品。这时,包粽子的原料除糯米外,还添加中药益智仁,煮熟的粽子称"益智粽"。元、明时期,粽子的包裹料已从菰叶变革为箬叶,后来又出现用芦苇叶包的粽子,附加料已有豆沙、猪肉、松仁、枣等。直到今天,每年五月初,中国百姓很多家庭都要浸糯米、洗粽叶、包粽子,花色品种十分丰富。

赛龙舟,是端午节的主要习俗之一。据《荆楚岁时记》载:"五月五日,谓之浴兰节。……是日竞渡,采杂药。"此后,历代记载竞渡的诗赋、笔记、志书等数不胜数。最早,竞渡之习,盛行于吴、越、楚。端午节龙舟竞渡相传起源于古时楚国人因舍不得贤臣屈原投江死去,许多人划船追

189

赶挽救。他们争先恐后，追至洞庭湖时不见屈原踪迹，于是人们借划龙舟驱散江中之鱼，以免鱼、龙、虾、蟹吃掉屈原的身体。

自古龙舟竞渡的气氛就十分热烈。唐代诗人张建封《竞渡歌》写道："两岸罗衣破晕香，银钗照日如霜刃。鼓声三下红旗开，两龙跃出浮水来。棹影斡波飞万剑，鼓声劈浪鸣千雷。鼓声渐急标将近，两龙望标且如瞬。坡上人呼霹雳惊，竿头彩挂虹霓晕。前船抢水已得标，后船失势空挥桡。"竞赛的热烈场面，跃然纸上。现代龙舟比赛与旧时大抵相同，但组织更加规范、有序。

❀ 芒种保健养生

时入芒种，雨量增多，气温升高，南方进入梅雨季节，空气濡湿。此时节人体内的汗液无法通畅地发散出来，即热蒸湿动，湿热弥漫空气，人身之所及、呼吸之所受，均不离湿热之气，因此容易使人感到四肢困倦，萎靡不振。因此，在芒种节气里，不但要注意雨期的防潮，更要注意增强体质，预防季节性疾病和传染病的发生。

中医认为，心属火，肾属水。正常状态下，心火会下降至肾，以温养肾阳。而肾水能上升至心，滋心阴。心火与肾水相互制约，彼此交融，身心就会安稳，这就是人们常说的"心肾相交"之状态。芒种时节，天气闷热，气血旺于心经，正是心火旺盛的时候，倘若疏于"保养"，心火过于亢盛则导致心肾之间失去平衡，从而出现心烦、失眠、心悸、多梦等问题，这便是"心肾不交"的现象。

中医理论一直认为精、气、神三者与驱病延年有关。俗话说"人体三宝精气神"。"精"与"气"是人体生命活动的内在因素，"神"则是外在表现，即精神状态和思维活动。精可化气，气可化精，而神则驾驭精与气。三者之间保持着紧密的联系，只要保持精充、气足、神全，保持三者的和谐与稳定，就能保证人体的健康。

芒种的养生重点是养护"精气神"。虽然芒种以后,天气逐渐炎热,但是冷空气依然不时来袭,导致有些地区气温不稳定。俗话说"未食端午粽,破裘不可送",指的就是在端午节之前,气温有可能下降,一定要避免由于突然降温而受凉。如果白天下雨,晚上气温可能会随之下降,此时寒湿之气入侵人体,就有可能发生感冒或其他疾病。在精神调养上应该使自己的精神保持轻松、愉快的状态,积极乐观地生活,不恼怒,不忧郁,这样气机得以宣畅,通泄得以自如。

在起居方面,芒种时节要晚睡早起,适当地接受阳光照射(避开太阳直射,注意防暑),以顺应阳气的充盈,便于气血的运行,振奋精神。夏日昼长夜短,中午小睡可助缓解疲劳,有利健康。芒种过后,午时天热,人易出汗,要多喝水,以补充人体水分。衣衫要勤洗换。常洗澡,使皮肤疏松,"阳热"易于发泄。但在出汗时不要立即用冷水洗澡,"汗出不见湿",因"汗出见湿,乃生痤疮"。洗浴时如采用药浴会起到更好的健身防病作用。

有些人在芒种节气里常常光着脊梁,误以为这样凉快,其实并非如此。皮肤覆盖在人体表面具有保护、感觉、调节体温、分泌、排泄、代谢等多种功能。人体皮肤上有几百万个毛孔,每天得排汗 1000 毫升,每毫升汗液在皮肤表面蒸发可带走 246 焦耳的热量。当外界气温超过人体温度时,人体的散热主要依赖皮肤蒸发,加速散热,使传温不致过度升高。此时如果光着脊梁,外界热量就进入皮肤,且不能通过蒸发的方式达到散热的目的而感到闷热。若穿点透气好的棉、丝织衣服,使衣服与皮肤之间存在着微薄的空气层温度总是低于外界的温度,由此可达到防暑降温的效果。

在芒种时节,平时饮食上要讲究清洁卫生,警惕痢疾、肠炎等肠道传染病。也可适量食用些醋、姜汁、蒜末等,能起到杀菌作用。少吃油腻,多吃苦味、甘甜及有清热作用的食物,可以驱除暑热、养护脾胃,如用莲子、鲜荷叶、鲜薄

卖大碗茶

荷、生地、鲜藿香、鲜佩兰、鲜竹叶、鲜藕做成的粥或汤，放少许盐，对健脾养胃，滋养心阴、心阳有益处。此时，天气热消耗体力较多，适当吃西瓜、绿豆、赤小豆等，是解除疲劳不错的选择。饮食上宜清补，要适当补充水分及钾、钠、葡萄糖等，多吃荞麦、玉米、红薯、大豆、香蕉、菠菜、苋菜、香菜、油菜、甘蓝、芹菜、大葱、青蒜、莴苣、土豆、山药等食物。多补充一些芒种时节的时令果蔬，如空心菜、苦瓜、杨梅等，可起到清热解毒、健脾开胃、生津除湿等功效。在强调饮食清补的同时，应注意不要食用过咸、过甜的食物。食用过咸的食物，会使自己体内的钠离子过剩，年龄大者，活动量小，会使血压升高，甚至可能引起脑血管功能障碍。食用过甜的食物，会使体内碳水化合物的代谢能力降低，容易引起中间产物如蔗糖的积累，有可能会导致高血脂和高胆固醇症，严重者还可诱发糖尿病。由此可见，饮食是养生防病极其重要的一种手段。因此，在夏季人体新陈代谢旺盛、汗易外泄、耗气伤津之时，宜进祛暑益气、生津止渴的饮食。

❀ 芒种节气诗词

时 雨

宋·陆游

时雨及芒种，四野皆插秧。
家家麦饭美，处处菱歌长。
老我成惰农，永日付竹床。
衰发短不栉，爱此一雨凉。
庭木集奇声，架藤发幽香。
莺衣湿不去，劝我持一觞。
即今幸无事，际海皆农桑。
野老固不穷，击壤歌虞唐。

夏云欲雨图　明　刘珏

芒种后经旬无日不雨偶寻得长句

宋·陆游

芒种初过雨及时，纱厨睡起角巾欹。
痴云不散常遮塔，野水无声自入池。
绿树晚凉鸠语闹，画梁昼寂燕归迟。
闲身自喜浑无事，衣覆熏笼独诵诗。

芒种后积雨骤冷

宋·范成大

一

一庵湿蛰似龟藏，深夏暄寒未可常。
昨日蒙絺今挟纩，莫嗔门外有炎凉。

二

梅黄时节怯衣单，五月江吴麦秀寒。
香篆吐云生暖热，从教窗外雨漫漫。

三

梅霖倾泻九河翻，百渎交流海面宽。
良苦吴农田下湿，年年披絮插秧寒。

龙华山寺寓居

宋·王之望

水乡经月雨，潮海暮春天。
芒种嗟无日，来年失有年。
人多蓬菜色，村或断炊烟。
谁谓山中乐，忧来百虑煎。

伊犁记事诗

清·洪亮吉

芒种才过雪不霁，伊犁河外草初肥。
生驹步步行难稳，恐有蛇从鼻观飞。

积雨连村图　明　文徵明

✿ 芒种节气谚语

芒种日晴热，夏天多大水。

芒种晒禾谷，大水十八翻。

芒种日头夏至风，小暑南风十八工。

芒种无雨空种田。

芒种夏至是水节，如若无雨是旱天。

雨芒种头，河鱼泪流；雨芒种脚，鱼捉不着。

芒种出虹雨水多。

芒种打雷是旱年。

芒种节日雾，井水全喝完。

芒种刮北风，旱断青苗根。

芒种西南风，夏至雨连天。

四月芒种如赶仗，误了芒种要上当。

芒种栽秧日管日，夏至栽秧时管时。

芒种忙两头，忙收又忙种。

芒种雨汛高峰期，护堤排涝要注意。

芒种夏至常雨，台风迟来；芒种夏至少雨，台风早来。

芒种忙忙栽，夏至谷怀胎。

芒种一到，快下小秧。

芒种打火（掌灯）夜插秧，拴好火色多打粮。

芒种入梅，夏至变时。

芒种，芒种，样样要种。

芒种插薯是个宝，小满芝麻棵棵好。

夏　至

❀ 夏至气候与农事

　　夏至,表示炎热的夏天到来了。《月令·七十二候集解》云:"五月中……夏,假也,至,极也。万物于此皆假大而至极也。"每年公历 6 月 21 日或 22 日,太阳到黄经 90°时,便是夏至日。在北半球,夏至日是全年白昼最长的一天,有"长就长到夏至,短就短到冬至"等谚语。

　　夏至这天,太阳光在北半球直射点达到了最北的位置——北纬 23.5°,也就是北回归线。所以这天是北半球一年中白昼最长的一天。古人就把这天叫作"日长至"。这天的白昼长度,广州为 12 小时 43 分、郑州为 14 小时 32 分、北京为 14 小时 58 分,到漠河就成了 17 小时。纬度越高,白昼越长。至北极圈内,夏至日太阳永不落。过了夏至这天,太阳光直射点又逐渐南移,北半球的白昼也随之一天短似一天。"吃过夏至面,一天短一线"的谚语,指的便是这种现象。

　　我国古代将夏至节气分为三候:第一个候应,叫作"鹿角解"。古人认为鹿的角属阳,但夏至日阴气生而阳气始衰,所以阳性的鹿角便开始脱落。夏至节气第二个候应,名为"蜩始鸣"。"蜩"亦称蝉,有良蝉(五彩蝉)、唐蝉(大蝉)、寒蝉等种类。夏蝉也称知了。雄性的知了在

夏至后,因感阴气之生,便鼓翼而鸣。夏至节气第三个候应,称作"半夏生"。"半夏"这种喜阴的中草药于"夏之半而生",在仲夏的沼泽地或水田中出苗。

夏至以后,除青藏高原、东北、内蒙古、云南的部分地区长年无夏外,我国其他大部分地区日平均气温一般都升至 22 ℃以上,为真正物候季上的仲夏时节。俗话说:"不过夏至不热。"的确,我国大部分地区的气温,在夏至节气还不是一年中的最高点。这是因为过了夏至,地面接收的太阳辐射仍比地面辐射放出的热量多,所以气温还要上升一段时间。一般到小暑或大暑才是一年中最热的时节。但是在夏至前后,在雨水不多的地区,有时也会出现一年中极端最高气温。在华北平原,夏至期间平均气温较芒种节又有上升,达到 24～26 ℃。按常年情况,一年一度的多雨季节也是在夏至前后开始。所以该节气总降水量比前一节气有较多增加,达到 30～100 毫米。这时,夏收作物大都已收完,部分季节迟的地区也在扫尾。但在夏至节内种完夏播作物是主要麦产区的一件大事。如果在芒种前,华北平原雨水多,土壤墒情好,对麦茬作物播种、出苗和幼苗生长有一定好处。

在淮河以南地区,夏至前后早稻抽穗扬花,田间水分管理上要足水抽穗,湿润灌浆,既满足水稻结实对水分的需要,又能透气养根,保证活熟到老,提高籽粒重。俗话说"夏种不让晌",夏播工作要抓紧扫尾,已播的要加强管理,力争全苗。出苗后应及时间苗定苗,移栽补缺。此时期,农田杂草生长很快,与作物争水争肥争阳光,又是多种病菌和害虫的寄主,因此农谚说:"夏至不锄根边草,如同养下毒蛇咬。"抓紧中耕锄地是夏至时节重要的增产措施之一。此时节,棉花一般已经现蕾,营养生长和生殖生长两旺,要注意及时整枝打杈,中耕培土,雨水多的地区要做好田间清沟排水工作,防止涝渍和暴风雨的危害。高原牧区夏至后则开始了草肥畜旺的黄金季节。

在夏至节气内,长江流域按正常情况仍在梅雨时期,经常阴雨不停,不时还有暴雨发生,总降水量可达 50～160 毫米,平均气温与华北平原已相差不多,只高出 1～2 ℃。进入夏至,这里的双季晚稻即将插秧,要大量用水。但此时若出现连阴雨和雨量大的降雨,对作物生长发育也不利,出现洪涝,危害就更大了。也有的年份会遇到降雨少的空梅或迟梅的情况,作物则易受旱害。而过了夏至,长江中下游地区要进入一个相对少雨时期,容易发生伏旱,应注意预防。

华南地区,夏至期间的雨水仍不算少,有90～200毫米,其中有相当一部分是源自台风和热带低压。在正常年份,这时西太平洋和南海的台风已有可能影响和侵袭华南地区了。这时候,华南西部雨量明显增加,使入春以来华南雨量东多西少的分布趋势逐渐转变为西多东少。如遇夏旱,通常这时有望解除。

❀ 夏至民俗文化

⊙一个古老的节日

夏至为中国古老的节日之一。远在周朝,人们已开始过夏至了。

夏至,古代又称"夏节""夏至节"。每到夏至这天,人们通过祭神以祈求灾消年丰。《周礼·春宫》载:"以夏日至,致地方物魅。"周代夏至祭神,意为消除疫疠、荒年与饥饿死亡。

夏至作为古代节日,当朝做官的放假休息。据宋人庞元英《文昌杂录》所载,在宋朝时夏至是放假三天,放百官回家,好好洗个澡,清洁迎夏。《辽史》里谈到夏至的习俗,则是"夏至日谓之'朝节',妇女进彩扇,以粉脂囊相赠遗"。彩扇用来驱热,香囊可压汗臭,全都是夏天实用的东西。而泛舟赏荷、柳荫高卧也都是消夏的好办法。

在乡村,农家在夏至这天有要紧的农事要做。《荆楚岁时记》说:"(夏至)取菊为灰以止小麦蠹。"民间相传在夏至这天,把菊叶烧成灰,撒在小麦上,小麦就不会遭病虫害了。除了撒菊灰除虫外,夏至天气的好坏,会直接影响农作物的生长。农家把夏至的15天分成头莳(上莳)、二莳(中莳)和末莳三段,称为"三莳";头莳三天、二莳五天、末莳七天。农民最怕在每莳之末下雨,认为会影响收成;又怕莳中雨和莳末雷,认为会带来水灾。就是说,夏至里最好别下雨,要下也只有夏至的第1,4,5,9,

10天可以下，这样秋天时才会丰收。因此农家在夏至里忌讳很多。清人顾铁卿在《清嘉录》卷五"三时"里说："夏至日为交时，曰头时、二时、末时，谓之'三时'，居人慎起居、禁诅咒、戒剃头，多所忌讳……"俗信做这些忌讳之事都会引起老天爷下雨。河南一带，还有夏至在五月前期、后期的禁忌。谚语："夏至五月头，不种芝麻也吃油；夏至五月终，十个油房九个空。"不种芝麻也吃油，说明庄稼长得好，丰收

月曼清游图册之荷塘采莲

了。十个油房九个空，则表示出整个年景的歉收、萧条。这些都说明了夏至是很重要的节气，也十足地反映出了古代农民"靠天吃饭"的处境。

夏至期间，广东阳江地区有开镰节。即在开镰前一天晚上，各户要做面饼、茶，备酒，在广场上跳一种祈求风调雨顺、五谷丰登的舞，叫"禾楼舞"。

夏至这天，山东临沂有给牛改善伙食的习俗。伏日煮麦仁汤给牛喝。据说牛喝了身子壮，能干活，不流汗。民谣说："春牛鞭，舔牛汉（公牛）；麦仁汤，舔牛饭，舔牛喝了不淌汗，熬到六月再一遍。"

⊙土地神和土地庙

土地神，简称土地，亦称土神、福德正神，俗称土地公、土地爷，为地方守护之神，流行于全国各地。坐落于北京安定门外的地坛就是明清皇帝夏至祭祀土地神的地方。浙江金华地区，过去在夏至日有祭田公、田婆之俗，目的是祈求农业丰收。

土地神起源于远古人们对土地的崇拜。古代农业社会的生产力水平低，人们对土地极为倚重。因为有了土地方才有了农业，才有了衣食。

人们将土堆起来,看作神,并向它祭献、膜拜。汉字"土"的字形,就表示从地面上凸起来的一堆土。

殷商时期,祭祀土地神就是祭祀大地。汉武帝时将共工氏之子后土皇地祇奉为总司土地的最高神,各地仍祀本处土地神。后来,随着社会生产生活的发展,早先自然崇拜的色彩渐渐消退,土地神身上逐渐被附加了许多社会功能,变得越来越人格化。最早出现的人格化的土地神是汉代的蒋子文,他被奉为三国时期钟山(今南京钟山)的土地

土地正神

神。此后,各地土地神被认为是由对当地有功者死后所任,如汉末文学家祢衡当上了杭州孤山的土地神,汉初大臣萧何、曹参被奉为一些县衙的土地神。南宋时,临安(今杭州)太学的土地神是民族英雄岳飞。

土地神崇奉之盛,是由明代开始的。朱元璋"生于盱眙县灵迹乡土地庙",因而小小的土地庙在明代备受崇敬。清代人称土地神不一,有多种名目,其中有花园土地,有青苗土地,还有长生土地(家堂所祀),又有栏凹土地、庙神土地等。

但是全国各地供奉的土地神还是有大致统一的形象的。土地爷有的用泥塑成,有的用石头凿成,通常是一个慈眉善目、银须白发,穿长袍、戴乌帽的老翁。因他亲切慈祥,善助乡里,民间对土地神敬而不畏。民间还给土地爷安排了一位配偶,叫土地婆或土地奶奶,与土地爷共享香火。

"公公十分公道,婆婆一片婆心。"这是扬州土地庙的一副对联,将人们对土地公、土地婆烧香点烛的理由讲得浅显易懂。土地爷职小能微,只能办一些实事。《西游记》中,孙悟空就时常从当地的土地佬儿那里获得有用的信息。至于《天仙配》里的土地公公,则干脆成了一位大媒人。

土地爷被供奉在土地庙里。一般各地在祭宗祠、扫墓、破土等祭祀

开始前，总要先祭土地爷，俗叫"祭后土"。土地庙一般都很小，遍布各地村落街巷，这大概与土地神的低微身份有关。有的土地庙用四块石板搭成，有的庙里并无塑像，只有一块长尺许、宽两寸的木板，上面写着某某土地的名号，权充土地。更有的地方无钱集资建庙，便用粗瓦缸一只，在缸口上敲一个小洞，倒覆在地上，将土地爷的牌位供在里面，充作土地祠。那个敲出的洞口，就成了祠门。所以民谚有"土地老爷本姓张，有钱住瓦房，没钱顶破缸"的说法。最阔气的土地庙，大概要数清代北京宣武门外的土地庙了。这座土地庙建于元代，殿堂有三重之多，气势非凡。

传说农历二月初二为土地神生日，家家户户做祭，庙宇中除供奉外，还演戏娱神，为土地爷祝寿。江苏仪征一带，这天有纸扎铺子和土地神像，售给人们回家供奉。大街小巷，各家各户，都张灯于神像前，祭祀当地的土地爷。县里还要搭草台，演土地戏，为这一方居民祈福。

也有的地方不一定在土地爷诞辰那天祭祀。浙江嘉兴一带，每年春分时节，有"做社"之俗。通常以社为单位，由社主出面筹办祭品，在附近土地庙设祭坛祭拜土地神。

我国南方的人们担心夏至雨水过多，所以这个时间会准备"三牲"奉祭神灵，求土地神保佑一方百姓消灾免难，平平安安。

如今，除了一些偏僻的农村、山乡，土地庙已很少见，但了解这一民俗对我们理解传统、了解历史是很有益处的。

⊙求雨·攻魃

在我国多旱的北方，夏至期间流行求雨，祈求风调雨顺。

在靠天收获的年代里，久旱不雨，对农民来说是一件生死攸关的大事，于是，求雨就成了旧时民间一种规模盛大的祭仪。

我国在三千多年前的商代就有求雨的习俗。商都遗址殷墟出土的甲骨文中就有大量求雨的记载。商代开国君主商汤在位时，曾经连续七年发生大旱。商汤就跪地向上天责备自己，希望上天原谅他，祈求上天下雨拯救黎民。

唐代宗年间，长安（今陕西西安）曾久旱无雨。据说当时的京兆尹（相当于首都市长）黎干令人做了一条土龙，抬到朱雀门（南门）去祈雨，还把女巫男巫都招来跳神弄鬼。结果滴雨未下。黎干只得把求雨的队伍带到孔庙再去祈祷。

在中国古人的信仰里，龙王主雨，要想风调雨顺，全靠龙王爷的旨意。百姓对龙王敬礼有加，不敢有半点怠慢。旧时每年到农历六月十八日即龙王生日这一天，各地都要举行龙王庙的庙会，祭上供品，焚香跪拜，祈求龙王爷及时普降甘霖，以解百姓倒悬之苦。另外，在一部分农民心目中，认为观音菩萨、水神、关帝，也都能管降雨的事，于是一有旱情，不但龙王庙，还有观音庙、关帝庙里也都香烟缭绕，众神明一起接受村民的祭拜。

除了烧香求拜，不少地方还有抬着龙王神像巡回各村以求雨的风俗。人们将龙王塑像放在龛里，抬着它巡回于附近的村庄。各村各户门前都准备有水瓮，上面插柳枝，贴着黄纸，黄纸上写"九江八河五湖四海龙王之位"，然后在水瓮前烧香祭拜。当巡回队伍来了，就将瓮中的水洒向队伍。巡回队伍如果在路上碰见水井，就要跪下祭拜，并喊道："下雨吧！"参加巡回的都必须是男人，人人光着脚，头戴柳条帽。巡完了附近的村庄后，队伍便回到本村，集合在龙王庙前做夜间祈祷。

有些地方还有一种更古老的求雨仪式，叫作"取水"。山东历城县一些地方，在举行取水仪式的前三天，全村人都要斋戒，不准吃葱、蒜和肉类，不得沐浴。参加取水的必须都是男人，头上都戴柳条帽子。求雨那天，人们把玉皇神像从庙里请

四海龙王

出来，放在轿子里，然后手持旗帜，浩浩荡荡向离村很远的池泉进发。求雨队伍到达目的地后，把水装入专门备好的瓶子里。汲水时，要在泉中捉一条鲫鱼，同水一起装入瓶中带回村来。这是因鲫鱼的发音与"急雨"相同，寓意能取得急雨归来。

取水队伍回村后,到玉皇庙将神像放回原来位置,道士诵经,人们焚香礼拜,并各自表达出降雨的祈愿。深夜十二点,全村人再次集合在庙前听道士诵经,如此要持续三天。如果真的下雨了,当天就要向神像供上祭品,稍后还要为神像重新刷漆一番。

有的地方在求雨时,对龙王爷等神明采取强迫的方法。这也许是人们在经过虔诚的祭拜后,被各种神明的无动于衷激怒所致。例如,在河北冀州,大旱时,村民就戴着用柳枝编成的帽子,集合在龙王庙前,把龙王像抬到庙前广场上曝晒,让龙王爷也尝尝烈日的厉害。在浙江富阳地区,人们把有名气的菩萨像都抬出来,放在太阳下曝晒,并击鼓鸣锣,焚香点烛,许愿说:如能下雨,就将神像抬回原处。人们的想法是,如果让神也吃点苦头,神受不了就会降下雨来。民间信仰龙王爷能呼风唤雨,解除旱情。与此相对的是,古代传说中也有能造成旱灾的怪物,叫"旱魃"或"魃"。《诗经·大雅·云汉》云:"旱魃为虐,如惔如焚。"意思是说,旱魃作乱,就像火烧一样。汉代《神异经·南荒经》里就说:"南方有人长二三尺,袒身,而目在顶上,走行如风,名曰魃,所之国大旱"。既然旱灾是旱魃造成的,所以大旱之日民间就有"攻魃"的习俗。

宋朝人周密在《癸辛杂识》里说,金朝宣宗的贞祐初年(1213年),洛阳大旱,登封西边的吉成村有旱魃为虐。当地的百姓说:"旱魃至,必有火光,即魃也。"年轻人在黄昏之后纷纷登高远眺,果然看到火光进入某农家,便冲上去用手中的大棒击火。明代也有人写过一篇《攻魃篇》,说到天旱时,人们认为野外坟堆是旱魃藏身的地方,于是"掘墓以椎击之"。

唐代　墓志石刻龙

不论是求雨，还是攻魃，都是古人在无法驾驭自然的情况下产生的民俗。随着社会的进步，科学技术的发展使人类提高了自身的抗旱能力，人们越来越相信自己的力量，老天爷、龙王也都失去昔日的"威风"了。

⊙夏至面

民谚云"冬至饺子夏至面"。吃面是北方人过夏至时的传统习俗。此时正是小麦收获的时节，用新小麦做成面，主要是打卤面、炸酱面、白切面条、炒面等。清潘荣陛《帝京岁时纪胜》："是日，家家俱食冷淘面，即俗说过水面是也。"

过水面，就是将手擀面煮熟后，直接捞到盛有凉水的面盆中拨凉，然后盛到碗里，浇上事先备好的小菜及卤汁。这时天气炎热，吃凉面可以降火开胃。夏至后大约再过二三十天，就会进入"三伏"最热的时期，吃凉面条也有提醒大家注意防暑降温的含义。

夏至这天，北京各家面馆的人气都很旺，凉面、担担面、红烧牛肉面和炸酱面都很"畅销"。老北京吃面有讲究，花样也很多。最常见的是炸酱面：面条煮熟后用凉水一过，浇上炸好的酱，拌上黄瓜丝、水萝卜丝、黄豆芽，再就两瓣蒜即成。或者用芝麻酱、花椒油、老陈醋一拌，就是麻酱面，吃起来都别有风味。

山东各地过夏至时普遍吃凉面条。莱阳一带夏至日荐新麦，黄县（今烟台龙口市）一带则煮新麦粒吃。孩子们用麦秸编成一个精致的小笊篱，在汤水中一次一次捞出麦粒吃进嘴里，既吃了麦粒，又是一种游戏，很有农家生活的情趣。

南方人过夏至时所吃的一种节俗食品叫"两面黄"。它的做法和品味有很多种。大致的做法是，先将面条煮熟，捞出后用冷水冲凉，放入少许精盐和香油拌匀，然后将平底煎锅置火上，锅内放油抹匀，将煮好的面条摊平铺放锅内,用大火将面条煎至金黄色翻身,两面都煎黄,盛于盘中。然后食者可根据自己的口味爱好,做好汤汁,比如用锅中的余油炒虾仁、肉丝、韭黄、香菇等,并淋入调味料,炒匀后盛出,淋在煎好的面饼上即成。

此外,南方人夏至吃的面还有阳春面、油洁面、浇头面等。

❀ 夏至保健养生

夏至前后,天气越来越热,阳气十分旺盛,但阴气也在此时开始生长。所谓"夏至一阴生",阴气的出现会带来许多疾病,所以应注意适当地保健养生。

《素问·四气调神大论》曰:"使志无怒,使华英成秀,使气得泄,若所爱在外,此夏气应,养生之道也。"就是说,夏至要神清气和,快乐欢畅,心胸宽阔,精神饱满,如万物生长需要阳光那样,对外界事物要有浓厚兴趣,培养乐观外向的性格,这样利于气机的通泄。与此相反,凡懈怠厌倦,恼怒忧郁,则有碍气机通调。魏晋嵇康《养生论》认为夏季炎热,"更宜调息静心,常如冰雪在心,炎热亦于吾心少减,不可以热为热,更生热矣"。说的就是"心静自然凉",这是夏季养生法中的精神调养。

起居调养方面,为顺应自然界阳盛阴衰的变化,一般夏至时节宜晚睡早起。并利用午睡补充夜里睡眠的不足。而老弱者则应早睡早起,尽量保持每天 7 小时左右的睡眠时间。科学研究表明,炎夏的午睡能使脑出血和冠心病的发生率降低。睡眠时不宜用扇类送风,有空调的房间,室内外温差不宜过大,更不宜夜晚露宿。

夏至过后,盛夏来临,大多数人会有乏力和头痛头晕的症状,严重时可能会影响日常生活和工作。防治头痛的关键是满足大脑能量的需要。应当尽量地避免长时间在高温环境下工作,减少机体的能量消耗。要及时补充水分,同时多吃新鲜水果蔬菜。由于天气比较热，许多人都喜欢游泳，要注意预防结膜炎和中耳炎。又由于高温炎热，容易诱发心血管疾病，有此病症的人应做到适量饮水，不宜贪凉和多吃冷饮。此外，还应勤洗澡使皮肤清洁，保持脉络舒畅、心率及体温正常。同时，炎热会使人体的免疫力下降从而会造成尿路感染，要注意卫生，加强营养，提高免疫力。

由于夏时心火当令，心火过旺则有克肺金之说（五行的观点），所以《金匮要略》有"夏不食心"的说法。根据夏为火（五行）、夏为长（五成）、夏属心（五脏）、夏宜苦（五味）的对应关系，味苦之物亦能助心气而制肺气。一年四季均应适当吃些苦味的食物，夏季尤为适宜，尤其是夏至过后，盛夏来临之际。现代医学研究证明，苦味食物中含有氨基酸、生物碱、维生素、苦味素、苷类、微量元素等成分，具有清热除湿、抗菌消炎、帮助消化、增进食欲、促进血液循环、舒张血管、清心除烦、提神醒脑及调整人体阴阳平衡的作用。但要适量，否则伤胃。

由于夏至出汗多，饮水也多，胃酸被冲淡，消化液分泌相对减少，加上贪吃生冷食物，以致消化功能减弱，食欲不振，因此夏季饮食宜清淡，多温热熟食，少冷饮生食。《颐身集》云"夏季心旺肾衰"，即外热内寒之意，因此冷食不宜多，少则犹可，贪多定会寒伤脾胃，令人吐泻。西瓜、绿豆汤、乌梅小豆汤，虽为解渴消暑之佳品，亦不宜过食或冰镇食之。也不宜食过热性食物，以免助热。夏至调养食物有粳米、面条、绿豆、红豆、小白菜、西红柿、芹菜、丝瓜、莴笋、冬瓜、胡萝卜、荷叶、苦瓜、猪肉、鸡肉、兔肉、鲫鱼、枣、乌梅、莲子、桃、杏、木瓜、龙眼、芒果等。厚味肥腻之品宜少勿多，以免化热生风，激发疔疮之疾。荷叶茯苓粥、凉拌莴笋、奶油冬瓜球、兔肉汤、西红柿炒鸡蛋等为夏至佳品。山茱萸、五味子、五倍子、乌梅等酸性食物，可以生津、去腥解腻，还有增加食欲之效。

夏至时节，室外运动最好选择在清晨或傍晚天气较凉爽时进行，场地宜选择在河湖水边、公园庭院等空气新鲜的地方。锻炼的项目以散步、慢跑、太极拳、广播操为好，剧烈的运动不宜做。运动锻炼过程中及运动结束后，可适当饮用淡盐开水、绿豆汤，切不可大量进食冷饮，以免胃肠道痉挛。运动后应稍作休息再用温水洗澡，切忌立即用冷水冲头、淋浴，以免体表扩张的血管骤然收缩，损伤心脑血管系统。而冷水刺激扩张的毛孔骤然收缩,身体热量散发不出去,也易致中暑。

❊ 夏至节气诗词

夏至日作

唐·权德舆

璇枢无停运,四序相错行。
寄言赫曦景,今日一阴生。

夏至避暑北池

唐·韦应物

昼晷已云极,宵漏自此长。
未及施政教,所忧变炎凉。
公门日多暇,是月农稍忙。
高居念田里,苦热安可当。
亭午息群物,独游爱方塘。
门闭阴寂寂,城高树苍苍。
绿筠尚含粉,圆荷始散芳。
于焉洒烦抱,可以对华觞。

夏　　至

宋·张耒

长养功已极,大运忽云迁。
人间漫未知,微阴生九原。
杀生忽更柄,寒暑将成年。
崔巍干云树,安得保芳鲜。
几微物所忽,渐进理必然。
尵哉观化子,默坐付忘言。

消夏图　清　蓝涛

夏至节气谚语

夏至无雨三伏热。

夏至见晴(青)天,有雨在(到)秋边。

夏至早晨看天红,红到哪方雨量空。

夏至日出火。

夏至虹现西,顷刻便成雨。

夏至无雨,碓(臼)里无米。

夏至下雨下九缸,夏至无雨到秋凉。

夏至有雷三伏热,重阳无雨一冬晴。

夏至雨绵绵,高山好种田。

夏至落雨做重梅,小暑落雨做三梅。

夏至天空乌濛濛,三晴两雨年成丰。

夏至雷响,打破梅娘。

夏至有雷,六月旱,夏至逢雨,三伏热。

夏至有雷高田熟,低田水浸不收谷。

夏至未到,雨水未过。

夏至刮东风,半月水来冲。

夏至东南风,必定收洼坑。

南风送夏至,抗旱保禾苗。

夏至西南,莳里雨潭潭。

夏至前西南大水兆,夏至后西南地皮干。

夏至西南风,十八天雨来冲。

夏至起西风,天气晴得凶。

夏至正西,秋后多雨。

夏至节前西风大水兆,夏至节后西风地干燥。

夏至西北风,菜园一扫空。

夏至过后起北风,城墙底下捞虾公。

吃了夏至面,一天短一线。

夏至不种高山黍，平地还有十日谷。

夏至栽秧不算晚，铁扁担挑稻两头弯。

夏至锄头，好似膏头。

夏至十天麻。

夏至田里拔根草，冬天多吃一顿饱。

小　暑

❀ 小暑气候与农事

每年公历的 7 月 6 日、7 日或 8 日，太阳到达黄经 105°时，开始进入小暑节气。

从小暑开始，炎炎似火的盛夏正式登场了。暑，即炎热。小暑表示热度还不大。《月令·七十二候集解》云："六月节……暑，热也，就热之中分为大小，月初为小，月中为大，今则热气犹小也。"这时正值初伏前后，还没有到达最热的时候。农业生产上，人们在小暑节气多忙于田间管理。

小暑节气第一候的候应为"温风至"。在农业生产和生活实践中，人们认识到风向不外乎东、南、西、北四风与东南、西南、东北、西北偏方向的四风，还认识到风的温凉亦很有规律，与节气规律性变化相对应，所以被选入七十二候，作为小暑节气一候的候应。

小暑节气第二候的候应为"蟋蟀居壁"。《诗经·豳风·七月》说："七月在野，八月在宇，九月在户，十月蟋蟀入我床下。"因蟋蟀对节气规律变化的反映比较突出，所以它与蝈一样，亦被列入七十二候，作为小暑节气二候的候应。

小暑节气第三候的候应为"鹰始鸷"。鹰嘴弯曲而锐，四趾具钓爪。它性猛，食肉，昼间活动，多栖山林或平原地带。人们发现，每年一到小暑节，雏鹰为了逃避捕杀就会出现本能的一种"始习于击"的现象。

古时候人们认为小暑不是夏季最热的时候，而有关气象资料显示，7

月份,除青海、甘肃、山西、内蒙古、安徽的大部分地区的极端最高气温相对较多出现在大暑外,我国其他多数省份的极端最高气温都出现在小暑期间。全国 7月份的平均气温比 8 月份要高,7 月是全年中的最热月,处在 7 月之中的小暑节气实际上已经很热了。

时值小暑节气,我国南方地区平均气温为 26 ℃左右。一般年份,7 月中旬华南、东南低海拔河谷地区,可开始出现日平均气温高于 30 ℃、日最高气温高于 35 ℃的集中时段,这对杂交水稻抽穗扬花不利。除了事先在作物布局上应充分考虑这个因素外,已经栽插的要采取相应的补救措施。在西北高原北部,此时仍可见霜雪,相当于华南初春时节的景象。

有些年份,江南梅雨结束晚,小暑仍是雨季。一声雷,一阵雨,常是黄梅倒转的标志。所以谚语说"小暑一声雷,四十五天倒黄梅""雷打小暑头,黄梅倒转流""小暑雷,黄梅回""小暑有雨,沤烂大暑"。雨水过多会引起棉花徒长,造成蕾铃脱落而减产。因为植株徒长使养分都消耗在枝叶生长上,蕾铃所得的养分相应减少,蕾铃就易脱落。而土壤水分过多时,土壤空气便缺乏,使根的呼吸作用减弱,也容易造成蕾铃脱落。这时采取施肥、排水、精细整枝、加强中耕、雨后摘败花等措施,可以防止棉花徒长,促进多结棉桃。

正常年份,从小暑开始,长江中下游地区的梅雨先后结束,秦岭—淮河一线以北的广大地区开始了东南季风雨季,自此降水明显增加,且雨量比较集中。华南、西南、青藏高原也处于来自印度洋和我国南海的西南季风雨季中,进入暴雨最多季节,常年 7 月、8 月的暴雨日数可占全年的 75％以上,一般为 3 天左右。而华南东部、长江中下游地区则一般为副热带高压控制下的高温少雨天气,常常出现伏旱,对农业生产影响很大,及早蓄水防旱显得十分重要。谚云"伏天的雨,锅里的米"。这时出现的雷雨,热带低压或台风带来的降水虽对水稻等作物生长十分有利,但有时也给棉花、大豆等旱作物造成不利影响。

黄河中下游地区及其他大部分地区到小暑节气,早稻部分早熟品种接近黄熟,大秋作物播种基本结束,主要是田间管理。此时的早稻正处于灌浆后期,早熟品种大暑前就要成熟收获,田间管理要以湿为主;中稻已拔节,进入孕穗期,应根据长热追旋穗肥,促穗大粒多;单季晚稻正在分蘖,应及早施好分蘖肥;双晚秧苗要防治病虫害,并于栽秧前 5～7 天施足"送嫁肥"。栽秧必须在小暑前结束。田间管理除在干旱时浇水外,主要是锄耧培土。起垄培土能固定植株,防止倒伏;起垄能增加作物的根系范围,使更多的支生根扎入土内,吸收养分和水分;起垄后,接受阳光面积大,能提高地温,促使根系附近的养料熟化;起垄还可防止浇灌和大雨后土壤板结,由于培后有堆有沟,还可防涝渍。

✆ 小暑民俗文化

⊙ 小暑食俗

小暑时节,过去民间有"食新"的习俗,即尝新米、喝新酒。农民将新割的稻谷碾成米后,煮成香喷喷的米饭供祀五谷大神和祖先,然后品尝新米新酒。六月六,禾稼熟。农民们眼望沉甸甸的稻穗,满怀丰收的喜悦,由喜开第一镰的农户将黄灿灿的新谷分借给尚未开镰的农户家,然后家家户户笑逐颜开,打酒买肉,一家老少饱餐一顿,即"食新"。另外,在广西的农村,六月六也叫"开镰节",为开镰收割早稻,人们杀鸡宰鹅喝酒,庆贺一番。

据说"吃新"意乃"吃辛",是小暑节后第一个辛日。一般买少量新米与老米同煮，加上新上市的蔬菜等，所以民间有"小暑吃黍，大暑吃谷"之说。民间还有"头伏饺子二伏面，三伏烙饼摊鸡蛋"的说法。头伏饺子是因为这时人们食欲不振，往往比常日消瘦，俗谓"苦夏"，而饺子在传统习俗里正是开胃解馋的食物。山东有的地方吃生黄瓜和煮鸡蛋来治苦夏，入伏的早晨吃鸡蛋，不吃别的食物。有些地方在小暑时吃炒面，用锅将新小麦粒炒熟，磨成面粉再用开水加糖拌着吃。这种吃法汉代已有，唐宋时更为普遍。唐代医学家苏恭说，炒面可"解烦热，止泄，实大肠"。

伏日吃面习俗至少从三国时期就已开始了。《魏氏春秋》中说："伏日食汤饼，取巾试汗，面色皎然。"其中，汤饼就是热汤面。《荆楚岁时记》说："六月

菁苗五谷神像　明代水陆画

伏日食汤饼，名曰辟恶。"五月是恶月，六月亦沾恶月的边，故也应"辟恶"。

民间又有小暑吃藕的习俗。清咸丰年间，莲藕被钦定为御膳食品。藕与"偶"同音，所以人们用食藕祝愿婚姻美满。藕与莲花一样，出淤泥而不染，因此也被看作清廉高洁的人格象征。藕含有大量的碳水化合物，丰富的钙、磷、铁等元素和多种维生素，钾和膳食纤维也比较多，具有清热、养血、除烦等功效，适合夏天食用。鲜藕以小火煨烂，切片

莲藕图　清　黄慎

后加适量蜂蜜,可随意食用,有安神入睡的功效,可治血虚失眠。

徐州人入伏吃羊肉,称为"吃伏羊"。这种习俗可上溯到尧舜时期,在民间有"彭城伏羊一碗汤,不用神医开药方"的说法。徐州人喜爱吃伏羊从当地民谣"六月六接姑娘,新麦饼羊肉汤"中可见一斑。

⊙"六月六,请姑姑"

农历六月初六,按过去的农村风俗都要请回已出嫁的姑娘,好好招待一番再送回去。谚云:"六月六,请姑姑。"这天也被称为"姑姑节"。

这一风俗来源于一个故事。相传春秋战国时期,晋国狐偃保护晋文公流亡回来之后,封了宰相,权倾一时。每逢六月六狐偃的生日,拜寿送礼的人群挤破了门槛,都争着祝他长寿,久而久之,把他骄横的脾气给捧起来了。狐偃的亲家赵衰也是功臣,很看不惯狐偃的习气,有一次当面规劝,狐偃反唇相讥说了不少狠话。年老体弱的赵衰经不起这一气,竟被气死了,从此两家反目成仇,赵衰的儿子想伺机杀死岳父为父报仇。

一年过去了。晋国夏粮遭灾。这天,狐偃奉命出京放粮。女婿知道他一定要回来过六月六的生日,便四处张罗着埋伏人马,准备在寿筵上杀岳父,但考虑妻子毕竟是狐偃的女儿,他得去探探她的心思。他问妻子:"像岳父这样人,老百姓恨不恨?"妻子说:"连我都恨他,还用说别人?"妻子不过顺口一说,丈夫便以为无妨,就把计划说了出来。妻子听后心中一惊,忍不住奔回娘家向母亲告诉了丈夫的计划。狐偃得知这个消息,反躬自责,请女儿女婿回相府,向他们承认了自己的错误,诚恳地表示要改过。从此以后,狐偃真心改过,岳婿之间的关系比以前更融洽了。为了永远记住这个教训,狐偃每年六月六日都要请女儿、女婿回家团聚。此事传出去后,家家仿效,取其改过、认错、解怨、免灾、吉祥之意。天长日久,"六月六,请姑姑"相沿成习,流传至今。

回娘家

⊙天贶节·翻经节·晒衣节

相传，北宋真宗皇帝赵恒是一个信奉道教的人，一心想要得道成仙，有一年的六月初六，赵恒突然宣称，上天保佑他，赐给了他一部天书。随后他就把这天定为"天贶节"，"贶"（kuàng，音况）是赐予的意思。赵恒还在泰山脚下的岱庙修造一座"天贶殿"以示纪念。

清末董玉书在《芜城怀旧录》中记述："石塔寺，即古木兰院，旧存藏经，寺僧每于夏季展晾。"这就是佛寺里的"翻经节"。《真州竹枝词引》云："六月初六日，晒经，第丛林故事耳。"这里的丛林是指寺院。传说唐代高僧玄奘到西天取经，不慎将所取的经书丢落到水中，急忙捞起晒干，才得以带回。"翻经节"就是由此而来。每年六月六各地寺院都会将所藏经书翻捡出暴晒，以便之后更好地保存。旧时京城的白云观藏经楼里，藏有道教经书五千多卷，在每年的六月初一至初七，白云观要举行"晾经会"，把所存的经书统统摆出来晾晒，以防经书潮湿、虫蛀鼠咬。

六月六那天，皇宫也会将宫内物品拿出晾晒。銮驾、皇史、宫内的档案、实录、御制文集等，都要摆在庭院中通风晾晒。民间的轿铺、估衣铺、皮货铺、旧书铺、字画店、药店以及其他林林总总的各类商店，都要晾晒各种商品。城市和农村的家家户户都要晒衣服、被褥。民谚云"六月六，家家晒红绿"，"红绿"就是指五颜六色的各样衣服。因此，六月六又被称为"晒衣节"，有的地方又叫"晒虫节"。说是这一天晒衣晒得透，就不生霉，虫子也不会来蛀食。

六月六晒衣又被称作"晒龙衣"。有关的传说很多，流传最广的有两个：一是传说古时有一户姓李的人家，妻子于六月六日生下一条龙后受惊吓而亡，她的丈夫一怒之下挥斧斩断了龙子的尾巴。龙子负痛腾飞，挟雷电去了黑龙江。这条龙后来被人们称为

"秃尾巴老李"。龙父斩龙尾后追悔莫及,便将龙尾妥善保存,为防霉变,于每年龙生日时取出来晾晒一番。"秃尾巴老李"也思念故乡,每年六月六便回来探亲,并带来好风好雨。为纪念"秃尾巴老李",民间兴起六月六晾晒衣物的风俗,并称之为"晒龙衣"。另一个传说是,清朝乾隆皇帝在扬州巡游时,路上恰逢大雨,淋湿了外衣,又不好借百姓的衣服替换,只好等待雨过天晴,将湿衣晒干再穿,这一天正是六月六,因而有"晒龙衣"之说。

❀ 小暑保健养生

小暑是人体阳气最旺盛的时候。因此,医家提醒"春夏养阳",人们在工作劳动之时,要注意劳逸结合,保护人体的阳气。

小暑至,盛夏始。人们在中午前后应尽量减少外出以避暑气。白天出门最好打伞、戴帽子;要充分饮用凉开水、饮料,并加少量盐,以补充体内盐分。要避免过度劳累,保证充足的休息和睡眠。室内要有良好的通风。积极治疗各种原发病,增强抵抗力,减少诱发中暑的因素。可随身备好仁丹、十滴水、藿香正气水、清凉油等。

营养专家提醒,小暑时节,赤日炎炎,人很容易上火和食欲不振,要少吃厚腻荤腥食物和辛辣之品,应以清淡素食为主,注意多食含钾食物,如海带、豆制品、紫菜、土豆、西瓜、香蕉等。人体在高温、多雨的环境下,易出现阳热过盛、暑湿困脾、津液损伤等变化,要注意多吃苦味和酸味食物。民间有"十苦九补"的说法,在炎热的夏日,多吃苦味食品有利于调节身体的阴阳平衡。含有苦味的食品以蔬菜和野菜居多,如莴苣、生菜、芹菜、茴香、香菜、苦瓜、苔菜、丝瓜等。在干鲜果品中,有杏仁、桃仁、黑枣、茶叶、薄荷叶等。另外,啤酒、茶水、咖啡、可可等苦味饮料也属于苦味食物范畴。由于盛夏天气炎热,人们出汗多而最易丢失津液,所以应适当吃些能敛汗、止泻、祛湿的酸味食物,如番茄、柠檬、杨梅、乌梅、

葡萄、山楂、猕猴桃等,可预防流汗过多引起的耗气伤阴,又能生津解渴、健胃消食。若在菜肴中加点醋,还可杀菌消毒,防止胃肠道疾病的发生。

夏季日照时间长,天亮得早、黑得晚,人们的起居和作息应随之做一些相应的调整,适当地减缓生活节奏,平静地、有计划地进行工作,有利于减少焦虑的情绪。一般晚上 10 点至 11 点就寝,早上 5 点半至 6 点半起床,养成定时就寝的习惯,这样比较容易排除气候对睡眠的干扰,上床不久即可入睡,早晨也容易自然醒。此外,三餐及锻炼、用脑、休闲均应定时。为了保持充足的体力和精力,午饭后半小时最好作短暂午睡。这是对晚上睡眠时间少的补充。

随着气温的上升,人们外出回家后往往喜欢冲冷水澡。由于人体在阳光下吸收了大量的热量,冷水澡将会使全身毛孔迅速闭合,热量不易散发而滞留体内,引起高热,还会因脑部毛细管迅速收缩而引起供血不足,头晕目眩,重则引起休克。因此,最好的办法是让自己出汗,带走身上大量的热,然后再洗澡。

小暑以后,天气越来越热,很多人喜欢在室外露宿,这种习惯不好。因为当人睡着以后,身上汗腺仍不断向外分泌汗液,整个肌体处于放松状态,抵抗力下降,而夜间气温下降,气温与体温之差逐渐增大,很容易导致头痛、腹痛、关节不适,引起消化不良或腹泻。

俗话说:"冬不坐石,夏不坐木。"小暑时节,气温高,湿度大。木头,尤其是久置露天里的木料,如椅、凳等,经露打雨淋后含水分较多,看上去是干的,可是经太阳一晒,温度升高,就会向外散发潮气,如果在上面坐久了,可能诱发痔疮、风湿和关节炎等疾病。因此小暑节气不能长时间坐在露天放置的木质椅凳上。

小暑时节,气候炎热而又多雨,暑热挟湿,有利于真菌滋生、繁殖。人体皮肤浅层一旦被真菌感染后,可引起足癣、手癣、体癣、股癣等皮肤病。癣难以彻底治愈,一碰到适宜的条件很易复发,因此,夏天应当经常清洗手脚。不穿他人的鞋袜,不用他人的毛巾、浴巾,不与他人共用洗脸盆、洗脚盆。饮食要清淡。脚容易出汗的人宜穿吸汗性好的棉袜和透气性好的鞋子;常刷洗鞋子,晚上将鞋放在通风处,保持鞋内的清洁干燥;不宜穿不透气的尼龙袜和胶鞋。

❀ 小暑节气诗词

小暑六月节
唐·元稹

倏忽温风至，因循小暑来。

竹喧先觉雨，山暗已闻雷。

户牖深青霭，阶庭长绿苔。

鹰鹯新习学，蟋蟀莫相催。

答李滁州题庭前石竹花见寄
唐·独孤及

殷疑曙霞染，巧类匣刀裁。

不怕南风热，能迎小暑开。

游蜂怜色好，思妇感年催。

览赠添离恨，愁肠日几回。

夜　　望
元·方回

夕阳已下月初生，小暑才交雨渐晴。

南北斗杓双向直，乾坤卦位八方明。

古人已往言犹在，末俗何为路未平。

似觉草虫亦多事，为予凄楚和吟声。

❀ 小暑节气谚语

小暑过，一日热三分。

小暑不热，五谷不结。

小暑不算热，大暑正伏天。

小暑大暑不算暑，立秋处暑正是暑。

夏山高隐图　元　王蒙

217

小暑不落雨，旱死大暑禾。

小暑一滴雨，遍地是黄金。

小暑雨如银，大暑雨如金。

淋了小暑头，四十五天不使牛。

小暑下雨十八雨，小暑无雨十八风，大暑无雨一场空。

小暑节日雾，高田莫失误。

小暑露水甜似蜜。

小暑头上一声雷，四十五天倒黄梅。

小暑雷，黄梅回；倒黄梅，十八天。

小暑热得透，大暑凉飕飕。

小暑东风起，不日将下雨。

小暑北风水流柴，大暑北风天红霞。

小暑西南淹小桥，大暑西南踏入腰。

小暑东南风必主大旱。

小暑南，车干塘；小暑北，浸死疠。

小暑若刮西南风，农人忙碌一场空。

小暑起西北，鲤雨飞上屋。

小暑东北风，大水淹地头。

三暑之中无酷热，五谷田禾多不结。

小暑无青稻，大暑连头无。

小暑过后十八天，庄稼不收土里钻。

小暑收大麦，大暑收小麦。

小暑大暑二节气，萝卜土豆种到地。

小暑天气热，棉花整枝不停歇。

大　暑

❀ 大暑气候与农事

　　小暑后半个月，即每年公历的 7 月 22 日、23 日或 24 日，太阳到达黄经 120°时，就迎来大暑，进入一年中最热阶段。

　　《月令·七十二候集解》载："六月中……暑，热也，就热之中分为大小，月初为小，月中为大，今则热气犹大也。"大暑正值三伏天气的"中伏"前后。

　　大暑节气第一候的候应为"腐草为萤"。萤，俗称萤火虫。世上萤火虫有 2000 多种，分水生与陆生两类。陆生的萤火虫产卵于枯草上。萤火虫具有"发光器"，其体内的荧光素和荧光素酶反应后能够发光，每年一到大暑节气，萤火虫卵化而出，就会在腐草丛中闪现，所以古人认为萤火虫是腐草变成的。"腐草为萤"被选列"七十二候"，作为大暑节气一候的候应。

　　大暑节气第二候和第三候的候应为"土润溽暑"和"大雨时行"。大暑中伏前后，酷热蒸人，总会有那么几天使人们格外感到热得发闷。每年一到大暑中伏，天气的特征比较明显，古书说"溽，湿也。土之气润，故蒸郁（指热得发闷）而湿暑"，所以将这种特殊天气变化的反映概括为"土润溽暑"。但每年一到大暑节气前后，立秋之前，在这段时间内常有大雷雨出现，这种大雨会使伏天闷热的现象开始渐渐减弱，所以大暑节气第三候候应为"大雨时行"。

　　从多年平均气温来看，我国大多数地区一年中最热的日子也多在 7

月下旬,尤以长江流域大暑高温为最。大暑时节,在华南西部也是 30 ℃ 以上高温日数最集中的时期,而华南东部地区则是 35 ℃ 以上高温出现最频繁的时期。

伏日里的各种夏作物如夏玉米、夏大豆、棉花、红薯、水稻等,在雨热同季的气候条件下,生长发育最旺盛。酷暑盛夏,水分蒸发特别快,植物叶片上的气孔在不断喷发许许多多微小水粒。水在叶面上喷发所形成的拉力与根部渗透压力,形成了根茎叶脉导

风雨归牧图　南宋　李迪

管中运输过程的内聚力,使植物体内形成一个连续不断的水柱,地下水就很快运到植物的各个枝叶,其上升速度约为每小时 45 米。绿色植物所需的水是其本身重量的 300～800 倍。而最大耗水时间是天气最热的大暑时节,所以有"大暑天,瓦不干,三天不下干一砖""伏里有雨,仓里有米"之说,都说明水对农作物增产的重要。

三伏天水分蒸发非常快,尤其是长江中下游地区正值伏旱时期,旺盛生长的作物对水分的要求更为迫切。棉花花铃期叶面积达最大值,是需水的高峰期,要求田间土壤含水量占田间持水量 70％～80％ 为最好,低于 60％ 就会受旱而导致落花落铃,必须立即灌溉。要注意灌水不可在中午高温时进行,以免土壤温度变化过于剧烈而加重蕾铃脱落。大豆开花结荚也是需水临界期,对缺水的反应十分敏感。此时黄淮平原的夏玉米一般已拔节孕穗,即将抽雄,处于产量形成最关键时期,要严防"卡脖旱"的危害。

大暑时节的伏天也是一些蔬菜播种季节。谚语说"头伏萝卜二伏菜,三伏里头种白菜"。但此时气温高,对蔬菜播种出苗极具危害性的午后热雷雨经常出现。为防御其影响,蔬菜播种育苗应采用遮阳网、遮雨棚等措施,做到一播全苗,促进秋季蔬菜丰收。

❀❀ 大暑民俗文化

⊙ 送大暑船

浙江椒江口附近，每年在大暑节前后专门有"大暑庙会"，其中最主要的祈福仪式，就是"送大暑船"下海，以祭奠海神。送大暑船这天早上7点，台州椒江区葭芷街道数千村民会聚在富强村的栅浦堂前，从这里把"大暑船"送到海上。

"大暑船"船身呈蓝色，与普通渔船中的大捕船大小差不多，长约15米，宽约3米，船内设有神龛、香案，以备供奉。是时，几十个壮汉抬着"大暑船"，绕着葭芷一带的大街小巷行进，鼓号喧天，鞭炮齐鸣，游行几千米，游行至椒江边，再被接到东海，然后满载着村民对来年的祝福，供奉海神。

大送船　清　吴友如

供奉海神仪式结束后,渔民们继以相关的娱乐节目来庆贺,包括走高跷、舞龙、抬阁等。活动一直持续到大海退潮,中午 12 点左右欢乐的人群才渐渐散去。

"送大暑船"活动在浙江台州沿海已有几百年的历史。相传清朝同治年间,台州葭芷一带疫病流行,大暑前后为甚。民间认为这是张元伯、刘元达、赵公明、史文业、钟仕贵五圣所致,于是在葭芷江边建五庙,祈求五圣祛病消灾,保佑一方平安。后选大暑为供奉日,并用渔船将供品沿江送到椒江口外,以示虔诚之心。此举流传下来,便形成"送大暑船"的习俗。

这一习俗还有另一种说法。据说大暑时值夏秋之交,是台风易发的季节。旧时渔船都是木帆船,安全性差,出海渔民不少因大风大浪葬身海底。活着的人为了悼念遭难的亲人,就用送大暑船的形式寄钱寄物,以寄托哀思,于是"大暑节送大暑船"的习俗流传至今。

这项活动,至今已是椒江口一带休渔期的最隆重的民间节俗,寄托着渔民祈求一年风调雨顺、家和业兴的美好愿景。

⊙过大暑

大暑节这天,福建莆田人有吃荔枝、羊肉和米糟的习俗,叫作"过大暑"。

荔枝是莆田的特产,大暑前后成熟。宋比玉《荔枝食谱》提到,荔枝要含露采摘,并浸在冷泉中,食时最好盛在白色的瓷盆上,红白相映,更能衬出荔枝色彩的娇艳;晚间,浴罢,新月照人,是吃荔枝的最好时间。

荔枝含有大量的葡萄糖和多种维生素,营养价值很高。吃鲜荔枝可以滋补身体。大暑节前些天,莆田人将鲜荔枝浸于冷井水中,大暑当天取出便吃。据说这时吃荔枝最惬意、最滋补。于是有人说,大暑吃荔枝,其营养价值和吃人参一样高。

温汤羊肉是莆田独特的风味菜肴之一。把宰杀后的羊去毛卸脏,整只放进滚烫的汤锅里翻烫,捞起放入大陶缸中,再把锅内的滚汤注入,浸泡一定时间后取出。吃时,把羊肉切成片,肉肥脆嫩,味鲜可口。

大暑节前,莆田人将米饭和白米曲拌在一起发酵,透熟成糟。到大暑那天,把米糟切成一块块的,加些红糖煮食。据说大暑吃米糟可以大补元气。在大暑节那天,莆田人也要以荔枝、羊肉互赠亲友。

在大暑这一天,山东南部地区有"喝暑羊",即喝羊肉汤的习俗。此时节麦收结束,新面上市。农家都会吃用新面做的馍馍。有的农户还会杀只羊,把嫁出去的闺女接回来,全家人一起吃新面馍馍和喝羊肉汤。于是,"喝暑羊"渐渐成为鲁南地区的民俗。

⊙吃仙草

广东民间有大暑"吃仙草"的习俗。仙草又名凉粉草、仙人草,唇形科仙草属草本植物,是重要的药食两用植物资源,有神奇的消暑功效,被誉为"仙草"。茎叶晒干后可做成烧仙草,广东一带叫凉粉,是一种消暑的甜品,本身也可入药。所以,谚云:"六月大暑吃仙草,活如神仙不会老。"

烧仙草也是台湾著名的小吃之一,有冷、热两种吃法。烧仙草具有清热解毒的功效。但这种食品孕妇忌吃。台湾民间还有大暑吃凤梨(菠萝)的习俗,百姓认为此时的凤梨最好吃,加上凤梨的闽南语发音似"旺来",所以也被用来作为祈求平安吉祥、生意兴隆的象征。

❀ 大暑保健养生

大暑时节,正值茉莉、荷花盛开之际。气温的升高使茉莉的馨香越发浓郁,而荷花在酷暑之中也能保持高洁之态,毫不畏惧烈日和骤雨。我们也应像鲜花一样,以平和、自在的心态,度过酷热的大暑时节。

白居易《夏日作》:"葛衣疏且单,纱帽轻复宽。一衣与一帽,可以过炎天。止于便吾体,何必被罗纨。宿雨林笋嫩,晨露园葵鲜。烹葵炮嫩笋,可以备朝餐。止于适吾口,何必饫腥膻。饭讫盥漱已,扪腹方果然。婆娑庭前步,安稳窗下眠。外养物不费,内归心不烦。不费用难尽,不烦神易安。庶几无夭阙，得以终天年。"依此诗，一单衣一纱帽即可度过炎夏。吃些清淡的竹笋时蔬，饭毕闲庭漫步，在窗下安然入睡，不烦不躁。所谓"不烦神易安"也是"心静自然凉"的另一种注解了。

如今大多数人以为，家有空调、电风扇，夏如春、秋，舒适得很。其实不然，电风扇吹得过久会破坏人体出汗的均衡状态，使人感到头疼、头昏、全身不适，严重时还可能诱发其他疾病。在空调房里待的时间过长，会浑身酸痛，精神萎靡，食欲不振。有时还由于鼻腔过于干燥而发生鼻出血，或者发生感冒、发烧，甚至引起支气管炎、肺炎和肠胃炎等疾病。因此，专家提醒，使用空调时必须注意室内温度不要低于 27 ℃，室内外温差不超过 8 ℃。开空调的房间不要长时间关闭，要经常通风；尽量不要长时间待在空调房内；不要出汗后直接吹空调。吹电风扇时不宜对人直吹，以免风邪侵入体内；风扇宜吹吹停停，或用摆动式电风扇。老人、小孩子以及身体虚弱者，更要少吹。手摇扇，不但可运动手部、肌肉和关节，调节身体的血液循环，还可以消暑降温、驱赶蚊虫、健身养生，值得推荐。

盛夏溽暑，人似坐蒸笼，雨过天晴又似坐闷罐，动辄会气喘吁吁，汗流浃背，心烦不安，疲乏无力，食欲减退，至于头晕、胸闷、恶心等更是常见，中医称为"暑伤气"，民间皆谓之"苦夏"。苦夏致使人体抵抗力降低，疾病便容易发生。清代李渔在《闲情偶寄·颐养部》中云："盖一岁难过之关，惟有三伏，精神之耗，疾病之生，死亡之至，皆由于此。故俗语云'过得七月半便是铁罗汉'非虚语也。"这都是在提醒人们注意，在伏天不可过于劳神役形。在此期间心理调适也尤为重要。

人的精神心理、心态情绪要随着自然和季节气候的变化而做出相应的调整。大暑时节，肌体积热过多，人们易动"肝火"，出现心烦意乱、无精打采、思维紊乱、食欲不振、急躁焦虑等"情绪中暑"表现。现代生理学也认为，高温的气候会影响人体下血脑的情绪调节中枢,继而影响大脑的神经活动和内分泌的激素分泌,于是,就产生一系列类似"中暑"的症状。老年体弱者类似的情绪障碍会造成心肌缺血、心律失常和血压升高,甚至会引发猝死。因此要注意防止"情绪中暑"的产生。

夏季炎热,有些人会无缘无故地发火,异乎寻常地烦躁,越是天气闷热,情况越是严重。此时此刻,一定要避开不良的心绪,保持冷静平和的心理状态,避免生气动怒,做到神清气和、快乐欢畅。如此便能气机宣畅、心神双养。

大暑期间,人在高温环境中,皮肤、肌肉的反应能力下降,极易疲劳,大量出汗,使体内盐分大量丢失,引起肌肉抽搐、痉挛,造成热痉挛中暑。高温对人的心血管影响更大,由于皮肤血管扩张,血液循环加快,静脉血液却回流不畅,产生大脑、内脏供血不足,血压下降,面色苍白,呼吸短促,皮肤湿冷,形成心力衰竭或休克。这些症状大多由于身体在过分暴露于高温环境后,体温调节机制产生障碍所导致的。所以大暑期间要做好防暑降温工作。

大暑期间应该起居有节,保证充足的睡眠,注意锻炼身体,保证充分的营养摄取,多食富含维生素的新鲜蔬菜。进行户外活动应选择宽松透气的衣物,适时涂抹防晒霜,戴太阳镜或者遮阳帽,打遮阳伞,并携带一小瓶水以便及时饮用,另外可携带藿香正气水、清凉油等药品。

由于大暑期间气候炎热,易伤津耗气,因此常常选用药粥滋补身体。《黄帝内经》有"药以去之,食以随之""谷肉果菜,食养尽之"的论点。李时珍尤其推崇药粥养生,他说:"每日起食粥一大碗,空腹虚,谷气便作,所补不细,又极柔腻,与肠胃相得,最为饮食之妙也。"药粥对老年人、儿童、脾胃功能虚弱者都是适宜的。所以,古人称"世间第一补人之物乃粥也""日食二合米,胜似参芪一大包"。《医药六书》赞:"粳米粥为资生化育神丹,糯米粥为温养胃气妙品。"可见粥养对人之重要。药粥虽说对人体有益,但是根据每人的不同体质、疾病,选用适当的药物,配制成粥方可达到满意的效果。

夏季饮食以清淡为主,但指的并不是只吃蔬菜和水果,而是注意荤素搭配,少吃油脂含量高的、辛辣的或煎炸的食品。如果只吃蔬菜和水果,就会造成蛋白质缺失,体质下降,人会感到疲劳、嗜睡、精神不济,到了秋冬天气变冷的时候更容易得病。大暑时节的高温天气更会加快人体的新陈代谢,从而大量消耗蛋白质,所以应当适当地吃一些瘦肉、鱼、鸡蛋或者喝些牛奶,以摄入足够的蛋白质。同时,出于保护脾胃的考虑,早餐应尽量吃热的食品,如热粥、热豆浆、热牛奶、热面汤和鸡蛋等,切忌冷食过量。

为了防暑降温,许多人都喜欢吃大量的凉菜、冷食、西瓜和喝大量冰镇啤酒、冷饮等。由于大暑时节烈日炎炎,人体实际处于外热内寒的状态,所以冷食不宜多吃。少吃尚可,贪多则容易造成肠胃功能紊乱,导致腹泻、腹痛,伤及脾胃。

为了防暑,很多人喜欢喝绿豆汤。绿豆汤虽好,但是体质虚弱的人,不要多喝。从中医角度看,属于寒凉体质的人,例如有四肢冰凉、腹胀、腹泻便稀等症状者,也不要多喝,否则会加重症状,甚至引起其他疾病。由于绿豆具有解药性的功效,所以正在吃中药的人也不要多喝绿豆汤。

❀ 大暑节气诗词

大　暑

宋·曾几

赤日几时过,清风无处寻。
经书聊枕籍,瓜李漫浮沉。
兰若静复静,茅茨深又深。
炎蒸乃如许,那更惜分阴。

六月十八日夜大暑

宋·司马光

老柳蜩蟑噪,荒庭熠燿流。
人情正苦暑,物怎已惊秋。
月下濯寒水,风前梳白头。
如何夜半客,束带谒公侯。

骊山避暑图　清　袁江

大暑戏赠希古

宋·张耒

去年挥汗对淮流，寒暑那知复一周。

土润何妨兼伏暑，火流行看放清秋。

鬓须总白难相笑，观庙俱闲好并游。

只怕樽前夸酒量，一挥百盏不言休。

大暑节气谚语

大暑到，暑气冒。

大暑前后，衣裳湿透。

大暑炎热好丰年。

大暑热，田头歇；大暑凉，水满塘。

大暑烘，立秋凉；大暑凉，立秋烘。

大暑热，秋后凉。

大暑无酷热，五谷多不结。

大暑不热要烂冬。

大暑天闷暴雨来。

大暑连天阴，遍地出黄金。

大暑大雨，百日见霜。

大暑阴，雨水多；大暑阳，十年九年无收成。

大暑有雨多雨，秋水足；大暑无雨少雨，吃水愁。

大暑雷响有秋旱。

大暑旱，处暑寒，白露秋分黑霜见。

大暑南风点火烧。

大暑西风盛夏旱。

大暑大暑，不熟也熟。

禾到大暑日夜黄。

大暑不割禾，一天丢一箩。

大暑种蔬菜，生活巧安排。

大暑早，处暑迟，三秋荞麦正当时。

大暑后插秧，立冬谷满仓。

大暑不浇苗，到老无好稻。

大暑到立秋，积粪在田头。

大暑深锄草。

大暑早，处暑迟，立秋种薯正当时。

秋季节气篇

立　秋

❀ 立秋气候与农事

　　立秋是标志秋季开始的节气。每年公历的 8 月 7 日、8 日或 9 日，太阳到达黄经 135°时为立秋。《月令·七十二候集解》云："秋，揪也，物于此而揪敛也。"立秋节气的到来，不仅预示着炎热的夏天即将过去，秋天即将到来，也预示着草木开始结果孕籽，庄稼要收获了。

　　我国古代将立秋分为三候，第一候的候应叫"凉风至"。从立秋开始，多为较凉爽的偏北风，偏南风逐渐减少。第二候的候应为"白露降"。这时白天日照仍很强烈，夜晚的凉风到来，形成一定的昼夜温差，空气中的水汽在野外植物上凝结成一颗颗晶莹的露珠，故曰"白露降"。第三候的候应称作"寒蝉鸣"。寒蝉，蝉的一种。立秋后，温度适宜，食物充足，寒蝉在微风吹动的树枝上得意地鸣叫，好像告诉人们炎热的夏天过去了。

　　立秋节是由夏到秋的过渡时节。立秋后，天气渐渐转凉，农谚有"早晨立了秋，晚上凉飕飕""立秋一日，水冷三分"之语。其实，按气候学划分季节的标准，下半年日平均气温稳定降至 22 ℃以下为秋季的开始，除长年皆冬和春秋相连无夏日外，我国很少有在立秋这一天同时进入秋季的地区。

　　我国地域宽广，幅员辽阔，纬度、海拔跨度都很大，这就决定了各地不可能在立秋这天同时进入凉爽的秋天。以其气候特点看，立秋时由于盛夏余热未消,秋阳肆虐,特别是立秋前后,很多地区仍处在炎热之中,所以民间历来就有"秋老虎"之说。谚云"立秋处暑,上蒸下煮",就是这种情况的写照。气象资料表明,这种炎热的气候,往往要延续到9月的中旬,之后才能真正凉爽起来。秋来最早的黑龙江和新疆北部地区也要到8月中旬才入秋。一般年份里,北京9月初开始秋风送爽,秦岭—淮河一带秋天从9月中旬开始,10月初秋风吹至浙江丽水、江西南昌、湖南衡阳一线,11月上旬秋的信息才到达雷州半岛,而当秋的脚步踏入海南省三亚市的"天涯海角"时,已快到新年元旦了。

立秋时节,由于经历了"头伏""中伏",地面上贮热很多,到"三伏"时达到了存热最高量,所以农谚有"秋晒如刀剐""秋后一伏热死人"的说法。这时各种农作物生长旺盛,中稻开花结实,单季晚稻圆秆,大豆结荚,玉米抽穗,棉花结铃,甘薯薯块迅速膨大,对水分需求都很迫切,应加强管理,适时补水御旱,以减轻损失。农谚有"立秋三场雨,秕稻变成米""立秋雨淋淋,遍地是黄金"之说。双季晚稻生长在气温由高到低的环境里,应抓住当前温度较高的有利时机,追肥耘田,加强管理。此时是棉花保伏桃、抓秋桃的重要时期,"棉花立了秋,高矮一齐揪",除对长势较差的田块补施一次速效肥外,打顶、整枝、去老叶、抹赘芽等要及时跟上,以减少烂铃落铃,促进正常成熟吐絮。

秋收紧接着秋种。华北和东北地区在末伏要利用空地不失时机地种好荞麦。荞麦生长期短,它出苗二三寸后就边开花边生长边结籽,六七十天就可收获,是一种防旱、回茬的好作物。二季晚稻移栽以立秋作为下限,即不栽立秋禾。北方的冬小麦播种也马上要开始,应做好耕地、施肥等筹备工作。

立秋前后,华北地区的大白菜要抓紧播种,以保证在低温来临前有足够的热量条件，争取高产优质。播种过迟，生长期缩短，菜棵小且包心不坚实。

❈ 立秋民俗文化

⊙ 迎秋

迎秋是很古老的礼俗活动。早在3000多年前，古人就有迎立秋的仪式，且习俗众多。

周朝时，天子要亲率三公、九卿、诸侯、大夫，到京城西郊九里之外"迎秋"，并举行迎秋祭祀仪式。

汉代仍承此俗。东汉时，洛阳城里的百官，在立秋这天穿上黑领缘的内衣和白色的外衣，到城外西郊迎秋，礼毕换上红色的衣服，而后斩牲于东城门，以荐陵庙。将士也开始操练兵法，比赛骑射，并准备武事以保家卫国。另外，不论朝廷或民间，在立秋丰收后，会挑选一个黄道吉日祭拜，一方面感谢上苍与祖先的庇佑，另一方面则品尝新收成的米谷，以庆祝五谷丰登。

围猎图

到了唐代，每逢立秋日，也祭祀五帝。《新唐书·礼乐志》载："立秋立冬祀五帝于四郊。"

据文献记载，宋代立秋这天，皇家要把放在外面的盆栽梧桐移到宫内，等到立秋时辰一到，太史官便高声奏道："秋来了。"奏毕，梧桐应声落下（应为摇落）一两片叶子，以寓报秋之意。

⊙ 贴秋膘

立秋这天，很多地方有用秤称人的习俗，将此时的体重与立夏时对比，因为在炎热的夏天，人们没有什么胃口，饭食清淡，两三个月下来，体重大都要减少一点。立秋后,秋风渐起,胃口大开,想吃点好的,增加一点营养,补偿夏天的损失。补偿的最好办法就是"贴秋膘",吃美味佳肴,当然首选吃肉,"以肉贴膘"。

"贴秋膘"在北京、河北一带民间流行。这一天,普通百姓家吃炖肉、吃肘子,讲究一点的人家吃白切肉、红焖肉,以及肉馅饺子、炖鸡、炖鸭、红烧鱼等食品。

⊙咬秋

咬秋也叫"咬瓜"。俗传在河北、天津一带,立秋这天买个西瓜回家,全家围而食之,谓之"咬秋"。其意思是炎炎盛夏难耐,忽逢立秋,就将其咬住。清朝张焘《津门杂记·岁时风俗》云:"立秋之时食瓜,曰咬秋,可免腹泻。"

在北京,咬秋的习俗为立秋日早上吃甜瓜,晚上吃西瓜。所以当地有"早甜瓜,晚西瓜"的谚语。江苏各地立秋时吃西瓜"咬秋",认为此举可防止生秋痱子。在江苏无锡、浙江湖州等地,立秋时吃西瓜、喝烧酒,认为如此可免痢疾。天津人则讲究在立秋时吃西瓜或香瓜,据说这样可免腹泻。

西瓜在宋代传入中原,那时种植不普遍,所以当时并没有立秋吃西瓜的风俗。但西瓜原产地西域已普遍盛行立秋吃西瓜的风俗了。西域地处中国西北,纬度高。立秋前后西瓜刚进入采摘期,所以立秋吃西瓜本身就是一种尝鲜。此风俗约在清代时影响到南方,而立秋时江浙当地西瓜已进入末市。所以南方立秋吃西瓜,有人认为只是受北方风俗的影响而已。

上海在立秋这一天,农家之间要互赠西瓜。平时吃的都是自种的瓜,这一顿吃送来的瓜,除调换口味外,主要是通过互相品尝,发现良种,交流改进栽培技术。

此外,在山东,立秋的风俗是包饺子,老百姓称之为"咬秋"。立秋当天,年长的人会在堂屋正中供一只盛满五谷杂粮的碗,上面插上三炷香,祈求立秋过后五谷丰登。而大多数人家会在立秋过后,剁肉馅包饺子,全家围在一起"咬秋"。

⊙摸秋

在我国许多地区,尤其是安徽大别山区和江苏盐城北部地区,立秋之夜都流行摸秋的习俗。"摸秋",其实就是"偷秋"。民间有句俗语,"八月半摸秋不算偷"。清代梁绍壬《两般秋雨随笔》记载:"女伴秋夜出游,各于瓜田摘瓜归,为宜男兆,名曰摸秋。"那些结婚后未生育的女子,立秋之夜会乘着月光,在小姑子或其女伴的陪同下,到别人家的田中去偷摘瓜豆。因为民间相传,摸到南瓜的,即可生男孩,因为"南"与"男"谐音,摸到扁豆则生女孩,因为扁豆也称"蛾眉豆"。这一夜,瓜豆之主非但不责怪"偷摘"者,反而以此为乐。

摸秋

摸秋的习俗,相传始于元代。在元末,淮河流域出现了一支农民起义军,参加起义队伍的将士都是农民出身,他们饱受元军的兵燹之苦,对兵扰深恶痛绝。这支队伍纪律严明,所到之处,秋毫无犯。一天,这支起义军转移到淮河的岸边,深夜不便打扰百姓,便旷野露宿营。有几个士兵饥饿难忍,在田间摘了一些瓜果充饥。此事被主帅发觉,天明便准备将那几个士兵治罪。村民们得知后,纷纷向主帅求情,为开脱士兵的过错,有一老者随口说道:"八月摸秋不为偷。"那几个士兵因此话而获赦免。那天正好是立秋节,从此留下了"摸秋"的习俗。

⊙食秋桃·补秋屁股·饮秋水

食秋桃流行于浙江杭州一带。立秋日,每户将秋桃分给家人,大人、小孩每人均食一枚,然后桃核留藏起来,到除夕时放在火炉中烧成灰烬,但不要让人知道。民间以为这样做可避一年瘟疫。

有些地方从唐宋时起，有用秋水服食赤小豆的风俗。《武林旧事》有记："立秋日，都人戴楸叶，饮秋水、赤小豆。"取 7～14 粒赤小豆，以井水吞服，服时需面朝西，这样据说可以一秋不犯痢疾。河南称之为"避疟丹"。在云南镇雄，先以布袋盛红豆放入井底，及时取出，男女老少各吞数粒，饮生水一盏，以为不患痢疾。后来，用五色或七色布，剪成大、小不同的方块，错角重叠，黏连缝就，载于小儿衣后，叫作"补秋屁股"。

四川东、西部流行饮立秋水，即在立秋交节时刻，全家老少各饮一杯水，俗信可消除积暑，使秋天不闹肚子。雅安则将"新水"放在阳光下晾晒后家人共饮，以防疟疾。江浙一带立秋时饮用的"新水"，就是刚从井中打出来的"新鲜水"，据说可免生痱子又可止痢疾。

然而，在北京等地区，旧时民间有忌饮生水之俗。此俗明代已见记载，刘侗、于奕正《帝京景物略》云："立秋日相戒不饮生水，曰呷秋头水，生暑痱子。"

⊙七月初七女儿节

农历七月七日的晚上称为七夕，常常在立秋和处暑节气之间，是我国传统的女孩子乞巧的节日。民间也称之为"七夕节""女儿节"。这天晚上，当星星刚出现，人们便将桌子抬到院子里，摆上甜瓜、西瓜和各种水果，女孩子在案前将线穿入针孔内，据说一次能够穿过的将来定是巧媳妇。这个习俗起源于汉代。东晋葛洪《西京杂记》记载"汉彩女常以七月七日穿七孔针于开襟楼，俱以习之"。

唐代宫廷中的乞巧活动很盛行。唐朝王建的《宫词》里说："每年宫里穿针夜，敕赐诸亲乞巧楼。"

针穿七孔　清　吴友如

五代词人和凝的《宫词》里说："阑珊星斗缀珠光，七夕宫娥乞巧忙。"

"乞巧"，就是乞求灵巧，指姑娘、媳妇们向织女乞求巧手巧艺。《荆楚岁时记》云：古代妇女为了把精湛的技艺学到手，七夕之夜要举行"观星慕仙"的聚会。乞巧时，姑娘、媳妇们眼望星空，手靠背后，竞赛穿针。先穿完的为"得巧"，迟穿完的为"输巧"。民间传说，人间的"巧姑娘""巧媳妇"都是向"天孙"（即织女）乞来巧艺的。

相传七夕，如果遇上下雨的话，那就是牛郎和织女的眼泪。原来，天上的织女是玉皇大帝之女，她很会织布，织出来的布缝成衣服就看不到缝，所以说"天衣无缝"。人间有个小伙子叫牛郎，父母早死，和哥哥嫂嫂生活，因嫂嫂是个吝啬鬼，牛郎与一头老牛相依为命，生活得很凄惨。一天，老牛对牛郎说："我要和你告别了，我死了之后，你就踩上我的角到前面的河边去找你的妻子，前面的那条河就是天河，那儿正有九位仙女在沐浴，你看上哪一位仙女，就把她的衣服偷走，这样她一定向你要衣服，你就可以娶她为妻了。"牛郎按照老牛的话去做，结果娶了美丽的织女为妻，两人一同生活了十年，并生了一男一女，日子一直过得很甜蜜。

忽然，王母娘娘发现织女与牛郎已结婚生子，很生气，就派天兵天将把织女追回，牛郎看见妻子被抓走，不顾死活，用扁担挑上两个孩子，踩上牛角（角船）腾空追去。眼看牛郎快要追上了，王母拔下头上的金簪一挥手，在天上划出了一条波涛滚滚的天河，牛郎与织女只能隔河相望。

牛郎和织女坚贞的爱情，感动了喜鹊，每年农历七月七日，无数喜鹊一齐飞来，搭成一座跨越天河的彩桥，让牛郎织女相会。牛郎和织女的故事感动了无数青年男女，又因为织女织的天衣光

牛郎织女七月七日相会

彩夺目,所以每当这天晚上,处在深闺的姑娘们,纷纷走出闺房,在庭院中结起彩楼,向织女乞巧。

❈ 立秋保健养生

立秋预示着收获时节的来临,天气渐渐转凉。《管子》说:"秋者阴气始下,故万物收。"中医认为,从立秋到立冬为秋三月,天地阳气日衰,阴寒内生,景物萧条。《黄帝内经·素问·四气调神大论》指出:"夫四时阴阳者,万物之根本也,所以圣人春夏养阳,秋冬养阴,以从其根,故与万物沉浮于生长之门,逆其根则伐其本,坏其真矣。"此乃古人四时调慑之宗旨,奉劝人们,顺应四时养生要知道"春生夏长、秋收冬藏"的自然规律。

自然界的变化是循序渐进的过程。金秋时节阳气渐收、阴气渐长,也是人体阴阳代谢出现阳消阴长的过渡时期,因此保健养生亦应随之。凡精神情志、饮食起居、运动锻炼,皆以"养收"为原则。中医认为,秋内应于肺,肺在志为悲(忧),悲忧易伤肺,肺气虚则机体对不良刺激的耐受性下降,易生悲忧之情绪,所以在自我调养时切不可背离自然规律。古人认为要做到内心宁静,神志安宁,心情舒畅,切忌悲忧伤感,即使遇到伤感的事,也应主动予以排解,以避肃杀之气,同时还应收敛神气,以适应秋天之气。

雄鸡报晓

立秋之季已是天高气爽之时,在起居上,应开始"早卧早起,与鸡俱兴"。早卧以顺应阳气之收敛,早起为使肺气得舒展,且防收敛之太过。秋天适当早起还可减少血栓形成的机会,对于预防脑血栓发病有一定意义。立秋乃初秋之季,暑热未尽,虽有凉风到,但天气变化无常,即使在同一地区也会出现"一天有四季,十里不同天"的情况。因而着衣不宜太多,否则会影响机体对气候转冷的适应能力,易受凉感冒、关节痛。

《黄帝内经·素问》中说:"肺主秋……肺收敛,急食酸以收之,用酸补之,辛泻之。"可见酸味收敛肺气,辛味发散泻肺,秋天宜收不宜散,所以要尽量少吃葱、蒜、姜、韭菜、辣椒等辛味之品,适当多食山楂、葡萄、苹果、柚子、石榴等酸味果蔬,提高肝脏功能,避免肺气伤肝。

秋时肺金当令,肺金太旺则克肝水,故《金匮要略》又有"秋不食肝"之说。秋季燥气当令,易伤津液,故饮食应以滋阴润肺除燥为宜。入秋宜食生地粥,以滋阴润燥。可适当食用芝麻、糯米、粳米、蜂蜜、银耳、乳品等柔润食物,以益胃生津。还宜食茭白、南瓜、莲子、桂圆、红枣、核桃等。

秋季是运动锻炼的大好时机。这里介绍一种秋季养生功,即《道藏·玉轴经》所载"秋季吐纳健身法",具体方法是在清晨洗漱后,于室内闭目静坐,先叩齿36次,再甩舌在口中搅动,待口液满,漱练几遍,分三次咽下,并以意送至丹田,稍停片刻,慢慢微腹式深呼吸。吸气时,舌舐上腭,用鼻吸气,用意送至丹田。再将气慢慢以口中呼出,呼气时要默念"呬"字,但不要出声。如此反复30次。秋季坚持练此功,能够保肺健身。

另外,还有一篇《寿星三字经》,文中包含着养生的真知灼见,非常值得借鉴。全文如下:

> 鬓发白,年古稀。体渐弱,不为奇。
>
> 勿熬夜,按时起。神智清,再下地。
>
> 一日事,有条理。慢节奏,大有益。
>
> 常锻炼,壮身体。幽静处,深呼吸。
>
> 头常梳,足常洗。气候变,增减衣。
>
> 防感冒,莫大意。看电视,要间歇。
>
> 躲噪音,保听力。劳动活,须量力。
>
> 防骨折,别伤躯。食疗法,当牢记。
>
> 不偏食,善调剂。多清淡,少油腻。
>
> 酒少饮,烟禁忌。不过饱,勿受饥。
>
> 细咀嚼,防便秘。讲卫生,常查体。
>
> 活在世,应进取。重修养,淡名利。
>
> 遇烦恼,不生气。年龄增,不自弃。

习诗文，别求急。写日记，助记忆。

闻墨香，涂几笔。听音乐，调情趣。

　　进入秋季，不同年龄阶段的人，可根据自己的身体状况选择相应的锻炼项目。青年可打球、爬山等。年老体弱者可选择打拳、慢跑、散步、做操、钓鱼、郊游等户外活动。多多运动，收敛心神，使气血循环畅通，自然活络，以适应气温变化，增强人体抗病能力。

❀ 立秋节气诗词

秋　词
唐·刘禹锡
自古逢秋悲寂寥，我言秋日胜春朝。
晴空一鹤排云上，便引诗情到碧霄。

立　秋
宋·刘翰
乳鸦啼散玉屏立，一枕新凉一扇风。
睡起秋声无觅处，满阶梧叶月明中。

癸巳夏旁郡多苦旱惟汉嘉数得雨然未足也立秋
宋·陆游
画檐鸣雨早秋天，不喜新凉喜有年。
眼里香粳三万顷，寄声父老共欣然。

秋树昏鸦图　清　王翚

❀ 立秋节气谚语

秋夹伏，热得哭。

过了立秋节，夜寒白天热。

早上立了秋，晚上凉飕飕。

早立秋凉飕飕，晚立秋热死牛。

立秋晴，一秋晴；立秋雨，一秋雨。

立秋无雨水，白露雨来淋。

立秋不落，寒露不冷。

立秋一场雨，遍地出黄金。

立秋下雨秋雨多，立秋无雨秋雨少。

立秋大雨，百日见雪。

立秋三日雨，葱蒜萝卜一齐收。

雨打立秋，万物丰收。

立秋节日雾，长河做大路。

立秋响雷公，秋后无台风。

雷打立秋，干死泥鳅。

立秋打雷秋雨多。

立秋南风秋要旱，立秋北风冬雪多。

立秋交秋刮西风，秋后天干旱田垅。

立秋前后刮北风，稻子收获定然丰。

秋前北风秋后雨，秋后北风干到底。

立秋西风，秋后干得凶。

立秋十八日，百草结籽。

立秋一日，水冷三分。

立秋三天晴，高粱穗高红。

立秋荞麦白露花，寒露荞麦收到家。

立秋杀高粱，寒露打完场。

立秋栽葱，白露栽蒜。

立秋前后，正种绿豆。

立秋下雨万物收，处暑下雨万物丢。

立了秋，雨水收，有塘有埧赶快修。

秋前不插晚稻，霜打稻穗难灌浆。

立秋摘花椒，白露打核桃，霜降摘柿子，立冬打软枣。

处　暑

❀ 处暑气候与农事

　　每年公历的 8 月 22 日、23 日或 24 日,当太阳到达黄经 150°时,处暑开始。处,有躲藏、终止的意思;处暑,表示暑气至此将消失。《月令·七十二候集解》云:"七月中,处,止也,暑气至此而止矣。"处暑以后的天气真正转入秋季了。

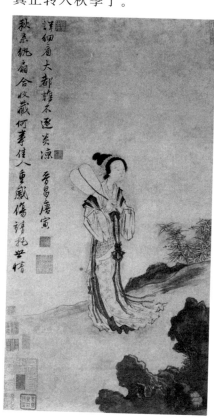

秋风纨扇图　明　唐寅

　　我国古代将处暑分为三候:第一候的候应叫作"鹰乃祭鸟",即到了处暑时古人开始猎鹰鸟来"祭先"。第二候的候应为"天地始肃",是说每年一到处暑,大地上的草木开始变黄,逐渐枯落,天地间万物开始凋零,显示了肃杀之气。古时有"秋决"的说法,即是为了顺应天地的肃杀之气而在秋天行刑。《吕氏春秋》云"天地始肃不可以赢",是告诫人们秋天是不骄盈要收敛的季节。第三候的候应叫"禾乃登"。禾是黍、稷、稻、粱类农作物的总称,"登"即熟的意思,就是说五谷成熟了。

　　到处暑节气,江南、华南一带仍炎热不减,从民谚"小暑大暑不暑,立秋处暑正当暑",就可以看出"秋老虎"的威力。《清嘉录》形容处暑:"土俗以处暑后,天气犹暄,约再历十八日而始凉。

谚云'处暑十八盆,谓沐浴十八日也'。"意思是说,处暑后还要经历约 18 天的炎热天气。"十八盆"以后,随着北方冷空气南下次数增多,气温会明显地降下来。北京、太原、西安、成都和贵阳一线以东及以南的广大地区和新疆塔里木盆地日平均气温会降到 20 ℃ 以下,真正意义上的秋天便开始了。

随着季节的变化,北方冷空气总会逐渐占据优势,而天气也就跟着渐渐转凉。所以,农谚有"一阵秋风一阵凉"的说法。节令的这种变化自然也反映到农业上。"秋不凉,籽不黄"。一般作物灌浆以后,生长所需要的温度有所下降,当然太低了也不行。如玉米开花授粉期间以 26～27 ℃ 为宜,灌浆后就不需要这样的温度了,超过 25 ℃ 或低于 16 ℃,都会影响淀粉酶的活动,阻碍干物质的积累。随着天气转凉,多种春播作物将进入成熟阶段。由于处暑期间夜寒昼暖,作物白天吸收的养分进行光合作用的产物,到晚上贮存起来,因而庄稼成熟快。处暑后禾田连夜变,很快就要收获了。如果不按时播种,必将受到大自然的惩罚。如果误了农时,不论棉花还是各种粮食作物都不会有收成。

处暑时节,黄淮地区及沿江江南早中稻正成熟收割,连阴雨则是主要的不利天气,而对于正处于幼穗分化阶段的单季晚稻来说,充沛的雨水又显得十分重要。这时的甘薯薯块膨大,夏玉米、高粱陆续可收,棉花吐絮日渐丰盛,苹果、梨等也正值最后的膨大定型,都需要充足的水分供应,此时若受旱对产量影响会十分严重。当然,在充足水分供应的基础上,还应追施穗粒肥以使谷粒饱满,但追肥时间不可过晚,以防造成贪青迟熟。

在华南地区,处暑时节是雨量分布由西多东少向东多西少转换的时期。这时华南中部的雨量常是一年里的次高点,比大暑或白露时多。为了保证冬春农田用水,应抓好这段时间的蓄水工作。高原地区处暑至秋分会出现连续阴雨天气,对农牧业生产不利。这时,南方大部分地区也正是收获中稻的大忙时节。

一般年份处暑节气内,华南日照仍然较充足,除了华南西部以外,雨日不多,有利于中稻割晒和棉花吐絮。双季晚稻处暑前后即将圆秆,应适时烤田。可是少数年份也有如杜甫所述"三伏适已过,骄阳化为霖"的景况,秋绵雨会提前到来。所以,要特别注意收看天气预报,做好充分准备,抓住每个晴好天气,不失时机地搞好抢收抢晒。

❀ 处暑民俗文化

⊙ 中元节

中国岁时节令有所谓"三元"之称。三元即正月十五上元、七月十五中元、十月十五下元。中元节时间在处暑前后,亦称"盂兰盆节""鬼节",俗称"七月半"。

中元节原为宗教节日。关于中元节的来源,有两种说法:

一种说法是始于道教。道教认为,七月十五日为中元日,地官下降凡间,定人间善恶,所以在此日道观作斋醮(斋醮,道教仪式,即道场)荐福。《道经》:"七月十五日,中元之日,地官校勾搜选众人,分别善恶……于其日夜讲诵是经。十方大圣,齐咏灵篇。囚徒饿鬼,当时解脱。"所以这一天,人们要纷纷祭祀地官。

另一种说法认为中元节始于佛教。佛教称七月十五为盂兰盆节。"盂兰"是梵语,意为倒悬(苦难);"盆"是汉语,是盛供品的器皿。盂兰盆是以竹竿搭成三脚架、高三五尺、上端有一盏灯笼、挂上纸钱和纸衣帽一块焚烧的器皿,传说这样可以解脱祖先倒悬之苦。相传每年七月十五这天,阎罗王会打开地狱之门——"鬼门关",让关押的鬼们出来自由活动,直至七月结束才回归地府。因此,民间便盛行在这段时间对死去的亲人进行祭祀招魂,烧冥钱、元宝、纸衣,点蜡烛,放河灯,做法事,以祈求祖宗保佑,消灾增福,或超度亡魂,化解怨气。

超度孤鬼　清　《点石斋画报》

"鬼节"源于佛经中"目连救母"的故事,这个节日的初衷是传递善念和褒扬孝心。故事说:"有目连僧者,法力宏大。其母堕落饿鬼道中,食物入口,即化为烈火,饥苦太甚。目连无法解救母厄,于是求救于佛,为说盂兰盆经,教于七月十五作盂兰盆以救其母。"《盂兰盆经》更明显指明:"是佛弟子修孝顺者,应念口中,忆父母,乃至七世父母,每年七月十五日,常以孝慈忆所生父母,为作盂兰盆,施佛及僧,以报养父母之恩。"

《盂兰盆经》以修孝顺励佛弟子的意旨,合乎中国追先悼远的俗信,于是益加普及和坚定。南北朝梁武帝时倡议七月半这天举行"盂兰盆斋"(俗称盂兰盆会),供奉僧众,请其超度亲人亡魂。后来,这天演变为大江南北一个盛大的佛教节日。

目连救母

中元节祭祖和普度的俗信,融儒家、佛教、道教的理念于一炉。人类德性由"孝"而及于"仁",慎终追远是谓"孝",普度沉沦是谓"仁"。时至今日,中元节已成为祭祖的重要日子。

⊙放河灯

河灯也叫"荷花灯",一般做成荷花瓣形,点上蜡烛,在中元夜放在江河湖海水面上,任其漂浮。放河灯亦称"放水灯""放江灯""照冥"。放河灯目的是为了普度水中的落水鬼和其他孤魂野鬼。按传统的说法,水灯是为了给那些冤死鬼引路的。灯灭了,水灯也就完成了把冤魂引过奈何桥的任务了。

"七月十五日是鬼节,死了的冤魂怨鬼,不得托生,缠绵在地狱里非常苦,想托生,又找不着路。这一天若是有个死鬼托着一盏河灯,就得托生。"肖红在《呼兰河传》中的这一段文字,正是放灯习俗的最好诠释。

放河灯之俗起源甚早。古时人们驾舟出海下湖,用木板编竹为小船,放小祭品点上蜡烛,以彩纸作帆及灯笼,放入水中任其漂流,向海神祈保平安。这一习俗至今仍在台湾、福建、广东渔民中流行,叫"彩船灯"。《诗经》记载了溱洧两水秉烛招魂续魄、执兰除凶的民俗。当时用船载火攻城摧寨时,将士阵亡较多,人

们对阵亡将士实行水葬,般筏上置鲜花燃灯成惯例,形成放河灯的习俗。晋人常"火烛竟宵""载船玩月"。宋人吴自牧《梦粱录》载:"七月十五日……后殿赐钱,差内待住龙山放河灯万盏。"元代,放河灯的习俗已遍及大江南北。田汝成《西湖游览志余》记载,七月十五日中元节,"放灯西湖及塔上、河中,谓之'照冥'"。

到了清代,放河灯习俗已逐渐淡化,变成了游乐观赏为主的民间活动。放灯时用一块钻孔的木板,上面放上用竹篾编织的各式各样的灯笼,多数为莲花灯。天黑后,人们到水边或者划船到河中放灯,灯少则几盏,多则千百盏。灯中燃烛,摆在水面上任其漂流。《都门杂咏》竹枝词中说:"儿童也爱中元夜,一柄荷灯绿盖头。"清代庞垲《长安杂兴效竹枝体》"万树凉生霜气清,中元月上九衢明。小儿竞把青荷叶,万点银花散火城",这首诗正是对中元夜儿童持荷叶灯结伴游乐情景的形象描绘。

过去,老北京曾在三闸(今属通州区)、水关、泡子河、积水潭、什刹海、北海、中南海等处放河灯。河灯一放,明光万点,上下通明,水动灯摇,似繁星落地,景观极为美妙,再加上民间香会助演,格外热闹。

在东南沿海一带,民间有的在河灯中放置银圆,渔船争相攫取,俗信获得者将可以全年大顺。

⊙祭海

处暑以后是我国沿海地区渔业收获的时期,民间常有开捕祭海活动,期盼渔业丰收。

浙江舟山渔民在出海之前必须举行海祭。在每条船上祭告神祇,烧化疏牒,称行文书。供祭之后,把一杯酒和少许碎肉抛入大海,叫作"酬海魂",以祈祷渔船出海顺风顺水,一路平安。习俗禁忌在出海这一天吵嘴和说不吉利的话,否则要受处罚。舟山渔民的大船上都供奉关菩萨,小船上则供奉圣姑娘娘。传说,关菩萨是三国时的关云长,圣姑娘娘则是宋朝的寇承女。关菩萨老爷旁还供有两个木头神像,一个叫顺风耳,一个叫千里眼。

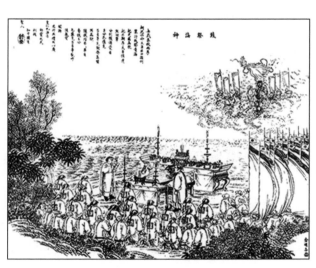

致祭海神 清 《点石斋画报》

民间供奉这些神灵的主要原因是海上作业危险性大,天气变化无常,人们无法自己掌握自己的命运,便将一切都交给神灵。为了保证出海平安,嵊泗一带在七月半还要举行隆重的祭海仪式。民间传说海神爷是古时候的一位斩海蛇的安知县,祭他是祈求他斩尽海蛇,使渔民出海打鱼平安无事。鱼汛结束后渔民们还要举行酬神活动,叫作"散福"。

福建渔民最信仰"妈祖",也称"天后神"。相传这位出生于福建莆田的渔姑聪明过人。她一生在海上拯救遇难海船,千百年来,被台湾、福建、浙江等地渔民尊称为海上女神。许多海岛上都有妈祖宫,又称天后宫,一年到头香火不断。

渔民的海上生活是非常艰辛的。在条件落后的生产过程中形成了许多禁忌。比如船上不借东西，船上物品只准进不准出，渔民上船不洗脸不洗脚不穿鞋。船上忌坐七男一女，据说这种俗信与八仙有关。渔民吃鱼是绝对不能翻身的，否则，认为这预示着要翻船了。苍南等地渔民出海时需要点燃"长明灯"，这种习俗，据说象征出海者的灵魂之光，因此渔家人决不会让长明灯在出海者回来之前熄灭。

妈祖

每年处暑期间，浙江沿海都要举行一年一度的开渔节。浙江象山从1998年开始每年都举办中国开渔节，除庄严肃穆的祭海仪式外，还开展各种文化、旅游、经贸活动，吸引了无数海内外客商、游客前往。不仅能让人领略到当地浓烈的渔文化氛围，也品尝了鲜美的海产品。因为这时海域水温依旧偏高，鱼群还是停留在海域四周，鱼虾贝类发育成熟。因此，从这一天开始，人们往往可以品尝到种类繁多的海鲜。

❀ 处暑保健养生

处暑时节，气候逐渐转凉，人体内的阳气也随着自然界中阳气的收敛而有所下降。要使体内的阴阳之气达到平衡，以更好适应天气的变化，就要保证充足的睡眠，因为睡眠有很好的保健养生效果。

关于睡眠对养生的重要性，我国传统中医学中有"眠食二者为养生之要务""能眠者，能食，能长生"等观点。处暑时节，为了有效地调节体内气血阴阳的平衡，就要保证0—4时、12—13时休息好。因为0—4时，人体代谢功能水平低，而12—13时，人的交感神经又最疲乏。老年会有"昼不精，夜不瞑"的现象，可以困了就睡，睡不着就起，正如《古今嘉言》所说，老年人宜"遇有睡意则就枕"。

中医认为，肺和肾主要分别影响呼吸代谢和津液代谢，二者相互滋生、相互制约。其中，肾主水，可升清降浊，蒸腾水液。肺则为水之上源，可宣发肃降，调通水道。肾肺相辅，维持着体内水液代谢。同时，肺主呼吸,肾主纳气,二者配合又完成了人体的呼吸代谢。因此,肾、肺二者,一方受损,另一方也会被影响。处暑时节,身体能量消耗多,而营养又相对缺乏,这时就容易肾气虚,会有气短畏寒、少言寡语、失眠多梦、疲乏劳累、腿软腰酸、脱发早衰等症状。因此要及时调理,避免发展成肺心病、慢性支气管炎等严重疾病。

由于处暑以后,气温渐渐下降,雨量减少,燥气也开始生成,而燥气很容易损伤人体。由于气候渐干燥,很多人会感到早晨起床时嗓子发干,皮肤紧绷,即使饮用一大杯水,也难以解渴。这种现象就是人们常说的"秋燥"。专家表示,处暑期间的"秋燥"属温燥,发展为病症,多表现为咳嗽少痰、咽干不适,或者有少量黏痰,不易咯出,甚至会有痰中带血,兼有咽喉肿痛、皮肤和口鼻干燥、口渴心烦、手脚心热等。支气管扩张、肺结核等疾病,在"秋燥"的作用下也易复发或加重。因此要调节日常起居、饮食等方面,通过润肺养肾,来给自己补养气血,保持旺盛精力,增强抵抗力。在饮食上以甘平为主,多食水果蔬菜,少食辛辣、煎炸、烧烤类食物。这是因为早秋气候干燥,汗液蒸发快,体内水分和营养素流失多,要及时补充水分和水溶性维生素。多食水果和绿叶蔬菜等甘平食物,可以增强脾脏活动,使肝脾活动协调。可选择的食物有胡萝卜、藕、苹果、梨、蜂蜜、芝麻、银耳、木耳、淡茶、果汁、豆浆、牛奶、西红柿、香蕉、大枣、莲子、禽蛋、糯米、豆腐、葡萄等。

处暑后的燥气最易伤人肺,而肺是与大肠相表里的,所以这种燥气不仅伤损人的津液,而且常能引起大便秘结,并可引起各种疾病,因此大便是否畅通要引起重视。"欲得长生,肠中常清,欲得不死,肠中无滓"。因此宜经常选食滋阴润燥的食物,如鲜梨、白木耳、蜂乳、牛奶、豆浆等。如已出现大便秘结时可以吃些蜂蜜以润肠,也可选用桑叶、菊花、芦根等辛凉生津润燥之物煮水,多吃纤维素类的食物,少食辛辣刺激物和用油煎炸的食品。特别是生姜,食后容易上火,加重"秋燥"对人体的危害。

处暑期间要调养精神。"秋三日,此谓容平,天气以急,地气以明",意思是秋令肃杀,自然界凄凉的景色容易导致悲观伤感的消极情绪。研究发现:不良的心理刺激,会抑制人体免疫防御功能,易致内分泌及新陈代谢紊乱，从而导致许多疾病丛生。秋天主"收"。因此情绪要慢慢收敛，凡事不躁进亢奋，也不畏缩郁结。"心要清明，性保持安静"，在时令转变中维持心性平稳，注意身、心、性的调整，才能保生机元气。老年人应特别注意精神保健，可适当选择琴棋书画、养鸟、赏花等文化娱乐活动，以愉悦身心。

在处暑时节，早晚比较凉了，要注意增加衣服，但不要立即穿上厚衣服，而是让身体适当"挨冻"，以提高身体对寒冷的抵抗力，从而增强深秋以及入冬后呼吸系统对寒冷的适应性，还可以满足"阴精内蓄，阳气内收"的养生需求。平时，勤用温水沐浴，配合深呼吸的健步走、慢跑、郊游等户外运动，都有助于促进血液循环，润肺祛燥。

东篱赏菊图　明　唐寅

❈ 处暑节气诗词

七月二十四日山中已寒二十九日处暑

宋·张嵲

尘世未徂暑，山中今授衣。

露蝉声渐咽，秋日景初微。

四海犹多垒，余生久息机。

漂流空老大，万事与心违。

处暑后风雨

元·仇远

疾风驱急雨,残暑扫除空。

因识炎凉态,都来顷刻中。

纸窗嫌有隙,纨扇笑无功。

儿读秋声赋,令人忆醉翁。

长江二首

宋·苏泂

处暑无三日,新凉直万金。

白头更世事,青草印禅心。

放鹤婆娑舞,听蛩断续吟。

极知仁者寿,未必海之深。

❀ 处暑节气谚语

处暑节,昼间一刻热。

处暑天还暑,好似秋老虎。

处暑处暑,处处要水。

处暑雨,粒粒皆是米。

处暑落了雨,秋季雨水多。

处暑晴,干死河边芭茅林。

处暑不落浇苗雨,草长结谷也无收。

处暑东北风,大路做河通。

处暑打雷,百日无霜。

处暑雷唱歌,阴雨天气多。

处暑动雷冷得早。

处暑大风霜来早。

处暑不出穗,白露不低头。

处暑天渐凉,新花初上场。

秋水凫鹥图 元 任仁发

处暑满地黄，家家修禀仓。

处暑三日稻有孕，寒露到来稻入囤。

处暑高粱遍地红。

处暑收黍，白露收谷。

处暑萝卜白露菜。

处暑十日忙割谷。

处暑好晴天，家家摘新棉。

处暑栽白菜，有利没有害。

处暑下雨烂谷箩。

千车万车，不如处暑一车；千戽万戽，不如处暑一戽。

处暑荞麦不用耙，粮满仓，草成堆。

处暑不浇苗，到老无好稻。

白　露

❁ 白露气候与农事

每年公历的 9 月 7 日、8 日或 9 日,太阳移至黄经 165°时,开始进入白露节气。《月令·七十二候集解》云:"水土湿气凝而为露,秋属金,金白色,白者露之色,而气始寒也。"

白露是 9 月的头一个节气,晴朗的白昼温度虽然仍可达到 30 ℃以上,可是夜晚就会下降到 20 ℃左右,一般昼夜温差在 10～15 ℃。此时气温下降速度很快,夜间气温已经达到水汽凝结成露的条件,露水在清晨的草木上晶莹剔透,因露珠白色而得名白露。

我国古代将白露节气分为三候,第一候的候应叫"鸿雁来",因为"雁为知时之鸟,热归塞北,寒来江南"。第二候的候应称作"玄鸟归"。玄鸟即燕子,因它春分而来,秋分而去,故取"玄鸟归"之名。第三候的候应为"群鸟养羞",羞指珍馐,为食物。其意思是说,每年一到白露,鸟开始贮藏冬季所需要的食物。可见,白露实际上是天气转凉的象征。

"白露秋分夜,一夜冷一夜"。这时,夏季风逐渐被冬季风所代替,多吹偏北风,冷空气南下逐渐频繁,加上太阳直射地面的位置南移,北半球日照时间变短,日照强度减弱,夜间常晴朗少云,地面散热快,所以温度下降速度也逐渐加快,天气也就越来越凉。凉爽的秋风自北向南已吹遍神州大地,成都、贵阳以西日平均气温也降到 22 ℃以下了。

人们自春至夏的辛勤劳作,经历风风雨雨,送走了高温酷暑,迎来气候宜人的秋收与秋种了。东北平原开始收获谷子、大豆和高粱,华北地区秋收作物成熟,大江南北的棉花正在吐絮,已全面分批采收了。在西北、东北地区,冬小麦开始播种,华北的秋种也即将开始,应抓紧送肥、耕地、防治地下害虫等准备工作。黄淮地区、江淮以及江南地区的单季稻已扬花灌浆,双季双晚稻即将抽穗,都要抓紧在气温还较高的有利时机浅水勤灌。待灌浆完成后,排水落干,促进早熟。如遇低温阴雨,还要防治稻瘟病、菌病等病害。秋茶正在采制,同时要注意防止叶蝉的危害。

白露后,我国大部分地区降水显著减少。东北、华北地区 9 月份降水量一般只有 8 月份的 $1/4 \sim 1/3$,黄淮流域地区有一半以上的年份会出现夏秋连旱,对冬小麦的适时播种是最主要的威胁。而在我国西部地区会出现秋季多雨的独特天气现象,气象上称之"华西秋雨"。这种现象一般在白露至霜降前出现,主要出现在四川、重庆、贵州、甘肃东部和南部、陕西关中及陕南、湖南西部、湖北西部一带,尤以四川盆地和川西南山地及贵州的西部和北部最为常见,其主要特点是雨日多,以绵绵细雨为主。雨量一般多于春季,仅次于夏季。有的年份秋雨不明显,有的年份则阴雨连绵,持续时间一月之久,所以谚语有"滥了白露,天天走溜路"的说法。绵绵细雨阻挡了阳光,带来了低温,不利于玉米、红薯、晚稻、棉花等农作物的收获和小麦播种、油菜移栽。它可以造成晚稻抽穗扬花期的冷害,空秕率的增加,也可使棉花烂桃,裂铃吐絮不畅。秋雨多的年份,还可使已成熟的作物发芽、霉烂,以至减产甚至失收。然而秋雨多,有利于水库、池塘及冬水田蓄水、预防来年的春旱。特别是对西北一些较干旱的地区来说,此时地温较高,土质结构比较疏松,雨水可以较深地渗透到土壤中,可保证冬小麦播种、出苗,也可减轻次年春旱对各种农作物的威胁。

在华南的广大地区,白露期间气温迅速下降、绵雨开始、日照骤减,这些特点很明显地反映出由夏到秋的季节转换。常年白露期间的平均气温比处暑要低 3 ℃左右,大部分地区平均气温先后降至 22 ℃以下,按气候学划分四季的标准,此时已进入秋季。此时节的气候特点,对晚稻抽穗扬花和棉桃爆桃不利,也影响中稻的收割,所以谚云:"白露天晴,谷半白如银。"特别是华南东部,白露是继小满、夏至之后又一个雨量多的节气,所以也要趁有雨抓紧蓄水。

❀ 白露民俗文化

⊙ 祭禹王

白露时节是江苏太湖人祭禹王的好日子。禹王是传说中的治水英雄大禹,太湖畔的渔民称他为"水路菩萨"。太湖中心偏西、面积约40余亩的平台山上有禹王庙,又称水平王庙。每年正月初八、清明、七月初七和白露时节,这里都要举行祭禹王的香会。其中,清明、白露的春秋两祭规模最大,春祭六天,秋祭七天。届时,每天都要唱一台戏,每台戏有四出,其中必有一出是《打渔杀家》。

香会主祭祀的人叫祝司。祝司唱神歌(或称赞歌)并请神。要请的不只是禹王,还要请其他的神,如城隍、土地、花神、蚕花姑娘、宅神、门神、姜太公等。诸神请来后,祝司便逐一向神敬酒,唱道:"造酒尔来是杜康,消愁解闷为最高,劝君更进一杯酒,与我同消万种愁。"敬酒之后,呈上一只盘子,盘内有米、小麦、甘蔗、荸荠、豆、糖果、首饰、茶叶等贡品,此为"献宝"。献宝时对每件贡品都要唱颂,如唱"小麦":"土府埋根过半年,花开深处晚风前,家家看似三月雪,处处离割四月天。"神歌由祝司领唱,参加祭祀的人齐声全唱,气氛非常热烈。然后在祝司带领下,众人向禹王和诸神叩首,祭祀仪式结束。祭神完成后便开始演戏。

山西省沿黄河一带也有祭禹王的习俗。这些地方修建了许多河神庙。每到白露时节,这里就有戏曲、歌舞、马戏表演、魔术等节目。庙会上有各种地方小吃,以及土特产品、花鸟虫鱼、工艺美术、旅游精品、古画奇石展销等。

祭禹王活动寄托了人们对美好生活的

255

一种祈盼和向往,而且发展到今天又在很大程度上,已经转变为娱乐、交际活动了。

⊙食番薯·吃龙眼

白露这天,很多地方有吃番薯的习俗。当地人认为吃番薯丝和番薯饭后,不会发生胃酸和胃胀。番薯的主要成分是淀粉,含有大量的纤维、碳水化合物、无机盐和维生素,可以代粮充饥。番薯可以炸、煎、烤、蒸、煮,还可以做番薯糖水(加糖),能解酒。民间也有食番薯叶和薯根的习俗。番薯还有利于排便和减肥。脾虚的人也应多食番薯。

龙眼,俗称桂圆。相传很久很久以前,哪吒闹海打死了龙王的三太子,挖了他的眼睛。这时正好有个叫海子的穷孩子生了病,哪吒便把龙眼给他,海子吃了龙眼后,病就好了,并长成彪形大汉,活了一百多岁。海子死后,在他的坟头上长出一棵大树,树上结满了小圆果子。人们就把这种果子叫"龙眼"。一个胆子大的孩子,经常偷摘这树上的果子吃,原本瘦小的个子变得壮壮实实。在福建莆田,又传说有一个名叫桂圆的孩子,杀死了一条兴风作浪的孽龙,挖下了龙眼。桂圆吞下一只龙眼,另一只被县太爷抢走了。桂圆变成了金龙上天,县太爷在惊慌中将龙眼掉在地上,变成了大树,树上生的果子叫龙眼,又叫桂圆。

"白露必吃龙眼",这是福州民间的传统习俗。每年白露时节,当地人会在清早喝上一碗龙眼香米粥。他们认为这一天吃龙眼会大补身体,延年益寿。因为龙眼具有益气补脾、养血安神、润肤美容等多种功效,还可以治疗贫血、失眠、神经衰弱等很多种疾病。李时珍在《本草纲目》中说:"食以荔枝为贵,益智则龙眼为良,盖荔枝性热,而龙眼性和平也。"并强调:"久服强魂聪明,轻身不老,通神明,开胃益脾。"而且,白露之前采摘的龙眼,个个颗大、核小,味甜,口感好。

⊙白露茶·白露米酒

白露茶也叫秋茶。茶树经过夏季的酷热,白露时节正是它生长的极好时期。白露茶不像春茶那样鲜嫩,不经泡,也不像夏茶那干涩味苦,而是有一种独特甘醇的清香味,尤受老茶客的喜爱。

喝白露米酒是湖南郴州兴宁、三都、蓼江一带历来的习俗。每年白露节气一到,当地家家酿酒,这酒是接待客人必备的"土酒"。它是用糯米、高粱等五谷酿成的,温中含热,略带甜味,因其为白露时所酿,所以叫作"白露米酒"。

白露米酒中的精品是"程酒",因取程江水配制而得名。程酒古为皇家贡酒,盛名久远。《水经注》记载:"郴县有渌水,出县东侯公山西北,流而南屈注于耒,谓之程水溪,郡置酒馆酝于山下,名曰'程酒',献同鄷也。"鄷,指当地另一种作为贡品的名酒"鄷酒"。

白露米酒的配制很讲究,除取水、选定节气外,方法也相当独特。先配制白酒(俗称"土烧")与糯米糟酒,再按1∶3的比例将白酒倒入糟酒里,装坛待喝。如制程酒,须掺入适量掺子水(掺子加水熬制),然后入坛密封,埋入地下或者窖藏,待数年乃至几十年才取出饮用。埋藏几十年的程酒色呈褐红,斟之现丝,易于入口,清香扑鼻,且后劲极强。清光绪元年(1875年)纂修的《兴宁县志》云其"色碧味醇,愈久愈香""酿可千日,至家而醉"。《水经注》还记载,南朝梁文学家任氏与友刘杳闲谈:"任谓刘杳曰:'酒有千里,当是虚言?'杳曰:'桂阳程乡有千里酒,饮之至家而醒,亦其例也'"。

⊙斗蟋蟀

蟋蟀是"时令虫",立秋后大约一周,就开始孵化、成长、出土。进入白露后,便是捉蟋蟀、养蟋蟀、斗蟋蟀的最佳时节了。

蟋蟀又叫蛐蛐,古时候又称促织。南朝诗人谢朓的秋夜诗中就有"秋夜促织鸣,南邻抖衣急"的名句。农家女一听到蟋蟀叫,便知秋到冬临,于是抓紧纺织,蟋蟀也就叫作"促织"了。

雄蟋蟀勇猛好斗,人们就利用它这种本能习性做游戏。斗蟋蟀作为一种民间游戏,大约始于唐代。《负暄录》说:"斗虫之戏,始于天宝。"据五代时天仁裕的《开元天宝遗事》记载,养蟋蟀之习,先从宫廷中开始。一到秋季,宫中妃妾,都用金丝编成的小笼子捉蟋蟀,然后关在笼子里,放在枕头边,专等到晚上听蟋蟀的鸣叫声。后来,民间老百姓也仿效宫中,玩起蟋蟀来了。到了宋代,尤其是南宋,斗蟋蟀之风已盛行朝野。据南宋周密《武林旧事》记载,当时都城临安(今杭州)城里,已有专门出售

蟋蟀会　清　吴友如

蟋蟀和蟋蟀罐的人了。

明清两代，斗蟋蟀之风达到鼎盛。明皇帝朱瞻基曾密诏地方进贡一千只蟋蟀，一时间蟋蟀比人命还值钱。明代万历年间蒋一葵所著《长安客话》中，记述了京城百姓养蟋蟀成风的状况："京师人至七八月，家家皆养促织……瓦盆泥罐，遍市井皆是，不论男女老幼，皆引斗以为乐。"

清代宫廷沿袭明朝宫廷玩好之风，上自皇帝，下至嫔妃、太监，都喜欢养蟋蟀，斗蟋蟀，宫廷如此，民间也如此。清代《帝京岁时纪胜》中说："都人好畜蟋蟀，秋日贮以精瓷盆盂，赌斗角胜，有价值数十金者，以市易之。"到光绪年间，北京城里以顺治门外为斗蟋蟀的常设之场，周围形成了一些养蟋蟀、卖蟋蟀的专业户。从宋到明清，还出现了不少记述养斗蟋蟀之经验的专书。

养蟋蟀要用罐，也称"盆"，斗蟋蟀也要用罐，养罐小，斗罐大。这些蟋蟀罐有的出自宫廷，工艺制作极为考究、精细。明清两代，蟋蟀罐有官窑、私窑两种，官窑以宣德瓷最为珍贵，专供宫中用，这种蟋蟀罐到明代末期万历年间已被视为珍宝。

明末清初斗蟋蟀之风盛行，北京、南京、上海等地都有专门的开斗场。开斗时，把重量与大小差不多的两只蟋蟀放在一个盆里，用须草撩拨，引诱它们格斗。当然，在斗蟋蟀前，选择蟋蟀也有讲究。首先要无"四病"，清代陆丹宸《小知录》云："（蟋蟀）有红铃、月额诸名，吴中养之，以仰头、卷须、练牙、踢脚为四病。"其次是观蟋蟀的颜色，清代贾秋壑《促织经》："虫（指蟋蟀）之色，白不如黑，黑不如赤，赤不如黄。"再次要求选矫健的蟋蟀，一般以体型宽大修长、八足强壮、白皙、大头、宽颈头腹者为最佳。优质蟋蟀格斗起来往往易取胜。

如今，斗蟋蟀在城市中变成了稀罕之事，而在一些郊区和农村，仍是许多人喜爱的消遣方式，因为这种游戏能带给人很多快乐。

❈ 白露保健养生

白露时节保健养生的重点是"润燥除热"。

"久晴无雨，秋阳以曝，感之者多病温燥。"古书《重订通俗伤寒论·秋燥伤寒》中的这句话是说，到了白露，夏天的炎热还没有完全退去，而且秋天艳阳高照，白天还是比较热的，所以这时候燥邪和温热邪同时存在，会形成"温燥"。

顺应此节气气候特点，在日常饮食中应以润燥除热为中心，以健脾、补肝、清肺为主。经历炎夏之后，肠胃功能减弱，因此应多食一些清淡而健脾的汤粥。"秋吃早粥"是养生专家提倡的一种养生方式。做粥的大米、糯米等主料可以健脾胃、补中气、泻秋凉以及防秋燥。最好选用砂锅熬粥，尽量不使用铁锅和铝锅。此时补养身体以平补为宜，平补的佳品有莲子、银耳、白果、梨、萝卜、南瓜、桂圆、黑芝麻、薏米、赤小豆、核桃、茭白等。茭白与莼菜、鲈鱼并称江南三大名菜，它味美，营养丰富，具有清热除烦、生津止渴的功效。适当食用西洋参、沙参、百合、杏仁、川贝等，对缓解秋燥有良好作用。

白露期间，尤其要避免鼻腔疾病、哮喘病和支气管炎等呼吸道疾病的发生。特别是过敏体质者，最容易引发这些疾病，要特别注意自己的饮食调节。一些过敏性支气管哮喘者平时应少吃或不吃带鱼、螃蟹、虾等海鲜类食物以及辛辣酸咸甘肥的食物，还有韭菜花、黄花、胡椒等，多吃清淡、易消化且富含维生素的食物。食盐摄入过多，会增加支气管的反应性。此外，不同属性的食物有其不同的性味和归经，具有各自的升降沉浮及补泻作用。不同的属性，其作用不同，适应的人群也不同，因此每个人都要随着节气的变化而随时调整饮食结构。

在起居方面，民谚有"白露勿露身，早晚要叮咛"之说，意思是白露时不要再穿短衣短裤。《养生论》中又说："秋初夏末，不可脱衣裸体，贪取风凉。"这也是说，入秋后要穿好长衣长裤，以免受凉。中医认为，人的背后有"风门"二穴，一切风邪皆可从风门穴进入人体内。因此应当特别注意不能让后背着凉。平时应当按摩后背，有利于提高身体的抵抗力。白露时节一早一晚要适当添些衣服。夜间已明显偏凉，睡觉时要盖好被子，严防四肢受到寒邪的侵犯而出现四肢痹症，并要防止腹部肚脐着凉。肚脐部位的表皮最薄，皮下没有脂肪组织，但有丰富的神经末梢和神经丛，因此对外部刺激特别敏感，并且最容易穿透弥散。如果防护不当，比如晚上睡觉又不注意覆盖，暴露腹部，或者年轻爱美的女士穿露脐装，寒气会很容易侵入腹部。若寒气直中肠胃，就会发生急性腹痛、腹泻、呕吐，天长日久，寒气逐渐积聚在小腹部位，还会导致泌尿生殖系统的疾病。同时，白露时节人体也不可过暖，过暖易出现秋燥症状，导致发烧、伤风等。所以，添衣服时要慢慢地一件一件添，进行适时的耐寒锻炼，有助于冬季抗寒能力的提高。

时入白露，天气虽然转凉，但蚊虫还是很多，蚊虫叮咬人体后会引起黑热病、丝虫病、黄热病、登革热、疟疾等疾病。此时人体受气温下降的影响，肠胃的免疫功能也随之下降，病原微生物容易乘虚而入，导致秋痢的发生。所以，要注意家庭环境卫生，消灭苍蝇、蚊子、蟑螂、老鼠。

白露时节，秋高气爽，非常适宜旅游。在那林木茂盛、溪流宛转的地方，人们心胸豁然开朗，精神振奋，疲劳顿消。秋游对患有神经衰弱、慢性疲劳综合征及心肺功能不全的人来说，具有良好的改善效果。此时即使到附近的公园或乡间去走走，也可以怡悦精神，锻炼身体。

中医认为，"秋冬养阴"，秋天是收成季节，进行秋游大有益于阴精滋养。然而，常有不少人在秋游期间会出现打喷嚏、流鼻涕、流眼泪、耳鼻喉发痒或类似感冒的症状。其实这不一定是感冒，而可能是"花粉热"。花粉热的发病，一是因人体体质的过敏，二是因为人不止一次地接触和吸入外界的过敏源。秋季是藜科、豚草、艾蒿和黄花蒿等植物开花的时候，正是这些花粉诱发了过敏体质者出现"秋季花粉症"。花粉过敏者出行，应避免跟花粉接触。在室外活动时可以戴上口罩和眼镜，回家后应沐浴和清洗衣物。

❈ 白露节气诗词

玉 阶 怨
唐·李白

玉阶生白露,夜久侵罗袜。
却下水晶帘,玲珑望秋月。

白露为霜
唐·颜粲

悲秋将岁晚,繁露已成霜。
遍渚芦先白,沾篱菊自黄。
应钟鸣远寺,拥雁度三湘。
气逼襦衣薄,寒侵宵梦长。
满庭添月色,拂水敛荷香。
独念蓬门下,穷年在一方。

白 露 行
宋·章甫

今岁淮南雨仍缺,官府祈求已踰月。
城中又复闭南门,移市向北人纷纷。
州前结坛聚巫觋,头冠神衣竞跳掷。
缚草为龙置坛侧,童子绕坛呼蜥蜴。
箫鼓迎神来不来,旱风终日吹黄埃。
宁知白露只数日,稻苗焦枯恐不及。

❈ 白露节气谚语

白露秋风夜,一夜冷一夜。
过了白露节,夜寒白天热。

秋山萧寺图 清 樊圻

262

白露身勿露，露了冻泻肚。

白露大晴天，荞麦种到秋分边。

白露天气晴，谷米白如银。

白露乌云块，又有荞麦又有菜。

白露无雨，百日无霜。

白露不下雨，干到重阳底。

白露无雨春雨迟，白露有雨春水早。

白露有雨，秋旱冬烂。

白露下雨，路干即雨。

白露水，寒露风，打了斜禾打大冬。

白露下雨，霜雪来早。

白露白茫茫，谷子满田黄。

白露水浸坡，霜降虫咬禾。

白露雨，寒露雨，白露无雨寒露晴。

白露有雨，寒露有风。

白露刮北风，越刮越干旱。

一场秋风一场凉，一场白露一场霜。

白露里的西风，到一处，坏一处。

白露前后，莜麦荞麦收一半。

蚕豆不要粪，只要白露种。

不到白露不种蒜。

白露高粱秋分豆。

杂粮种白露，一升收一斗。

白露过秋分，农事忙纷纷。

秋　分

❧ 秋分气候与农事

　　每年公历 9 月 22 日、23 日或 24 日,太阳移到黄经 180°时,秋分开始。秋分的意思有二:一是当天阳光直射地球赤道,这一天昼夜相等,各为 12 小时,平分了昼夜;二是按我国立春、立夏、立秋、立冬为四季开始的季节划分方法,秋分日居于秋季 90 天之半,平分了秋季。

　　我国古代将秋分分为三候:第一候的候应被称为"雷始收声",正相对于春分的"雷乃发声"。古人认为雷是因为阳气盛而发声,秋分后阴气始盛,所以一到秋分时,就听不到雷声了。其实是秋分气温下降,雨水少,干燥的空气很难形成雷电,雷声也就渐渐消失了。秋分后,天气渐寒,昆虫开始贮存食物,"入巢冬眠",所以第二候的候应为"蛰虫坯户"。坯,指细土。蛰伏土中的昆虫在地下用细泥土糊一个冬眠的窝,留一个小洞作为进出的孔道,等天气再冷一点的时候,就把小洞塞起来,进入冬眠期。这一睡就睡到来年春天惊蛰时,直至被初响的春雷惊醒,它们才

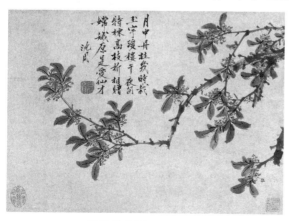

丹桂飘香图　明　沈周

纷纷破土而出。秋分第三候的候应是"水始涸",涸是枯竭的意思,秋分后,温度迅速下降,降雨量开始减少甚至无雨,江河水位进入一年中的最低时期了。

　　秋分时节,我国长江流域及其以北的广大地区均先后进入了秋季,日平均气温都降到了 22 ℃以下。北

方冷气团开始具有一定的势力,大部分地区雨季刚刚结束,凉风习习,碧空万里,风和日丽,秋高气爽,丹桂飘香,蟹肥菊黄。

秋分是美好宜人的季节,也是农业生产中重要的节气。秋分以后,由于太阳直射地面的位置越过赤道,转向南半球,所以北半球获得的太阳辐射热量将一天天减少,而地面向天空散发的热量,反倒因秋高气爽、云量减少而增加,所以散热很快。这时,来自北方的冷空气频频南下,天气逐渐转寒。

从秋分这一天起,我国大部地区开始了秋收、秋耕和秋种的"三秋"工作。此时,秋熟作物正处在灌浆和产量形成的最后关键时期,棉花吐絮,烟叶也由绿变黄,正是收获的大好时节。华北地区已开始播种冬小麦,长江流域及南部广大地区正忙着收割晚稻,抢晴耕翻土地,准备油菜播种。而秋分后气温下降快的特点,使"三秋"大忙显得格外紧张。

雍正像耕织图册　收割

秋分时节的干旱少雨或连绵阴雨是影响"三秋"正常进行的主要不利因素,特别是连阴雨会使即将到来的作物倒伏、霉烂或发芽,造成严重损失。农谚有"三秋大忙,全家上场"的说法。"三秋"大忙,贵在"早"字,及时抢收可使秋收作物免受早霜冻和连阴雨的危害,适时早播冬作物可充分利用冬前的热量资源,培育壮苗安全越冬,为来年奠定丰产的基础。

华北地区种麦的时间是秋分。种得过早,温度高于 20 ℃时,往往会造成麦苗冬前生长旺盛,叶茎过于繁茂,越冬易受冻害,种得过迟,温度低于 10 ℃时,麦苗冬前生长期短,分蘖和根系生长不良,会造成麦苗冬前细弱,不能积累养分,对越冬返青都不利。因此,必须依据当地的气候条件,因时因地种好小麦。

秋分前后,南方的双季晚稻正抽穗扬花。如双季晚稻栽种过迟,早来低温阴雨形成的"秋分寒"天气,是双晚稻开花结实的主要威胁。此外,对冬季蔬菜如茼蒿、菠菜、大蒜、洋葱、青菜、黄芽菜等,秋分时节要进行播种定植。农田蔬菜要加强田间管理,以延长采摘供应期。

❈ 秋分民俗文化

⊙ 祭月

秋分是我国传统的"祭月节"。先民认为,日属阳之精,月属阴之精,"天地至尊,故用其始而祭以二至。日月次之天地,春分阳气方永,秋分阴向长,故祭以二分,为得阴阳之义"。因此,春分和秋分分别成了祭祀太阳和月亮的日子。

史书记载,早在周朝,古代帝王就有春分祭日、夏至

愿月常圆　清　吴友如

祭地、秋分祭月、冬至祭天的习俗,其祭祀的场所别称为日坛、地坛、月坛、天坛。分设在东、南、西、北四个方向。北京的月坛就是明清皇帝祭月的地方。

《国语·周语》载:"古者先王既有天下,又崇立于上帝,神明而敬事之,于是乎有朝日夕月,以教民事君。"夕,就是黄昏,月亮在黄昏时出现,在黄昏时祭月,所以叫"夕月"。《太常记》一书里说:"秋分祭夜明于夕月坛。"夜明就是月亮,因为月亮在夜晚时才大放光明,所以称月亮为"夜明"。《宋史·礼志》云:"秋分之时,昼夜平分,太阳当午而阴魂已生,遂行夕拜之祭。"清代潘荣陛《帝京岁时纪胜》载:"西郊夕月,乃国家明礼之大典也。"这种风俗不仅为帝王及上层贵族所奉行,随着社会的发展,也逐渐影响民间。

现在的中秋节就是由传统的祭月节演化而来的。由于祭月节在秋分这一天，在农历八月里的日子每年不同，不一定都是圆月，而祭月无月则大煞风景，所以，人们就将祭月节由秋分日调至每年农历八月十五日，这就有了中秋节。

⊙秋社·秋报

秋社，是我国古代的重要节令之一。汉以后，规定立秋后的第五个戊日为秋社，节期在秋分前后五天以内。秋报就是向社神报告收成，庆贺丰收。

月曼清游图册之琼台赏月

上古时期，先民们认为五谷丰收是由社神掌管的，所以周代就有报社的说法。《考经·援神契》中说："社者，五土之总神。土地广博，不可遍敬，而封土为社而祀之，以报功也。"《礼记·郊特性》："社，所以神之道也。地载万物，天垂象，取材于地，取法于天，是以尊天而亲地也。故教民美报焉。"这是古人在农业科学技术水平很低的情况下对土地的神化和崇拜，唐宋以后社日的宗教色彩淡化，逐渐演变为庆祝丰收、群众集会、休息娱乐的节日。

"八月秋社，各以社糕、社酒相赍送贵戚。宫院以猪羊肉、腰子、奶房、肚肺、鸭饼、瓜姜之属，切作棋子片样，滋味调和，铺于饭上，谓之'社饭'，请客供养。人家妇女皆归外家，晚归，即外公姨舅皆以新葫芦儿、枣儿为遗，俗云宜良外甥。市学先生预敛诸生钱作社会，以致雇倩、祇应、白席、歌唱之人。旧时各携花篮、果实、食物、社糕而散。"这是南宋孟元老《东京梦华录·秋社》中的记述，可知宋代的八月秋社是个很隆重的节日。

同庆丰收　天津杨柳青年画

据胡朴安《中华全国风俗志》记载，近代在安徽贵池一带，"秋社前数日，各家预备做会一切之物品，除香烛纸马之外，每家必须做些糯米粑。适至社日，均携香烛，捧米粑，在社令位前行礼敬神；名曰社令会。"当地在八月初谷物收获后，"凡初次所造之新米饭，均须献过祖宗、家神、灶君、社令，然后方食，名曰献新。"

南极星辉

⊙奉祀南极老人星

中国位于北半球，一年中只有从秋分以后，才能看到南极星（也称"老人星""南极老人"或"南极仙翁"），并且一闪即没，到春分以后，就完全看不到了，因此古人把南极星的出现视为祥瑞。皇帝在秋分这天清晨，也要率领文武百官到城外南郊去迎接南极星，称为"南候星"。

寿星一般指的是南极仙翁。民间传说，他长得慈眉善目，是一位好心肠的老神仙。最初，寿星指的是二十八宿中的角和亢，《尔雅·释天》说："寿星，角、亢也。"郭璞解释说："数起角亢,列宿之长,如日寿。"意思是说,寿星在众多星宿里是老大,故称"寿"。《史记·王官书》记载:狼星下方靠近地平线的位置有一颗大星,曰南极老人。历代人们所奉祀的寿星实际上专指南极老人星,认为有寿星出现则天下太平。

在收获农作物的季节,最怕阴雨连绵天气,届时,若能见到南极星,就意味着天气晴朗,收获有希望。收成好,生活就有保障,生命也会安然,否则就可能出现饥荒,生命受到威胁,于是古人把南极星看得特别重要并顶礼膜拜了。

古人还给予南极老人星许多的解释。《史记·天官书》说:"南极老人见,治安;常以秋分时,候之于南郊。"《晋书·天文志》说得更详细:"南极常以秋分之旦见于丙,春分之夕而没于丁,见则治平主寿,常以秋分候之南郊。"丙、丁是中国古天文里的经度,指广东省所跨占的位置。

奉祀南极老人星的活动,在古代均为君王主持。《通曲·礼四》载:"周制,秋分日享寿星于南郊。"《史记·封禅书》说南极老人"见则天下理安,故祠之,以祈福寿"。东汉时期,祭祀老人星与敬老活动

寿星

联系了起来:"仲秋之月,年始七十者,授之以王杖,哺之以糜粥。八十、九十,礼有加赐。王杖长九尺,端以鸠鸟为饰。鸠者,不噎之鸟也,欲老人不噎。是月也,祀老人星于国都南极老人庙。"(《后汉书·礼仪志》)东汉以后,这种祭祀被历代朝廷列为国家祀典。

随着祭祀寿星习俗的流传,寿星被人神化。唐朝时,寿星还仍然指星名。到了宋代,"寿星"一词已有了星名、神仙名、高寿者代称三层意思。

五福寿为先,寿星作为人们追求健康长寿的吉祥符号,深受大众的喜爱,其形象经常出现在年画、纹样中,寄予了人们无限美好的祝福和希望。

⊙秋祭

跟清明有些类似,秋分时亦有扫墓祭祖的习俗。一般在扫墓前先在祠堂举行隆重的祭祖仪式,杀猪、宰羊,请吹鼓手吹奏,由礼生念祭文等。扫墓活动开始,先扫祭开基祖和远祖坟墓,全族和全村出动,规模很大,队伍长达几百甚至千人。开基祖和远祖墓扫完之后,分房扫祭各房祖先坟墓,最后各家扫祭家庭私墓。大部分客家地区秋分祭祖扫墓,都以秋分或更早一些时候开始。

⊙吃秋菜

很多地方在秋分这天要吃一种叫作"野苋菜"的野菜,有的地方也称之为"秋碧蒿",这就是"吃秋菜"的习俗。秋分一到,全家人都去采摘秋菜,采回的鲜嫩秋菜,一般与鱼片滚汤,炖出来的汤叫作"秋汤"。

❀ 秋分保健养生

秋分,"昼夜均而寒暑平",人们养生时也要顺应时节,遵守"阴阳平衡"的原则,更好地调养身体。

从饮食上来说,应注意保健养生因人而异,体现"虚则补之,实则泻之""寒者热之,热者寒之"的原则,防止实者更实、虚者更虚而导致阴阳失调,总的原则是有利于阴平阳秘,相反的则为忌。老年人常阴气不足而阳气有余,应忌食大热滋补之品;发育中的儿童,如无特殊原因也不宜过分进补;痰湿质的人应忌食油腻;炎热体质的人应忌食辛辣;患有皮肤病、哮喘的人应忌食虾、蟹等海产品;胃寒的人应忌食生冷食物。

在食物搭配和饮食调剂方面,中医也是注意阴阳调和的。中医讲究药食同源,食物和中药的某些性质,尤其在补益或调养人体阴阳气血方面,其功能是相辅相通的关系。古代医者就把乌鸡、羊肉、驴皮、葱、姜、枣等作调补阴阳气血、胃气之用。在大量的食谱和菜肴中,也不难发现有很多药材配伍,如枸杞、怀山药、黄芪、茯苓、丁香、豆蔻、桂皮之类。药食配伍得当时,可提高食品保健、强身、祛病的功效。

以秋分开始,多风干燥,寒凉渐重,人体很容易患秋燥症,咽喉肿痛或咽炎就是秋燥最明显的表现。秋分之前有暑热的余气,故多见于温燥;秋分的燥是凉燥。凉燥侵犯人体多由于体质虚弱,不胜凉劲肃杀之秋气的侵侮所致。要防止秋燥就得锻炼身体,增强体质,提高抗病能力。平时注意多喝水,多吃清润、湿润的食物,如糯米、蜂蜜、乳品、梨等,以滋阴润肺。可适当吃些辛味、酸味、甘润或具有降肺气功效的果蔬,特别是白萝卜、胡萝卜。

秋分是胃肠道疾病的多发季节。祖国医学认为,胃肠道对寒冷的刺激非常敏感,如果防护不当,不注意饮食和生活规律,就会引发胃肠道疾病,出现反酸、腹胀、腹泻、腹痛等症,或使原来的胃病加重。所以患有慢性胃炎的人,此时要特别注意胃部的保暖,适时增添衣服,夜晚盖好被褥,以防腹部着凉而引发胃痛或加重旧病。

到了秋分,天气日益寒冷,落叶纷飞,萧条的景象往往令人忧思,时间久了,自信心很容易受挫,不利于身心健康。金代医学家李东恒说:"凡怒悲生恐惧,皆损元气。"《医学类编》也说:"若日逐攘扰烦,神不守舍,则易于衰老。"故应保持情绪稳定,心如秋月,清静安宁。

民间曾流行一首《十叟长寿歌》,歌谣中通过路人与十位百岁老人的问答,揭示了长寿养生的奥秘。全文如下:

昔有行路人,海滨逢十叟。

年皆百岁余,精神加倍有。

诚心来拜求：何以得高寿？

一叟捻须曰：我不湎旨酒。

二叟笑莞尔：饭后百步走。

三叟颔首频：淡泊甘蔬糗。

四叟拄石杖：安步当车久。

五叟整衣袖：服劳自动手。

六叟运阴阳：太极日月走。

七叟摩巨鼻：空气通窗牖。

八叟抚赤颊：沐日令颜黝。

九叟扶短鬓：早起亦早休。

十叟轩双眉：坦坦无忧愁。

善哉十叟词，妙诀一一剖。

若能遵以行，定卜登上寿。

《十叟长寿歌》中的十位老人的养生健体、延年益寿之道，大致是饮食清淡、坚持锻炼、生活自理、起居有常、心胸坦荡等。他们的养生经验符合现代养生科学，值得记取。

❀ 秋分节气诗词

秋分后顿凄冷有感

宋·陆游

今年秋气早，木落不待黄。

蟋蟀当在宇，遽已近我床。

况我老当逝，且复小彷徉。

岂无一樽酒，亦有书在傍。

饮酒读古书，慨然想黄唐。

耄矣狂未除，谁能药膏肓。

秋分日忆用济

清·紫静仪

遇节思吾子,吟诗对夕曛。

燕将明日去,秋向此时分。

逆旅空弹铗,生涯只卖文。

归帆宜早挂,莫待雪纷纷。

道中秋分

清·黄景仁

万态深秋去不穷,客程常背伯劳东。

残星水冷鱼龙夜,独雁天高闾阖风。

瘦马羸童行得得,高原古木听空空。

欲知道路看人意,五度清霜压断蓬。

❀ 秋分节气谚语

秋分有雨天不干。

秋分秋分,雨水纷纷。

秋分冷雨来春早。

秋分有雨寒露凉。

秋分天晴必久旱。

秋分不宜晴,微雨好年景。

秋分白云多,处处欢歌好晚禾,只怕此日雷电闪,秋收稻谷存几何。

秋分雨多雷电闪,今冬雷雨不会多。

秋分前后有风霜。

秋分出雾,三九前有雪。

秋分出虹连日雨。

秋分北风多寒冷。

秋分东风来年旱。

秋分西北风,冬天多雨雪。

秋兴八景图(部分)　明　董其昌

秋分以后雪连天。

秋分四忙，割打晒藏。

秋分种山岭，寒露种平川。

淤种秋分，沙种寒露。

秋分收花生，晚了落果叶落空。

秋分见麦苗，寒露麦针倒。

秋分露重，冬季多霜。

秋分梨子甜。

热至秋分，冷至春分。

秋分种菜，小雪腌菜。

秋分无生田，收割莫迟延。

秋分前后割高粱。

秋分糜子寒露谷。

秋分菱角舞刀枪，霜降山上柿子黄。

寒　　露

❀ 寒露气候与农事

　　每年公历的 10 月 8 日或 9 日,当太阳移至黄经 195°时,寒露节气开始。这时太阳直射点从赤道南移,北半球气温继续下降,与白露相比,天气更凉,地面的露水更多且有森森寒意,故有"寒露"之称。《月令·七十二候集解》云:"九月节,露气寒冷,将凝结矣。"

　　我国古代将寒露分为三候:第一个候应叫"鸿雁来宾",意思是时至寒露,天空中仍有由北向南迁徙越冬的雁群。另有一种解释则是:"宾"是"滨"的意思,也就是水边。寒露时,鸿雁都南下飞往江南的水滨了。第二候的候应叫"雀入大水为蛤"。由于气温下降,雨量锐减,江河到了一年中的枯水季节,山雀飞入干枯河道的卵石间跳来跳去地觅食,不细看还以为是蛤蟆。又有一种解释是,深秋天寒,雀鸟都不见了,古人看到海边突然出现很多蛤蜊,并且贝壳的条纹及颜色与雀鸟很相似,所以便以为是雀鸟变成的。第三候的候应称为"菊有黄华"。一到寒露,黄色的

菊艳蟹腴图　清　任伯年

菊花开始盛开了。

寒露的物候现象显示,北方冷空气已有一定势力,我国大多数地区在冷高压控制之下,气温下降了许多。此时 10 ℃的等温线已南移到秦岭—淮河一线,长城以北则普遍降到 0 ℃以下。华南气温多不到 20 ℃。即使在长江沿岸地区也很难升到 30 ℃以上,而最低气温可降至 10 ℃以下。西北高原除了少数河谷低地以外,平均气温普遍低于 10 ℃。

寒露时节昼暖夜凉,天气稳定少雨,对秋收非常有利。黄河中下游地区,秋收已近尾声,农民一般在场院上脱粒、翻晒,准备收粮入库。华北平原的甘薯薯块逐渐停止膨大,这时清晨的气温一般在 10 ℃以下或更低,应根据天气情况抓紧收获,争取在早霜前收完,否则在地里经受低温时间过长,会因受冻而导致薯块"硬心",降低食用、饲用和工业用价值,也不能贮藏或作种用。

寒露时节,我国绝大部分地区雷暴已消失,只有云南、四川和贵州局部地区尚可听到雷声。华北 10 月份降水量一般只有 9 月份降水量的一半或更少,西北地区则只有几毫米到二十几毫米。在此时节干旱少雨往往给冬小麦的适时播种带来困难,应设法造墒抢墒播种,保证在霜降前后播种,切不可被动等雨导致早霜种晚麦。寒露前后又是长江流域直播油菜的适宜播种期,品种安排上应先播甘蓝型品种,后播白菜型品种。淮河以南的绿肥播种要抓紧扫尾,已出苗的要清沟沥水,防止涝渍。

在寒露前后,海南和我国西南地区一些省份一般仍然是秋雨连绵,少数年份江淮及江南也会出现阴雨天气,对秋收秋种有一定的影响。趁天晴要抓紧采收棉花,遇降温早的年份,还可以趁气温不算太低时把棉花收回来。江淮及江南的单季晚稻即将成熟,双季晚稻正在灌浆,要注意间歇灌溉,保持田间湿润。在高原地区,寒露前后是雪害最严重的季节之一,积雪阻塞交通,危害畜牧业生产,应该注意预防。

南方晚稻还要防御寒露风。寒露风是指秋季冷空气入侵引起明显降温而使水稻减产的低温冷害。南方晚稻抽穗扬花的关键时期,如遇低温危害(出现持续 3 天以上低于 22 ℃的低温天气),就会造成空壳、瘪粒,导致减产。这样的气象灾害,两广、福建多发生在秋季寒露节气期间,故名"寒露风"。长江中下游地区双季稻同样易遭受低温危害,习惯上仍沿用"寒露风"一词,虽然出现的时间不同,但都是指秋季低温给晚稻抽穗扬花、灌浆造成的危害。

大面积种植的晚稻,采取适当的预防措施,是可以减轻寒露风危害的。根据气象预测,在冷空气来临前,一般用温度较高的河水进行夜灌和灌深水或喷水,使株间温度相对较高,减缓降温过程。另外,将保温剂喷在叶面或滴入水中形成膜状,抑制水分蒸发,减少耗热,以减轻低温危害。平时,加强田间管理,合理施肥,科学用水,增强根系活力和叶片的同化作用,使植株生长健壮,提高植株的抗低温能力。此外,合理搭配品种,有序安排生产,选育抗低温高产品种,也可以在一定程度上避免寒露风造成的损失。

"寒露霜降节,紧风就是雪",人们开始准备越冬的蔬菜了。大白菜抱心,"寒露一到百草枯,薯麦收藏莫迟误",北方的土豆已刨完,而南方此时还可以播种油菜类耐寒蔬菜。

❀ 寒露民俗文化

⊙赏红叶

寒露时节,枫树、乌桕树、柿树等叶片变红,胜于"二月花"。此时到香山赏红叶,早已成为北京市民的传统习惯。

入秋后,天气逐渐由凉爽转向寒冷,草叶开始披露挂霜,北方树叶枯黄飘落,唯枫树、乌桕树、柿树等叶因叶绿素受到破坏而使其原先被掩盖的胡萝卜素和叶黄素等转为优势,与花青素呈现的红色一起,

秋叶螳螂　齐白石

使树叶变成浅红、深绛、橙黄等色泽,共同装点着美丽秋色。香山红叶,

如火似锦。此外,北京八达岭、卧佛寺、密云水库等地,也是红叶漫漫,灿若云霞,以其特有的美景吸引着众多游人。

晚唐诗人杜牧在《山行》中描写红叶:"远上寒山石径斜,白云生处有人家。停车坐爱枫林晚,霜叶红于二月花。"这首诗描绘了一幅轻清秀艳的"枫叶秋晚图":远处寒山萧索,一条石径盘山而上,白云缭绕的山林深处,秋烟袅袅竹篱茅舍的农家隐约可见。远处的山路旁,夕照中枫林分外红艳,诗人不禁为之停车驻足,流连忘返。

寒露时节树叶会变红的树,除枫树以外,常见还有柿树、乌桕树、爪槭、黄栌,以及黄连木、红叶李、火炬树、红楝、水杉、漆树、檫树、山槐、山棠、银杏等,不下千余种。这些不同树种的红叶又红得各有千秋(由于红、黄色素不同比例的配合),有的呈绯红,有的呈桃红,而更多的呈橙红、紫红、朱红、猩红、绛红……使万山红遍,层林尽染。

不过,适合寒露时节赏红叶的是北方地区,尤其是黄河以北。我国南北跨越纬度范围大,南方各地红叶呈现的时间,一般在霜降前后。南方观赏红叶以南京的栖霞山、苏州的天平山和长沙的岳麓山最为著名。成都米亚罗红叶风景区是我国最大的红叶观赏区。浙江杭州灵隐西山、临安天目山、山东石门、江西庐山和长江三峡都是著名的观赏红叶的胜地。

金风送爽,红叶流丹,万木似锦,焕发出姹紫嫣红、灼灼夺目的色彩,给人们制造出了一个秋天里的春天。

⊙登高

寒露时节前后,有一个重要的节日是重阳节,在农历九月初九。这一天,我国自古以来有登高的习俗,所以又被称为登高节。

"九日天气晴,登高无秋云,造化群山岳,了然楚汉分。"这是唐代诗人李白的《九日登巴陵望洞庭水军》。王维则在《九月九日忆山东兄弟》中吟道:"独在异乡为异客,每逢佳节倍思亲。遥知兄弟登高处,遍插茱萸少一人。"此诗真切地描写出了重阳登高活动场景和诗人与亲朋的深厚情谊。

在宋代,登高之风依然风行。《东京梦华录》载:"都人多出郊外登高,如仓王庙、四里桥、愁台、梁王城、砚台、毛驼冈、独乐冈等处宴聚。"明代,皇帝亲自到万岁山登高。清代,皇宫御花园内设有供皇帝重阳登高的假山。在民间,早期以登阜成门外五塔寺和左安门内法藏寺为盛,晚清以登陶然亭、蓟门烟树(德外土城)、八大处等为多。人们对登高之处,没有一定限制,一般是登高山、高塔。

陟彼高冈　清　吴友如

关于重阳登高,有一个古老的传说,相传在东汉时期,汝南县附近的汝河里有个瘟魔,只要它一出现,就有人病倒,天天有人丧命,这一带的百姓受尽了瘟魔的蹂躏。当时,桓景的父母也被一场瘟疫夺走了性命,桓景决心访仙学艺,为乡亲除掉瘟魔。

桓景遍访名山高士,打听到终南山中住着一个叫费长房的神仙,法力无边。在仙鹤的指引下,他翻过了几座山,终于找到那个有着神奇法力的费长房。费长房为桓景的精神所感动,终于收留了他。费长房教桓景降妖剑术,又赠他一把降妖剑。桓景废寝忘食地苦练,转眼几个月过去了。一天,桓景正在练剑,费长房走过来对他说:"明天九月初九,瘟魔又要出来作恶,你本领已经学成,该回去为民除害了。"费长房还送了桓景一包茱萸叶,一坛菊花酒,并且密授他用茱萸叶、菊花酒辟邪的方法,随后让桓景骑着仙鹤飞回汝南。

桓景回到家乡,召集众乡亲,把费长房的话告诉大伙。第二天清晨,他领着妻子儿女、乡亲父老登上附近一座山,分给每人一片茱萸叶子、一盅菊花酒。中午时分,只听汝河怒吼,怪风旋起,瘟魔出水走上岸来。瘟魔刚蹿到山下,突然闻得酒气扑鼻,茱萸浓香钻入肺腑,不敢近前。桓景手持降妖剑追下山来,几个回合就把瘟魔刺死了。

自此以后,汝河两岸的百姓再也不受瘟魔的侵害了。人们为了纪念

279

桓景为民除害，在每年九月初九都纷纷插茱萸、带菊花酒外出登高，久而久之，便成为习俗。

这一传说，现在看来当然是不可信的。不过从中可以看出古人避祸消灾、健身长寿的美好愿望。因为寒露节气正值天高气爽，人们登高远眺秋色佳景，心旷神怡，而登高本身就是一种有益的体育活动。菊花酒饮后可以明目、治头昏、降血压。茱萸可驱蚊虫，入药可治遗精、腹泻、呕吐和便秘等症。古人把重阳登高、插茱萸、饮菊花酒与消灾防病联系在一起了。

❀ 寒露保健养生

到了寒露时节，天气逐渐由凉转寒，养生要顺应自然界的变化，以保证体内的阴阳平衡。"秋冬养阴"，寒露气候变冷时正是人体阳气收敛、阴精潜藏于内之时，因此应注意保养体内的阴气，养生重"养守"。

寒露期间的早晨充满寒气，使人冷得感到皮肤发紧。对这种寒气不能忽视。据统计，当气温急剧下降时，如果不注意就会患气喘和感冒。一过寒露，天气经常会出现这样的气温下降现象。特别在夜间要多加注意。早上太阳开始露面，天气渐渐暖和，但下午5点时气温就会下降。

由于天气由凉转寒，在穿着上也需适应天气的变化。"见凉加衣，见热脱衣"，要及时增添衣服，免受风寒，但又要注意适当"秋冻"，即在气候开始转凉时，慢慢增加衣服，逐渐锻炼机体抗寒能力。这对体弱者预防感冒极为有益。感冒是寒露时节最易流行的疾病。这是由于干燥的空气和不断下降的气温共同作用，使得感冒病毒的致病力增强。如果外界气温低于15℃，很可能受凉而伤风感冒，因此这个时节要加强锻炼以增强体质，提高身体的防病能力，同时适时增添衣服。此时，慢性扁桃腺炎患者易咽痛，哮喘、痔疮患者的病症也会加重，因此防病不可忽视。

自古秋为金秋,肺在五行中属金,故肺气与金秋之气相应,"金秋之时,燥气当令",此时燥气袭肺伤津,易出现咽喉干燥、干咳少痰、皮肤皱干、甚至毛发脱落和大便秘结等一系列的秋燥症状。"燥者润之"(《黄帝内经》),这个时节养生重点是养阴防燥、润肺益胃。饮食调养以滋阴润燥(肺)为宜。平时应多食用芝麻、糯米、粳米、蜂蜜、核桃、银耳、萝卜、番茄、莲藕、百合、沙参、乳制品等滋阴润燥、益胃生津作用的食品,同时增加鸡、鸭、牛肉、猪肝、鱼、虾、大枣、山药等以增强体质。

在饮食平衡、全面的基础上,根据个人的具体情况,适当多食甘、淡、滋润的食品,既可补胃,又能养肺润肠,可防治咽干口燥等症。水果有梨、柿、香蕉等,蔬菜有胡萝卜、冬瓜、藕等及豆类、菌类、海带、紫菜等。早餐应吃温食,最好喝热药粥,如甘蔗粥、沙参粥、生地粥、黄精粥等。中老年人和慢性病患者应多吃些红枣、莲子、山药、鸡、鱼、肉等食品。

在寒露时节,人要进补,更要排毒。合适的排毒食品既有益健康,又可以强身健体。菌类富含的硒元素可以帮助体内清洁血液,清除污物,经常食用可以起到非常好的润肠、排毒、降血压、降胆固醇、防血管硬化以及提高机体免疫力的功效。同时菌类食物也是非常好的抗癌食品。新鲜果蔬汁中含有丰富的膳食纤维、维生素等,对清除体内毒素也有很重要的作用。猪血含有丰富的血浆蛋白,可在人体胃酸和消化液中多种酶作用下产生一种具有解毒、润肠作用的物质,还能把肠胃中的粉尘、有害金属微粒等结合成人体不能吸收的物质,通过粪便排出体外。所以猪血汤是一种非常好的食品。

茶是平时、也是秋季最好的保健养生饮品,红、绿茶均可。饮茶要因人而异:老年人以饮红茶为宜;妇女、儿童则宜饮淡绿茶;胃病者最宜喝红茶;体力劳动者宜喝浓绿茶。

人们会发现,寒露时节脱发情况明显。传统的中医理论认为,秋季干燥,燥易伤肺,肺主皮毛,若肺虚,则卫

外不足、毛发不固。现代医学研究也得出了类似的结果。预防脱发，首先要保证充足的营养摄入，铁、钙、锌、维生素 A、B 族维生素、维生素 C 及蛋白质等营养素对头发的生长非常有好处，可多吃豆制品、乳制品、海鲜等食物。其次要保持头发清洁，避免用太热的水和碱性清洁品洗头发，多做头部按摩，促进血液循环，出门时还要适当给秀发防晒，以防紫外线损伤头发。此外，防治脱发还须不熬夜、不过度饮酒、不吃辛辣油腻食物。

"秋三月，早卧早起，与鸡俱兴。"（《黄帝内经·素问·四气调神大论》）早卧以顺应阴精的收藏，早起以顺应阳气的舒达。空气清新的早晨，或阳光温暖的午后，到广场或公园打太极拳、散步，不但能强身健体，还能调整心态，对身心健康大有裨益。

❀ 寒露节气诗词

秋兴（其一）
唐·杜甫

玉露凋伤枫树林，巫山巫峡气萧森。
江间波浪兼天涌，塞上风云接地阴。
丛菊两开他日泪，孤舟一系故园心。
寒衣处处催刀尺，白帝城高急暮砧。

月夜梧桐叶上见寒露
唐·戴察

萧疏桐叶上，月白露初团。
滴沥清光满，荧煌素彩寒。
风摇愁玉坠，枝动惜珠干。
气冷疑秋晚，声微觉夜阑。
凝空流欲遍，润物净宜看。
莫厌窥临倦，将晞聚更难。

巫峡秋涛图　清　袁耀

嘉定己巳立秋得膈上疾近寒露乃小愈

宋·陆游

小诗闲淡如秋水，病后殊胜未病时。

自翦矮笺誊断稿，不嫌墨浅字倾欹。

❀ 寒露节气谚语

寒露无雨，百日无霜。

晴天寒露冬雪少，春雨多。

寒露起黑云，冷雨时间长。

寒露有雨雨淋淋。

寒露有雨沤霜降。

寒露落雨烂谷子。

寒露若逢下雨天，正月二月雨涟涟。

寒露阴雨秋霜晚。

寒露有霜，晚稻受伤。

寒露前后有雷，来年多雨。

寒露降了霜，一冬暖洋洋。

寒露不寒，明春不冷。

寒露南风冬天暖。

寒露风，霜降雨。

禾怕寒露风。

寒露热南风，快防寒露风。

寒露北风小雪霜。

寒露北风旱，深冬白霜多。

寒露正北少霜雪。

寒露节前北风多，往后雨水没几天。

寒露百草枯。

寒露割秋稻。

寒露油菜霜降麦。

寒露不摘棉，霜打莫怨天。

寒露到霜降，种麦日夜忙。

八月寒露抢着种，九月寒露想着种。

遭了寒露风，收成一场空。

有水不怕寒露风。

寒露多雨，芒种少雨。

寒露多雨，春季无大水。

寒露无青稻，霜降一齐倒。

棉怕八月连阴雨，稻怕寒露一朝霜。

寒露到霜降，种麦就慌张。

寒露蚕豆霜降麦。

寒露麦入泥，霜降麦头齐。

十月寒露霜降到，搞了棉花收晚稻。

寒露早，立冬迟，霜降收薯正当时。

寒露霜降十月归，耕地扎菜正当紧。

寒露种菜小雪挑，小雪种菜只要浇。

寒露霜降水退少，鱼奔深潭客奔家。

寒露柿红皮，摘下去赶集。

过了寒露节，黄土硬似铁。

豆子寒露使镰钩，骑着霜降收芋头。

寒露收山楂，霜降刨地瓜。

寒露节到天气凉，相同鱼种要并塘。

寒露不刨葱，必定心里空。

寒露早，立冬迟，霜降种麦正当时。

寒露高粱拉回家。

霜　　降

❀ 霜降气候与农事

霜降是秋季里的最后一个节气。每年公历 10 月 23 日或 24 日,当太阳移至黄经 210°时,霜降开始。《月令·七十二候集解》云:"九月中,气肃而凝,露结为霜矣。"

同样是水汽,同样因气温的变化而变化,但与依旧为水形的白露、寒露相比,"霜"已经是结晶物。时至霜降节气,天气渐有冷意,虽仍是秋季,但已是"千树扫作一番黄"的暮秋、残秋、晚秋了。

霜降反映我国北方"霜始降"的现象。霜降第一候的候应叫"豺乃祭兽"。豺是一种野兽,捕食其他野兽时有先排列出来再吃的习惯,看起来好像是祭拜天地。第二候的候应为"草木黄落",此时的野草树木都已枯黄落叶了。霜降第三候的候应称作"蛰虫咸俯","咸俯"是垂头不动的样子,冬眠的小昆虫在其洞穴中垂头不食了。它们感到了天地间的阴气,冬眠是它们守住体内阳气的唯一办法。

霜不是从空中降落下来的,而是近地面水汽的一种凝华现象。秋夜没有云彩,地面强烈散热,温度骤然下降到 0 ℃以下,近地面的水汽就凝华在溪边、桥上、草木和泥土上,形成细微的白色冰屑,这就是霜。霜只在晴天形成,所以有

"浓霜猛太阳"的说法。

气象学上，一般把秋季出现的第一次霜叫作"早霜"或"初霜"。也有把早霜叫"菊花霜"的，因为此时菊花盛开。春季出现的最后一次霜称为"晚霜"或"终霜"。从终霜到初霜的间隔时期，就是无霜期。

我国地域辽阔，即使在纬度相同的地方，由于海拔高度和地形的不同，贴地层空气的温度和湿度有差异，初霜期和年霜日数也就不一样。全国各地的初霜自北向南、自高山向平原逐渐推迟。除全年有霜的地区外，最早见霜的是大兴安岭北部，一般8月底就可见霜；东北大部、内蒙古和新疆北部初霜多在9月份；10月初，寒霜已出现在沈阳、承德、榆林、昌都至拉萨一线；11月初，山东半岛、郑州、西安到滇西北已可见霜。我国东部北纬30°左右、汉水、云南省北纬20°左右的地区要到12月初才开始见霜。而厦门、广州到百色、思茅一带见霜时已是1月上旬了。

人们能用肉眼见到的霜又叫"白霜"。随着"白霜"的出现，作物可能受到伤害，气象学上称之为霜冻。霜冻指气温突然下降到低于作物生长的最低温度，使农作物遭受冻害的现象。当温度降到0℃以下时多数作物就会受害，所以一般最低地面温度降到0℃就算出现霜冻。有霜时往往有霜冻，出现霜冻时可以有霜，也可以没有霜（因空气中水汽稀少，此时有人称为黑霜）。只要温度降低到作物生长所能耐受的最低温度时，都能引起冻害的产生。

霜冻的危害在"冻"而不在霜。由于霜冻时温度降到0℃以下，植物细胞内和细胞间隙中的水分就会发生结冰现象，因而造成水分流失而增加植物细胞内部的盐分浓度，使蛋白质沉淀，因结冰和冰晶的增大又使细胞受到机械压缩。于是，霜冻往往使植物受到损害，甚至死亡。

当预知霜冻即将发生时，可采取临时防御措施。常见的有人工烟幕法，燃烧一种化学发烟剂制的烟幕弹来造成烟幕，在无风晴夜使用，可使近地面层空气温度提高1℃左右。燃烧杂草、枯枝等形成烟幕也可以防止地面散热。各地群众常采用调整作物播种期和移栽期、适当选择作物品种、合理搭配作物种植比例，以及田间管理、灌水、浇水、喷灌、地面覆盖等办法防御霜冻，都起到了良好的效果。

霜降时节，我国北方大部分地区已在秋收扫尾，俗话说，"霜降不起葱,越长越要空",此时即使耐寒的葱也不能再长了。东北北部、内蒙古东部和西北大部平均气温已在0 ℃以下,土壤冻结,冬作物停止生长。东北大豆收获,晚麦宜选用春性品种下种,已出苗的要查苗补种。在南方,却是"三秋"大忙季节,单季杂交稻、晚稻收割,种早茬麦,栽早茬油菜;摘棉花,拔除棉秸,耕翻整地。华北地区大白菜即将收获,要加强后期管理。霜降时节,我国大部分地区进入了干季,要高度重视护林防火工作。

霜降民俗文化

⊙ 祭旗神

霜降这天,古代官府有祭旗神和阅兵大典,并在阅兵时举行骑术表演。明人田汝成《西湖游览志馀》载:"霜降之日,帅府致祭旗纛之神,因而张列军器,以金鼓导之,绕街迎赛,谓之'扬兵'。旗帜、刀戟、弓矢、斧钺、盔甲之属,种种精明,有飚骑数十,飞鬐往来,逞弄解数,如'双燕绰水''二鬼争环''隔肚穿针''枯松倒挂''魁星踢斗''夜叉探海''八蛮进宝''四女呈妖''六臂哪吒''二仙传道''圯桥进履''玉女穿梭''担水救火''踏梯望月'之属,穷态极变,难以殚名,腾跃上下,不离鞍镫之间,犹猿猱之寄木也。"

到了清代,霜降阅兵大典,仍按时举行。厉惕斋《真州竹枝词引》云:"霜降节祀旗纛神,游府率其属,顶盔贯铠,刀矛雪亮,旗帜鲜明,往来于道,谓之'迎霜降'。尝见由南城墙上,而东而北下至教场,军容甚肃……"

古代中国人多半在秋天大动干戈,讨伐敌寇,以应金风肃杀之气。霜降时阅兵,正好预作打仗前的检查准备,以期王师出征,凯歌而还。

此外,相传清代以前,江苏常州府武进县的教场演武厅旁的旗纛庙有隆重的祭旗神仪式,以期拔除不祥、天下太平。霜降日的五更清晨,府、县的总兵和武官们都要全副武装,身穿盔甲,手持刀枪弓箭,列队前往,会集庙中,向旗神合行三跪九叩首的大礼。礼毕,列队齐放空枪三响,然后再试火炮、打枪,谓之"打霜降",百姓观者如潮。据说,武将"打霜降"以后,司霜的神灵就不敢随便下霜危害本地农作物了。

乾隆大阅图（局部）

⊙赏菊

霜降时节，秋菊盛开，绽放阳光似的金色。

"菊"字也写作"鞠"。或者"鞠"上再加"艸"头。鞠有"敛"的意思，也就是"盈"的意思。杜甫《佳人》诗句"采柏动盈掬"，就是"掬"的最好注脚。"匊"是"掬"的本字。匊就是两手捧一把米的形象。用两手包起一把米来叫作"一掬"或"一捧"。菊花的头状花序生得十分紧凑，活像一个团儿似的。人们发现菊花花瓣紧凑、团结的这个特点，所以把它叫作"菊"。

《礼记·月令》："鞠有黄华。"所以菊花也叫"黄花"。苏轼"相逢不用忙归去，明日黄花蝶也愁"、李清照"人比黄花瘦"等句中的黄花，都是指的菊花。菊花品种繁多，花形花貌极富变化，或端庄如明月高悬，或素装如少女婷立，或飘逸似仙女舒袖，或生动如白鸥展翅。菊花花色丰富，先有黄色，次有白色，至今已是色彩缤纷。千百年来，人们不但喜欢菊花叶茂花繁，清新高雅，而且更喜它傲霜耐寒之气概。菊花不仅是名贵的观赏植物，还是有名的药用植物。在《神农本草经》里，菊花被列为上品，并记载它主治"诸风、头眩、肿痛、目欲脱，皮肤死肌、恶风湿痹"，久服可"利血气，轻身耐老延年"。东晋葛洪《抱朴子》里记述这样一件事：南阳郦县（今河南内乡县）山中有甘谷，水所以甘者，谷上左右皆生菊花，谷中居民，悉食甘谷水，无不长寿。据说谷中 30 户人家世代长寿。据明代李时珍研究，认为菊花"其苗可蔬，叶可啜，花可饵，根实可药，囊之可枕，酿之可饮，自木至末罔不有功宜乎"。现代化学分析表明，菊花含有挥发油、腺嘌呤、胆碱、菊甙、氨基酸、维生素 B 等，对治疗冠心病和高血压症，有明显效果，经常服用菊花，对人体保健、防病和延年益寿，大有裨益。

湖石菊蝶图　清　马荃

秋季节气篇

每年霜降时节，很多地方要举行菊花会，以示对菊花的崇敬和爱戴。北京地区的菊花会多在天宁寺、陶然亭公园等处举行。菊花会的菊花品种多为珍品。有的数百盆堆积成塔，称作九花塔，红、黑、白、黄、橙、绿、紫，色彩缤纷。品种有金边大红、紫凤双叠、映日荷花、粉牡丹、黑虎须、秋水芙蓉等几百种以上，还有作饮料用和药用的菊花。文人墨客边赏菊，边饮酒、赋诗、泼墨，十分热闹。过去富贵人家举办一种小规模的菊花会，不用出家门。他们在霜降前采集百盆珍品菊花，架置广厦中，前轩后轻，也搭菊花塔。菊花塔前摆上好酒好菜，先是按家人长幼为序，向菊花神鞠躬作揖，然后饮酒赏菊。

清代文人王韬《瀛濡杂志》记载了当时上海城隍庙的菊花会盛况。他说，菊花会在九月中旬，近来设在萃秀堂门外，绕过了湖石，到东北角上境地开朗，远远地就瞧见菊影婆娑，全呈眼底。无数的菊花，高低疏密，罗列堂前，争奇斗艳。所有的花，先经识者品评，分为甲等、乙等，并划为三类，一是新巧，二是高贵，三是珍异，只因名目繁多，记不胜记。现在，菊花会这项活动在一些地区还有保留。

289

⊙吃柿子

在霜降节，南方很多地区都有吃柿子的习俗。俗话说："霜降吃红柿，不会流鼻涕。"意思是此时吃柿子，冬天就不易感冒、流鼻涕。此时柿子已成熟，个大、色艳、皮薄、肉鲜、味美，营养价值高。柿子可濡养脾胃，更有益于秋冬进补。

中医认为，柿子味甘、涩，性寒，归肺经。李时珍《本草纲目》记载"柿乃脾、肺、血分之果也。其味甘而气平，性涩而能收，故有健脾涩肠，治嗽止血之功"。说的就是柿子有清热去燥、润肺化痰、止渴生津、健脾、治痢、止血等功效。所以柿子是慢性支气管炎、高血压、动脉硬化、内外痔疮患者的天然保健品。

柿子的品种约有一千多种。根据果实在树上成熟前能否自然脱涩分为涩柿和甜柿两类。除鲜食外人们还将柿子整个晒干制成柿饼。柿饼外部有一层白色粉末，叫作柿霜。柿霜主要是由内部渗出的葡萄糖凝结成的晶体构成，它是柿子的精华，食用的时候不要除去。柿饼具有涩肠、润肺、止血、和胃等功效。适合脾胃消化功能正常的人食用。

柿子好吃，也不能多吃，最好在饭后吃。柿子含有较多的鞣酸和果胶，空腹吃柿子易在胃酸的作用下形成大小不等的硬块，硬块越积越大而不能到达小肠，就会在胃中滞留形成胃柿石，若无法排出，就会造成消化道阻塞，出现上腹部剧烈疼痛、呕吐甚至呕血等症状，这在医学上被称为"胃柿石病"。因此，不可在空腹时吃柿子。

柿子　齐白石

❀ 霜降保健养生

霜降时节,天气由凉转冷,又由冷转寒,这样的天气很容易造成人的植物神经功能紊乱,肠胃蠕动也会变得异常,许多疾病都可能"乘虚而入",所以这个时候人们一定要注意保暖。

深秋的天气越来越冷,如果不注意保暖,受到冷空气的刺激,会使膝关节的关节软骨代谢能力减弱,免疫能力降低,造成对关节软骨的损害,日积月累就会引起膝关节炎。膝关节炎是一种常见病,发病多因体虚,加以风、寒、湿等外邪侵袭而致,主要表现有疼痛、肿胀、畸形、运动障碍四大症状。平时要重视膝关节及脚部保暖。常用热水泡脚以增加膝关节血液循环。多锻炼身体能增强抗病能力,抵御风寒湿邪的侵袭。老年人运动时,做屈膝动作时间不宜过长,要尽量减少膝关节的负重。饮食上,多吃含蛋白质、钙质、异黄酮的食物,这样既能补充蛋白质、钙质,防止骨质疏松,又能生长软骨及关节的润滑液。

由于霜降时节天气转寒,人们食欲大增,加之外界因素的影响,此时节也是胃溃疡病的高发期。胃溃疡是消化系统常见疾病,其典型表现为饥饿不适、饱胀嗳气、泛酸或餐后定时的慢性中上腹疼痛。胃溃疡是一种多发病、慢性病,常常因气候变化、情绪起伏、饮食不节等因素诱发。因此,霜降时节胃溃疡病人要好好养胃。饮食应做到"五要":少吃多餐,定时定量,营养丰富,低脂低糖,容易消化。还要做到"五忌":油炸煎烤,酸醋辛辣,生硬冷烫,过浓过咸,烟酒茶糖。平时,应保持心态平和。精神紧张、过分忧虑、情绪激动时,胃液分泌量大为增加,过量胃液中的胃酸破坏胃黏膜屏障,会引起黏膜损伤性病变,从而引起溃疡。

讲究保健养生的人们会在霜降前后开始进补。民谚有"补冬不如补霜降""霜降进补,来年打虎"等说法,都是很有道理的。研究显示,蛋白质被摄入人体后会释放 30%～40% 的热量,而脂肪、糖类的释放量则分别为 5%～6% 和 4%～5%,蛋白质的这种特性被称为"特殊热力效应"。这说明多摄入富含蛋白质的食物可增强人体的抗寒能力,因此蛋白质是最适合霜降时节补充的营养物质。另外,充足的蛋白质还能提高人的兴奋度,使人精力充沛。根据营养学分析,肉类蛋白质含量由多到少依次为:羊肉、兔肉、鸡肉、牛肉、鸭肉、猪肉。不过,更为重要的是,人们要根据自己的身体状况选择进补食材。中医认为,春要升补、夏要清补、长夏要淡补、秋要平补、冬要温补。霜降之时,应以平补为原则。适宜的食物有梨、苹果、橄榄、白果、洋葱、芥菜等。这些食物有生津润燥、清热化痰、止咳平喘、固肾补肺的功效。此时应少吃寒凉的食物,如海鱼、虾及

各种冷饮等,以免伤肺而引发疾病。霜降后进补,一般以保暖、润燥、健脾、养胃为主,应该多吃些梨、苹果、白果、洋葱,少吃冷硬食物,忌强刺激、暴饮暴食,还要注意胃的保暖。另外,白薯、山芋、山药、藕、荸荠,都是这个时节适宜吃的食物。还可以多吃些百合、蜂蜜、莲子、葡萄、大枣、芝麻、核桃等食物,也很有保健效果。慢性病患者,脾胃虚寒者以及老年人进补时要遵循健脾、补肝、清肺的原则,选择汤、粥等气平味淡、作用缓和的温热食物,其所含营养物质容易被人体吸收,能更好地达到提高人体免疫力、保持精力充沛、防治疾病的功效。

正当霜降进补时节,如果因牙齿问题而不能享受美食,将是一件十分痛苦的事。古人认为"齿为筋骨之余",齿健则身健,身健则长寿。强健牙齿多"叩齿",就是令上下牙齿相互轻轻叩击,既能坚固牙周,又能使人筋骨强健。叩齿最好在清洁完口腔之后进行。依次叩盘牙、门牙、犬齿各36下,要保证叩到每一颗牙齿。叩完再用舌尖舔牙齿舌腭面、上下颌唇颊沟各5圈。每天早、晚各做一次。

霜降后,天气迅速转冷并且干燥,呼吸道等疾病容易发作,要注意润肺健脾、养心安神。这个时节人们要多饮水,做到临睡前和起床前各饮一杯水。进行合理的体育锻炼,如打太极拳、慢跑、做各种健身操等。

❀ 霜降节气诗词

枫桥夜泊

唐·张继

月落乌啼霜满天,江枫渔火对愁眠。
姑苏城外寒山寺,夜半钟声到客船。

商山早行

唐·温庭筠

晨起动征铎,客行悲故乡。
鸡声茅店月,人迹板桥霜。
槲叶落山路,枳花明驿墙。
因思杜陵梦,凫雁满回塘。

霜降前四日颇寒

宋·陆游

草木初黄落,风云屡阖开。
儿童锄麦罢,邻里赛神回。
鹰击喜霜近,鹳鸣知雨来。
盛衰君勿叹,已有复燃灰。

❀ 霜降节气谚语

霜降见霜清明止。

霜降日有霜,来年米烂陈仓。

霜降见霜,立冬见冰。

霜降不降霜,来春天气凉。

霜降日寒,来年雨繁。

霜降三朝,过水寻桥。

秋江渔隐图 宋 马远

霜降没下霜，大雪满山冈。

霜降晴，风雪少；霜降雨，风雪多。

霜降无雨露水大。

霜降下雨连阴雨，霜降不下一冬干。

雨打霜降要烂秧。

霜降有雨，不出三日霜；霜降无雨，不出三日雨。

霜降多雨头伏旱。

霜降东南风，冬天暖烘烘。

霜降日东南风，四十五天见霜；霜降日西北风，一星期内见霜。

霜降无风，暖到立冬。

几时霜降几时冬，四十五天就打春。

霜降到立冬，种麦莫放松。

霜降快打场，抓紧入库房。

霜降当日霜，庄稼尽遭殃。

霜降摘柿子，小雪砍白菜。

霜降不刨葱，到时半截空。

霜降不割禾，一天少一箩。

霜降霜降，移花进房。

霜降腌白菜。

霜打油菜芽，到老都不发。

红薯霜降下手收，豆到寒露没等头。

冬季节气篇

立　冬

❀ 立冬气候与农事

　　每年公历 11 月 7 日或 8 日，当太阳到达黄经 225°时，为二十四节气中的立冬。

　　立冬节气第一候和第二候的候应分别为"水始冰""地始冻"。每年一到立冬节气，我国北方大部分地区气温逐渐下降，一般开始出现结冰现象。人们对"冰"的认识比较早，《荀子·劝学》说："冰，水为之，而寒于水。"冰

与霜一样，对节气规律性变化的反映亦比较突出，所以被列入七十二候，作为立冬节气第一候的候应。古人将立冬节气开始出现结冰的现象，称作"水而初凝，未至坚也"。随着水出现初凝，土地表层亦随之出现结冻，所以"地始冻"被列入七十二候，作为立冬节气第二候的候应。

　　立冬节气第三候的候应，古人概括为"雉入大水为蜃"，其中的"雉"指野鸡一类的大鸟，"蜃"为大蛤。立冬后为枯水季节，江河还未封冻时，雉会飞入大河浅水间觅食鲜美的大蛤蜊。大蛤外壳与雉的线条及颜色相似，所以古人认为雉到立冬后变成大蛤。

　　由于我国幅员辽阔，除全年无冬的华南沿海和长冬无夏的青藏高原以外，各地的冬季并不都是在立冬日同时开始的。按气候学划分的四季标准，以下半年候平均气温降到 10 ℃以下为冬季，则"立冬为冬日始"的说法与黄淮地区气候规律基本吻合。我国最北部的漠河及大兴

安岭以北的内蒙古北部地区,9 月上旬就已进入冬季,北京于 10 月下旬也已一派冬天的景象,而长江流域的冬季要到小雪节气前后才真正开始。

立冬以后,气候转寒,这是常规,但"八月暖,九月温,十月还有小阳春"这条民间看天经验,道出了特殊规律。《农政全书》也记载:"冬初和暖,谓之十月小春。"这种"回暖期"是由于地表在下半年贮存的热量有一定的剩余,所以在晴朗无风之时,常有温暖舒适的"小阳春"天气,不仅十分宜人,对冬作物的生长也十分有利。

但是,到了立冬时节,北半球获得的太阳辐射越来越少,西伯利亚高压和蒙古高压的强度明显增加,并以冷锋为"先头部队"频频南侵,有时会形成大风、降温并伴有雨雪的寒潮天气。从多年的平均状况看,11 月是寒潮出现最多的月份。剧烈的降温,特别是冷暖异常的天气对人们的生活、健康以及农业生产均有严重的不利影响。根据天气变化,注意及时搞好人体防护和作物寒害、冻害等的防御显得十分重要。

立冬期间正是秋收冬种的大好时段,要充分利用晴好天气,搞好晚稻的收、晒、晾,保证入库质量。东北地区大地封冻,农林作物进入越冬期。江淮地区"三秋"也接近尾声。江南正忙着抢种晚茬冬麦,抓紧移栽油菜。而华南地区"立冬种麦正当时",正在抓紧时间播种晚茬冬麦。对于在北方生长的冬小麦而言,由于此时的地表有夜冻晨消的特点,所以应注意保证给作物充分的越冬水分,及时进行冬浇冬灌。农谚总结得很好:"不冻不消,冬浇嫌早;一冻不消,冬浇晚了;夜冻昼消,冬浇正好。"因为冬小麦在日平均温度降至 2～3 ℃时,地上部分停止生长,如果此时根系分布层的田间持水量不足 70%,小麦容易受冻,浇封冻水能保温(干土比湿土散热快),防止"旱助寒威",使冬小麦、菠菜等安全过冬。江南及华南地区,及时开好田间"丰产沟",搞好清沟排水,是防止冬季涝渍和冰冻危害的重要措施。

立冬时节要对冬小麦及油菜苗等进行查苗、补苗、中耕、追肥、培土等农田管理工作,促进幼苗生长发育以备越冬,也要做好果树的整枝修剪、包捆保温工作,防止冻害的发生。

立冬后要及时做好温室大棚搭建工作。同时,做好大棚蔬菜管理。

白天气温高时可在背风口揭膜通气，晚上要注意做好大棚密封工作。北方牧区在出现低温和大量的降雪后，要注意防寒保暖，为牲畜补足饲料。南方的橡胶种植在温度低于5℃时应注意预防寒害。

此外，立冬后空气一般渐趋干燥，土壤含水较少，全国大部分地区都应做好农田水利建设，同时要注意加强林区的防火工作。

❀ 立冬民俗文化

⊙迎冬

立冬与立春、立夏、立秋合称"四立"，在古代社会是个重要的日子。早在周代，立冬日就有隆重的迎冬之礼，并有赐群臣冬衣、矜恤孤寡之制。《吕氏春秋·孟冬》载："日月也，以立冬。先立冬三日，太史谒之天子，曰：'某日立冬，盛德在水。'天子乃斋。立冬之日，天子亲率三公九卿大夫以迎冬于北郊。还，乃赏死事，恤孤寡。"后世大体相同。

立冬前三天，负责天象观测记录的官员太史要特地向天子禀报："某日立冬，盛德在水。"于是，天子斋戒三天，立冬这天沐浴更衣，率三公九卿大夫到北郊六里处迎接冬气。迎回冬气后，天子要对为国捐躯的烈士及其家小进行表彰与抚恤，以顺应肃杀的时气。

《后汉书·续礼仪志》也有类似记载："立冬之日，夜漏未尽五刻，京都百官，皆衣皂，迎气于黑郊，礼毕皆衣绛。"南宋吴自牧《梦粱录》则说："立冬日，朝廷差官祀神州地祇、天神太乙。"地祇也作地神，就是土地公，天神太乙则是北极星君。

在民间，立冬这天也有丰富多彩的迎冬祭拜活动，如祭拜地神，表示欢迎冬天的来临，还有把新鲜蔬菜加以腌藏以备冬日食用的习俗。北宋孟元老《东京梦华录》形容当时汴京人在立冬时忙着腌菜的情景："是月立冬，前五日，西御园进冬菜。京师地寒，冬月无蔬菜，上至宫禁，下及民间，一时收藏，以充一冬食用，于是车载马驮，充塞道路。"

千百年来，绍兴当地在立冬日开酿黄酒。冬季水体清冽，气温低，可有效抑制杂菌繁育，又能使酒在低温长时间发酵过程中形成良好的风味。从立冬到第二年立春这段时间最适合酿黄酒,当地称为"冬酿"。在立冬这天祭祀酒神,祈求福祉。

⊙补冬

不论是南方还是北方,我国民间都有"立冬补冬"的习俗。人们认为只有进补才足够抵御严寒的侵袭。

唐末出现以动物乳汁、血液为代表的液体补品,当时称为"饮子"。五代王仁裕在《玉堂闲话》中便提到长安(今西安)西市的一家饮子店生意特别好,所售饮子能治疗"千种之疾",当时是当补品来卖的,"百文售一服"。

到宋元时期,乳奶这种保健品开始流行,成为人们日常饮料之一了。当时动物乳品来源很丰富,有牛奶、马乳、驴乳、羊乳等。北宋医学家唐慎徽《重修政和经史证类备用本草》载:牛乳、羊乳,"实为补润,故北人皆多肥健";羊乳,"温,补寒虚乏";马乳,"味甘,治热,性冷利"。在有钱人、贵族中,则盛行喝鹿血。《本草图经·兽禽部》这样记载:"近世有服鹿血酒,云得于射生者,因米捕入山失道,数日饥渴,将委顿,惟获一生鹿,刺血数升饮之,饥渴顿除,及归,遂觉血气充盛异常。人有效其服饵,刺鹿头角间血,酒和饮之,更佳。"当时,有钱人家干脆自家养鹿。《清波杂记》里便说,"士大夫……有养巨鹿,日刺其血,和酒以饮"。

在北方,特别是北京、天津的人们,大多在立冬这天要吃饺子。我国以农立国,很重视二十四节气,"节"者,草木新的生长点也。秋收冬藏,这一天,改善一下生活,就选择了饺子。又因为立冬是秋冬季节之交,故"交"子之时的饺子不能不吃。这一传统在北方已有上百年的历史。"老天津卫"聚居地的人们,立冬一定要吃倭瓜馅饺子。倭瓜,即南瓜,又称窝瓜、番瓜、饭瓜和北瓜,是北方一种常见的蔬菜。但因为立冬时节市场上很难买到倭瓜,所以这时做饺子馅的倭瓜是夏天特地买来,存放在小屋里或窗台上，经长时糖化，做成饺子馅，蘸加蒜的醋汁，吃来别有一番滋味。古代认为瓜代表结实，所以有用瓜来祭祀祖先的说法。这大概是立冬饺子是倭瓜馅的缘由。

陕西、山西一带盛行立冬吃糕。做糕用的食材叫作软谷和黍子，碾去皮后，软谷的称之为小黄米，黍子的就叫大黄米，淘洗干净，加工成黄米面，略掺水后上锅蒸熟，出锅后，趁热可以包上糖、豆馅、酸菜等放入油锅中炸，叫作炸糕；将包好的糕在放少量油的锅中煎制，叫作煎糕；也可以蒸出来后直接食用，并辅以豆面蘸着吃，叫作面惺糕。还可以像吃著名的蔚县毛糕那样蘸菜汤吃。山西有"三十里莜面，四十里糕"的说法。这种糕吃了特别耐饿，又便于贮藏，是农村冬季少不了的食物。在闽南地区，立冬这天人们都喜欢吃麻糍糕，是一种用糯米、白糖、花生粉做的甜品。

在南方，人们多以鸡鸭鱼肉作为立冬进补的食材，谚语"立冬补冬，补嘴空"就是最好的比喻。浙江地区称立冬为"养冬"，要吃营养品补养身体，如在铜庐，立冬日要

南瓜　齐白石

杀鸡宰鹅给家人进补，也有吃猪蹄以补身的，说是吃前蹄可补手，吃后蹄可补脚。台湾基隆地区称立冬为"入冬"，当地以鸡肉、鸭肉或者羊肉加当归、八珍等补药共炖；或将糯米、龙眼干等加糖蒸成米糕作为立冬特色食品。

冬令进补吃膏滋是苏州人过立冬的老传统。膏滋，是指有滋补作用的中药复方经多次加热煎煮后，加糖、胶熬制而成的浓稠半固剂型。膏滋内含大量的蜂蜜或糖，甘甜爽口，营养丰富，并且大部分杂质已被除

去,体积小,携带方便,是一种深受大众欢迎的营养保健品。旧时,苏州一些大户人家还用红参、桂圆、核桃肉在冬季烧汤喝,有补气、活血、助阳的功效。每到立冬节气,苏州中医院以及一些老字号药房都会专门开设进补门诊,为市民煎熬膏药,销售冬令滋补保健品。

立冬吃咸肉菜饭也是苏州人的传统习俗。当地人用霜打过的苏州大青菜、家制咸肉以及苏州白米精制成又香又糯的咸肉菜饭,具有浓郁的地域色彩。无锡则盛行吃团子。立冬时节恰逢秋粮上市,用新粮做成的团子特别好吃。团子的馅有豆沙、萝卜、猪油等,尤其是以酱油为佐料做成的馅,味道特别好。在粤东地区,有些汕头市民在立冬日会吃用莲子、蘑菇、板栗、虾仁以及红萝卜做成的香饭,谓之"炒香饭"。潮汕谚语有"立冬食蔗不会齿痛"的说法,据说这天吃甘蔗可以保护牙齿,也有滋补身体的功效。

⊙寒衣节

寒衣节,又称"过十月一"。秋去冬来,天气变得寒冷了,人们在穿上棉袄的同时,想起死去的亲人也该添加衣服了,于是,在农历十月初一这天,人们买来五色纸,将其糊制成寒衣,在死去亲人的坟头焚烧,让在阴间的鬼魂穿衣御寒,名曰"十月一,烧寒衣"。寒衣节与清明节、中元节,并称为一年之中的三大"鬼

烧寒衣 《北京民间风俗百图》

节",是中国特有的传统节日。这一天也称之为冥阴节,寄托着生者对故人的怀念。相传这一习俗与孟姜女不远万里给丈夫送棉衣有关。

相传秦始皇时代,江南有位姓孟的人家,有一年在院子里种了棵葫芦,藤蔓长到隔壁的姜家,结了一个大葫芦。一天,葫芦"啪"的一声,自己裂开了。最奇怪的是里面坐着个非常漂亮、非常可爱的小姑娘,两家人如获至宝。由于葫芦根生长在孟家,藤蔓长到姜家,因而这个孩子就姓孟,取名姜女。转眼间,十几年过去了,孟姜女也长成了一个大姑娘。

孟家招范杞梁(一说万喜良)为婿。但是,二人才结婚两天,范杞梁就被官府抓走,押往北方修筑长城了。寒冬来临,孟姜女日夜思夫,想到丈夫身上衣衫单薄破旧,无法抵御北方风寒,便亲自为杞梁做寒衣。棉花厚厚地絮,针线密密地缝,孟姜女把一片思念之情缝进寒衣。寒衣缝制好,孟姜女立即千里迢迢去送寒衣。

孟姜女历尽千辛万苦,来到了长城脚下。可是,她万万没有想到,范杞梁到长城不久便活活地累死了,尸骨就埋在长城底下。孟姜女听到噩耗,悲恸万分,对着长城昼夜痛哭,终于感动天地。突然间,天崩地裂,一声巨响,万里长城倒塌了八百里,露出了一片白骨。此时,一位老人告诉孟姜女,只要把寒衣烧掉,那寒衣灰飞到哪具尸骨上,哪具就是自己亲人的。孟姜女听了,立刻将寒衣烧掉,只见那寒衣灰飘然而起,孟姜女追着飘去的衣灰跑,最后,寒衣灰终于飘落到一具尸骨上。孟姜女一声惨叫,扑倒在丈夫尸骨上。

孟姜女寻夫送寒衣的故事,感动了长城内外的父老乡亲,他们将农历十月初一这一天,称为"寒衣节"。如今,在山海关古战场欢喜岭以东的凤凰山上仍坐落着一座孟姜女庙,亦称贞女祠。相传原庙始建于宋,明代重修,前有108磴石阶。庙内主殿上供有披青挂素的孟姜女彩塑,墙壁有历代名士诗人题刻。主殿左侧有古钟楼一座,殿后有望夫石和振衣亭。此庙是根据"孟姜女送寒衣,哭长城"的故事修建的。

"十月初一烧寒衣",早已成为北方凭吊已故亲人的风俗。河北的县志中记载:"(十月)初一日,谓之'鬼节',各家祭扫祖茔,并以五色纸剪制衣裤,用纸袱盛之,上书祖先名号,下书年月日、后裔某某谨奉,照式制若干份,焚于墓前,或焚于在门前,取其子孙为先祖添衣意。"《东京梦华录》云:"城市内外,于九月下旬,即买冥衣靴鞋席帽衣缎,以备十月朔日献烧。"这些同样都是在阐述寒衣节的习俗,这些活动在我国民间广为流行。

孟姜女像

❈ 立冬保健养生

立冬是冬季的第一个节气，也是人们进补的季节。中医学认为，这一节气到来后，阳气潜藏，阴气盛极，草木凋零，蛰虫伏藏，万物活动趋向休止，以冬眠状态养精蓄锐，为来春生机勃发做准备。

入冬以后，人体的阳气也随着自然界的转化而潜藏于内，保健养生应顺应自然界闭藏之规律，敛阴护阳，注意补肾藏精。中医有"冬不藏精，春必病瘟"之说，意思是冬天如果不好好涵养脏腑的阴精，怡养情志，来年春天就会疾病缠身。在精神调养上要做到"使志若伏若匿，若有私意，若已有得"，力求静养，控制情志活动，使精神情绪保持安宁，含而不露，避免烦扰，使体内阳气得以潜藏。起居方面强调"无扰乎阳，早卧晚起，必待阳光"（《黄帝内经》）。也就是说，在寒冷的冬季，不要扰动阳气，以免破坏人体阴阳转换的生理机能。要早睡晚起，起床时间最好在太阳出来之后，保证充足的睡眠，使阳气潜藏，阴精蓄积。睡觉前，温水泡脚，然后用力揉搓足心，除了能御寒保暖外，还有补肾强身、解除疲劳、促进睡眠、延缓衰老的作用。

立冬时节穿衣、居处应当避寒保暖。风寒易诱发感冒，还会加重一些疾病，如高血压、冠心病、脑中风、哮喘、糖尿病等，一旦异常需及时就医。平时，不能穿得过少过薄，这样容易引起感冒，损耗阳气，但也不能穿得过多过厚，室温也不能过高，否则腠理开泄，阳气不能得到保存，寒邪也容易侵入。所以，立冬时节衣着要依室内外温度变化而增减。

传统中医养生还认为常晒太阳能助人体的阳气。特别是冬季，大自然处于"阴盛阳衰"状态，而人顺应自然，也不例外，所以冬天常晒太阳，能起到壮人阳

气、温通经脉的作用。

立冬以后,随着气温的降低,人体的生理活动需要更多的热能来维持,而热能最直接的来源是食物。民间有"冬天进补,开春打虎"的谚语。冬季食补应注意营养的全面搭配和平衡吸收。元代忽思慧《饮膳正要》曰:"冬气寒,宜食黍以热性治其寒。"也就是说,应有的放矢地食用一些滋阴潜阳、热量较高的膳食,如鸡蛋、海参、胡萝卜、油菜、龙眼肉、牛肉、白萝卜、羊肉、鸭肉、鹅肉、鱼肉、乳类、豆类及富含碳水化合物和脂肪的食物。但要注意腻滞厚味的滋补物品不宜过量,免得伤及脾胃反而效果不佳,影响健康。

由于饮食有谷肉果菜之分,人有男女老幼之别,体质有虚实寒热之辨,因此,冬季进补应针对个体实际情况选择清补、温补、小补、大补,万不可盲目进补。四季与五行、人体五脏相互对应。按照中医理论,冬天合于肾;在与五色配属中,冬亦归于黑。因而在立冬时节用黑色食品补养肾脏是最佳的选择。黑色食品是指内含天然黑色素而导致色泽乌黑或深褐的动、植物性食品,如甲鱼、乌鸡等动物性食品及黑芝麻、黑枣、黑米、紫菜、香菇、海带、黑木耳等植物性食品。

冬天气候干燥,寒冷空气侵袭人体,使得皮肤更加干燥粗糙,甚至发生瘙痒。因此应少吃辛辣肥腻等刺激性食物,尽量不饮用烈酒和浓咖啡。多吃富含纤维素的食物,多吃粗粮和膳食纤维含量高的水果、蔬菜。另外,洗澡时水温不要过高,尽量减少洗澡次数。

俗话说:"冬天动一动,少生一场病;冬天懒一懒,多喝药一碗。"立冬时节多参与室外活动,使身体受到适当的寒冷刺激,可使心脏跳动加快,呼吸加深,体内新陈代谢加强,身体产生的热量增加,有益健康。

❀ 立冬节气诗词

立　冬

唐·李白

冻笔新诗懒写,寒炉美酒时温。
醉看墨花月白,恍疑雪满前村。

立冬日作

宋·陆游

室小才容膝，墙低仅及肩。

方过授衣月，又遇始裘天。

寸积篝炉炭，铢称布被绵。

平生师陋巷，随处一欣然。

十月十日立冬

宋·周南

立冬前一夕，聒地起寒风。

律吕看交会，衣裳出褚中。

骭疡时作尰，怀抱岁将终。

汗手污牙笔，晴檐共秃翁。

❈ 立冬节气谚语

立冬暖，春霜晚。

立冬暖烘烘，春天地皮冻。

立冬到冬至寒，来年雨水好；立冬到冬至暖，来年雨水少。

立冬那天冷，一年冷气多。

立冬晴，一冬晴；立冬雨，一冬雨。

立冬太阳睁眼晴，一冬无雨格外晴。

立冬晴，柴火堆满城；立冬阴，柴火贵如金。

立冬出日头，夏天冷死牛。

立冬晴，好年成。

立冬无雨一冬晴，立冬有雨一冬淋。

立冬只怕风云，来年高田枉费心。

立冬下，多雨雪；立冬干，一冬干。

立冬有雨多春寒。

雪景山水图　明　王问

立冬一片寒霜白,晴到来年割大麦。

立冬之日起大雾,冬水田里点萝卜。

立冬雷轰轰,立春雨濛濛。

立冬打雷三趟雪。

立冬东风雪满天。

立冬刮东南,下年夏天干;立冬刮北风,下年春天霜多。

立冬若遇西北风,定主来年五谷丰。

立冬北风冰雪多,立冬南风无雨雪。

立冬东北风,春头冷清清。

十月立冬一冬暖。

冬在初,冷得多;冬在腰,冷死乌龟佬;冬在尾,卖了黄牛制成被。

小　雪

 小雪气候与农事

　　每年公历 11 月 22 日或 23 日，当太阳移至黄经 240°时，小雪节气开始。民谚说，"节到小雪天下雪"。由于北方冷空气势力增强，气温迅速下降，当接近 0 ℃时，雨为寒气所侵而凝为雪。《月令·七十二候集解》云："小者，未盛之辞。"表明初雪阶段，雪下的次数不多，一般雪量不大，所以称小雪。

　　小雪节气三候的候应分别为"虹藏不见""天气上升""闭塞成冬"。人们对虹的认识比较早，亦比较科学，如《月令气候图说》载"阴阳气交为虹"，或曰"阴阳交会之气，故先儒以云薄漏日，日照雨滴，则虹生焉"。所以"虹藏不见"为小雪节气第一候的候应。

　　古代，人们将小雪节气规律性变化的反映，归纳为"言其气之下伏耳；天气上升，地气下降，闭塞而成冬"（《月令·七十二候集解》）。天空中的阳气上升，地中的阴气下降，导致天地不通，阴阳不交，所以万物失去生机，此时，一年也就宣告结束了，所以取"天气上升"和"闭塞成冬"作为小雪节气第二候和第三候的候应。

　　小雪时节天气逐渐转冷了，地面上的露珠变成严霜，天空中的雨滴会变成雪花，流水凝固成坚冰，整个大自然披上了一层洁白的素装。但这个时候的雪，常常是半冻半融状态，气象学称之为"湿雪"，有时还会雨雪同降，这类降雪被称为"雨夹雪"。出现这种天气不易晴。有时，天上会降下如同米粒一样大小的白色小颗粒，气象学称之为"米雪"。如果冷空气势力较强，暖湿气流比较活跃的话，也有可能降大雪。

　　气象学上，以 24 小时内的降雪厚度为划分标准，把降雪分为四个等级。降雪量在 0.1～2.4 毫米为小雪，2.5～4.9 毫米为中雪，5～9.9 毫米为大雪,达到或超过 10 毫米为暴雪。

据气象资料记载,黄河中下游地区的平均初雪日一般在 11 月下旬,这说明以开始降雪来作小雪节气的气候含义是完全符合黄河中下游地区的气候特征的。此后,北方大部分地区都陆续出现降雪。长江以南要到小雪节气后才能见到雪,气候温暖的华南则基本无雪。而东北、内蒙古、新疆北部等地早在小雪节气前就开始飘雪了。

华南地区北面有秦岭、大巴山屏障,将冷空气阻挡在外,减弱了寒潮的威力,致使华南"冬暖"现象显著,且全年降雪日数多在 5 天以下。由于华南冬季气温常保持在 0 ℃以上,所以积雪比降雪更困难。即使到了最寒冷的隆冬时节,也难得观赏到"千树万树梨花开"的迷人景色。然而寒冷的西北高原,常在 10 月就开始降雪。高原西北部全年降雪日数可达60 天,一些高寒地区全年都可能降雪。

在小雪节气之初,东北土壤冻结深度已达 10 厘米,此后差不多每昼夜平均多冻结 1 厘米,到节气末便冻结了 1 米多。所以,俗话说"小雪地封严",之后大小江河陆续封冻。在小雪节气,田里的农活不多,人们就修补农具,做好牲畜的御寒保暖工作,为来年开春做准备。不过,地不冻,犁不停。早晚上了冻,中午地还能耕。如果天气暖和,农民便不会停止犁地。有的则继续给小麦浇冻水,做好小麦越冬工作。人们盼望此时能下一场雪。谚云:"小雪雪满天,来年必丰年。"这句谚语包含三层意思:一是小雪落雪,来年雨水均匀,无大旱涝;二是下雪可冻死一些病菌和害虫,将减轻来年病虫害的发生程度;三是积雪有保暖作用,利于土壤有机物的分解,以增强土壤肥力。

北方地区小雪节气以后,果农开始为果树修枝,包扎株秆,以防果树受冻。白菜深沟土埋储藏时,收获前 10 天左右即停止浇水,做好防冻工作,以利贮藏。南方农田兴修水利,清沟排水,为来年水稻生长做准备,同时翻地,靠降温消灭藏

在地里的越冬害虫。

小雪民俗文化

⊙吃糍粑

我国南方有些地方，在小雪前后有吃糍粑的风俗。在古代，糍粑作为南方传统的节日祭品，最早是农民用来祭牛神的祭品。俗语“十月朝，糍粑禄禄烧”，就是说的祭祀事宜。

⊙纳冰

纳冰，又称“窖冰”，先秦已有此风俗。《诗经·豳风·七月》：“二之日凿冰冲冲，三之日纳于凌阴。”“凌阴”就是后来的冰窖。我国北方夏天炎热，因此有在冬季藏纳冰块以供来年夏天使用的习惯。此俗多流行于宫廷、官府。古代有专门管理此事的官吏，并建有窖冰的“冰井”。北魏杨衒之《洛阳伽蓝记》说，在洛阳城南宜阳门内“太社社南有‘凌阴里’，即四朝时藏冰处也”。明人刘侗《帝京景物略》中也提到皇家冬日采冰的事，说是由中涓（天子最亲近的侍臣）来监督、主持藏冰的事情，可见朝廷对此事的重视。河北《临榆县志》载：“是月（十一月），官取冰，纳于凌阴，以备来年差务之需。”

拉冰床 《北京民间风俗百图》

⊙腌寒菜

北方地区在立冬前后开始腌寒菜，纬度稍南的江浙一带，因冷得较晚，在小雪节气到来时才腌寒菜。清代厉惕斋《真州竹枝词引》形容江苏仪征人在小雪时腌寒菜说：“小雪后，人家腌菜，曰‘寒菜’。”

旧时，南京人逢小雪前后必腌菜，称为腌元宝菜。南京家家户户都会在这时节买上一百来斤大青菜，晾晒、吹软、洗净腌制。腌菜头烧肉、腌菜头煨汤、腌菜烧小鲫鱼、腌菜烧小虾米，都是一道道美食。而摘取腌菜心用麻油凉拌又是一道很好的冷盘。腌菜一般要吃到来年春天。蚕豆上市时用新鲜蚕豆烧腌菜也是一绝。吃不完的腌菜还可以晒干制成干菜保存。夏天人们出汗多，口味淡，吃一吃干菜烧五花肉也是很鲜美的。

　　小雪时节还有腌制雪里蕻的，有的人家整棵腌，有的切碎后腌制。雪里蕻能配很多菜，深受人们喜爱，所以各家也都会腌制些。

　　此外，小雪后气温急剧下降，天气变得干燥，是加工腊肉的好时候。小雪节气后，一些农家便开始做香肠、腊肉了。

❁ 小雪保健养生

　　小雪节气前后日照短，天气冷，降水少，雾气多，此时应格外注意保健养生，护住体内的阳气，保持良好的心态和情绪，养精蓄锐，顺利地度过寒冷的冬季。

　　由于小雪前后的天气经常阴冷晦暗，一些容易受天气影响的人开始变得郁郁寡欢，懒得动弹。民间流传一句俗语，叫"千般灾难，不越三条"，也就是说，致病发生的原因不外乎内因（七情过激所伤）、外因（六淫侵袭所伤）、非内外因（跌扑损伤、中毒）等。

江行初雪图卷（局部）　南唐　赵干

人们在日常生活中时常会出现七情变化，这种变化是对外界客观事物的不同反映，属正常的精神活动，也是人体正常的生理反应，一般情况下并不会致病。只有在突然、强烈或长期持久的情绪刺激下，才会影响到人体的正常机能，使脏腑气血功能发生紊乱，导致疾病发生，"怒伤肝、喜伤心、思伤脾、忧伤肺、恐伤肾"，"喜怒伤气，寒暑伤形。暴怒伤阴,暴喜伤阳"。说明人的精神状态反映和体现了人的心理活动,而人的心理健康与否直接影响着精神疾病的发生、发展,也可以说是产生精神疾病的关键。因此,在小雪时节要注意精神的调养。要积极地调节自己的心态,保持乐观,节喜制怒,经常参加一些户外活动以增强体质,多晒太阳,多听音乐。清代医学家吴尚志说过:"七情之病,看花解闷,听曲消愁,有胜于服药者也。"

小雪时节的到来,也提醒人们御寒保暖,补充热量。医学家孙思邈在《千金要方·食治篇》中说:"食能祛邪而安脏腑,悦神,爽志,以资气血。"应适当多吃些热量较高的食物,提高碳水化合物及脂肪的摄入量。全麦面包、稀粥、糕点、苏打饼干等均含有碳水化合物,这些食物的摄入有助于御寒,其中所含的微量物质硒还可以振奋精神。同时要注意增加维生素的补充,多吃白萝卜、胡萝卜、土豆、菠菜等蔬菜以及柑橘、苹果、香蕉等水果。瘦肉、蛋类、乳类、豆类等食品,也可以满足身体对维生素A、维生素 B_1、维生素 B_2 等的需要,可增加人体的耐寒和抗病能力。不过,肥甘味厚的食物不宜多食,以防止发生高脂血症及肥胖症等。

到了小雪节气,北方开始供暖,户外寒冷,人们穿得严实,体内的热气散发不出去,这就容易生"内火",也就是上火。上火时会出现口腔溃疡,甚至脸上的疙瘩也会变多,这些就是有内火的表现。这时,进食过多热量高的补品会导致胃、肺火盛,出现口干、便秘、咽疼等上火症状。过于麻辣的食物最好不要吃,这更会助长体内的"内火"。另外,寒冷干燥的室内,大多数人感到口鼻干燥,好像要冒火了,可多喝点热汤,比如白菜豆腐汤、羊肉白萝卜汤等,既暖和又能滋补津液。白萝卜能清火、降气、消食,非常适合这个节气里食用。

小雪时节要注意预防流感。入冬后,人们开始进补,储备能量,如果过量摄入油腻食物就容易引起内热,造就体内罹患流感的内部环境。这时再摄入辛辣食物,使得火气上升,稍不注意就会患上流感。因此,要养成合理的饮食习惯,多吃蔬菜水果。每天喝梨水可以防止天气干燥所致的口干、咽干,又有润肺止咳的功效。

打太极拳是非常适合小雪节气的养生活动,能舒筋活血,提高免疫力,对冬天常见的冻伤有很好的预防和治疗作用。晚上临睡前站站太极桩、走走太极拳架,运动不会过量,能使气血通畅温暖手脚,有利于提高睡眠质量。同时还加大了人体下部的运动量,有利于避免上盛下衰的"时代病"。

🎗 小雪节气诗词

小 雪
唐·戴叔伦

花雪随风不厌看,更多还肯失林峦。
愁人正在书窗下,一片飞来一片寒。

和萧郎中小雪日作
唐·徐铉

征西府里日西斜,独试新炉自煮茶。
篱菊尽来低覆水,塞鸿飞去远连霞。
寂寥小雪闲中过,斑驳轻霜鬓上加。
算得流年无奈处,莫将诗句祝苍华。

小雪日戏题绝句
唐·张登

甲子徒推小雪天,刺梧犹绿槿花然。
融和长养无时歇,却是炎洲雨露偏。

雪景山水图　五代梁　荆浩

🎗 小雪节气谚语

节到小雪天下雪。

小雪封地,大雪封河。

小雪不封地,不过三五日。

小雪地封严,大雪不行船。

小雪封地地不封,大雪封河河无冰。

小雪地能耕,大雪船帆撑。

小雪晴天，雨至年边。

小雪不见雪，大雪满天飞。

小雪不下雪，旱到来年五月节。

小雪无云大雪补，大雪无云要春旱。

小雪大雪无云，小满芒种多风雨。

小雪满地红，大雪满地空。

小雪见晴天，有雪到年底。

小雪降雪大，春播不须怕。

小雪阴雪，小暑必雨。

小雪节日雾，来年五谷富。

小雪见霜兆丰年。

小雪大雪不冷，小寒大寒会冷。

小雪西北风，当夜要打霜。

小雪大雪，烧饭不停歇。

小雪不收菜，必定要受害。

小雪大雪不见雪，小麦大麦粒要瘪。

小雪不怕小，扫到田里就是宝。

大　雪

✲ 大雪气候与农事

　　每年公历 12 月 6 日、7 日或 8 日,当太阳移至黄经 255°时,大雪节气开始。大雪表示天气更冷,雪由小变大。《月令·七十二候集解》云:"大者盛也。至此而雪盛矣。"

　　大雪节气反映我国北方地区可降大雪。大雪节气第一候的候应名为"鹖鴠不鸣",鹖鴠是古籍中说的一种夜鸣求旦的鸟,亦名寒号鸟。此时因天气寒冷,寒号鸟便敛息屏声,不再鸣叫了。第二候的候应,叫作"虎始交",到了这个时节,阴气最盛,正所谓盛极而衰,阳气也有所萌动,所以老虎开始有求偶行为。第三候的候应为"荔挺出"。"荔"为兰草的一种,似蒲而小,这种草也感到阳气的萌动,凌寒抽出新芽。

　　天降大雪是寒潮冷空气南下的结果,在寒潮冷空气前缘,冷暖空气交锋,就会普降大雪。从大雪节气开始,黄河流域一带已有积雪,江南一带最早积雪日期至少要推迟半个月以上。除了青藏高原雪线以上地区终年积雪且经夏不化外,黑龙江大、小兴安岭、长白山,新疆北部的阿尔泰山、天山等高山区,积雪期都达半年以上。吉林省东部海拔 2 670 米处的白头山、天池高山,平均每年 9 月 5 日开始有积雪,直到翌年 6 月 17 日积雪才消失,长达九个半月。我国最北部的漠河镇,积雪期将近 6 个月,那是我国平原上积雪期最长的地方。

　　我国东部地区积雪日数由北向南逐渐减少,漠河镇全年平均积雪1748.8 天,哈尔滨 102.6 天,长春 87.1 天,沈阳 66.9 天,北京 13.5 天,武汉 8.7 天,长沙 5.3 天,湖南南部 4.5 天,到两广地区基本上已无积雪现象。

　　田野的积雪能保护土壤温度不会降得太低,对于作物越冬极为有利。同时,在温度较高的土壤中,细菌能继续繁殖,许多有机质腐烂分解,增加了土壤养料。另外,积雪阻塞了地面空气的流通,可使一部分害虫窒息而死,积雪融化时耗热很大,土壤温度骤降,可把土壤表层和作物根茎周围的病毒、害虫和虫卵冻死。而雪水中氮化物的含量是普通雨水的 5 倍,还有一定的肥田作用。雪有这样大的价值,因此,人们把冬雪称为"瑞雪"。

雪中游兔图 清 沈铨

在大雪节气,北方冷空气频频南下,雨(雪)天气较多,风力较大,东北、西北地区平均气温已达－10 ℃以下,黄河流域和华北地区气温也持续在 0 ℃以下,冬小麦已不再生长。北方地区应继续根据冬小麦墒情、苗情等加强田间管理:镇压、划锄,保墒增温,促进小麦扎根、分蘖,及时防治病虫害,培育冬前壮苗。而江淮及江南地区,小麦、油菜仍在缓慢生长,要注意施好腊肥,为安全越冬和来春生长打好基础。在华南、西南地区,小麦正进入分蘖期,应结合中耕施好分蘖肥,注意冬作物的清沟排水。此时天气虽冷,但对贮藏的蔬菜和薯类要勤于检查,适时通风,不可将窖封闭太死,以免升温过高、湿度过大导致"烂窖"。在不受冻害的前提下应尽量保持较低的温度。

大雪时节,对畜禽圈舍等要采取加固、防寒、保温等措施。牧区要做好饲草料的储备、调运和放牧、转场的防风雪、沙尘、降温工作。果农要修剪果树,加强果树越冬管理。

❀ 大雪民俗文化

⊙赏雪

冬季的北方，百花凋残，万树枯枝，一片灰茫茫，遇到大风天则尘沙飞扬。在这样的季节里，如果大雪期间天上飘下洁白的雪，则相当于给大地披上了一层银装。白雪装扮下的美，给人们种种的喜悦与联想。

"雪月相辉云四开，终风助冻不扬埃。万重琼树宫中接，一直银河天上来。"（《洛下闲居夜晴观雪寄四远诸兄弟》）这是唐代诗人窦牟描写冬季月夜中的壮丽雪景。茫茫的白雪与皎洁的明月交相辉映，万物静谧，尘土不扬，高耸的丛林中，千树万树挂满银瑞，在月色的照耀下宛若琼枝玉干，又仿佛是从天上飘下的一道银河，天上地下，月宫人间，连成一片仙境。

不仅雪满大地的景色令人陶醉，雪花飘洒、自在自如的优美气派也让人感到一种洒脱、从容不迫的美。"拂户初疑粉蝶飞，看山又讶白鸥归。"（无名氏《白雪歌》）飞扬的雪花轻盈地迎风而舞，让人竟疑是春日里飞来飞去的粉蝶，放眼远望，山峦已白，大片的雪花还在洒落，难道是归巢的一群白鸥落在山峰上了吗？粉蝶与白鸥轻飞曼舞的姿态是何等优雅，诗人以自然中优美的景象来比喻

雪景竹石图　清　高凤翰

317

雪花飞舞,可见雪花飘落也是一种让人难忘的美景。

在我国南方,雪景难见,然而,当雪夹着雨来临时,"是雨还堪拾,道非花,又从帘外,受风吹入。扑落梅梢穿度竹,恐是鲛人诉泣"(宋代葛长庚《贺新郎》)。是雨吗?怎么又可以拾起,如果不是花,又怎么能像花一样从帘外被风吹入,落梅梢、穿竹林,融成晶莹的水滴,像是美人鱼在哭泣。南国雪景中有情有景,若有若无的雪花,似花如露,与梅花、竹林相融相亲,梅花带泪、竹林沐霜,这是一种与北国豪放气派的雪景迥然不同的秀丽景色。

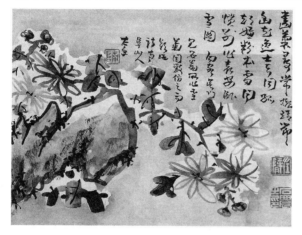

雪菊图　清　高凤翰

大雪天来临时,人们在屋里烤火取暖,看窗外一片白茫茫的雪景,是一种闲情逸致,像宋人葛长庚在《雪窗》诗里所说的:"素壁青灯暗,红炉夜火深;雪花窗外白,一片岁寒心。"可是等雪停了以后,大家更爱穿上厚厚的皮衣皮袍、手套暖耳,到野外去欣赏雪景。南宋周密《武林旧事》中,就有一段话描述杭城皇宫里的王室贵戚,在大雪天里欣赏雪景、堆雪山雪人的情形,书中说:"禁中赏雪,多御明远楼,后苑进大小雪狮儿,并以金铃彩缕为饰,且作雪花、雪灯、雪山之类,及滴酥为花及诸事件,并以金盆盛进,以供赏玩。"

⊙腌肉

过去,南京素有"小雪腌菜,大雪腌肉"的习俗。每到大雪节气,南京城的大街小巷随处可见居民楼的门前或窗台上挂有腌肉、香肠、咸鱼,给人一种"未曾过年,先肥屋檐"的感觉。

相传太古时候有一种叫"年"的怪兽,凶猛异常,长着血盆大口,长年深居海底,每到腊月三十晚上就要爬上岸来掠食、伤人。人们为了躲避伤害,每到年底就必须储备很多食物,鸡鸭鱼肉等无法久存,南京人就想出了将肉食品腌制存放的方法。

腌肉的时候,先用大粒盐,加上八角、花椒、桂皮、白糖等,放到铁锅里炒香,凉后把盐往肉上搓,直到肉色由鲜转暗,表面有液体渗出时,再把肉放到坛子里,把剩下的盐撒到腌肉上,找块石头压好,放在阴凉背光的地方,半日后拿出来,把腌肉的卤汁入锅加水烧开,血水去掉之后继续腌。十日后取出,挂在朝阳的屋檐下晾晒干。用这种方法腌出来的肉不仅颜色不会发黑,而且味道特别香。

南京灌香肠,一般是挑猪的前腿肉切碎,根据口味加上盐、糖、姜末、葱末及少许五香粉。很多人家灌好香肠之后,为缩短风干时间,用缝衣服的针戳许多小孔,再挂到竹竿上晾晒。

⊙吃饴糖

我国北方很多地区在大雪时节均有吃饴糖的习俗。每到这个时候,街头就会出现很多敲锡锣卖饴糖的小摊贩。锡锣一敲,便吸引许多小孩、妇女、老人前去购买。人们食饴糖为的是在冬季滋补身体。

转糖摊　烟画

✿ 大雪保健养生

大雪时节风呼啸,雪飘飘,气温降,多寒潮。我们应及时关注气象部门对强冷空气的预报,还应注意防寒保暖。

从中医养生学的角度看,大雪已到了进补的大好时节。这里的进补并不是一般狭义上所说的吃点营养价值高的食品,用点壮阳的补药。

大雪时节食补以补阳为主,但应根据自身的状况来选择。像面红上火、口腔干燥干咳、口唇皲裂、皮肤干燥、毛发干枯等阴虚之人应以防燥护阴、滋肾润肺为主,可食用柔软甘润的食物,如牛奶、豆浆、鸡蛋、鱼肉、芝麻、蜂蜜、百合等,忌食燥热食物,如辣椒、胡椒、茴香等。如果经常面色苍白、四肢乏力、易疲劳、怕冷等阳虚之人,应食用温热、熟软的食物,如豆类、大枣、山药、桂圆、南瓜、韭菜、芹菜、栗子、鸡肉等,忌食黏、干、硬、生、冷的食物。

有些胃寒怕冷的人,在大雪时节要多穿衣服和加强体育锻炼,同时日常饮食中如能多吃些御寒食物,可以提高身体的御寒能力。海带、紫菜、菠菜、大白菜、玉米等含碘食物,可促进人体甲状腺激素分泌,增强新陈代谢,加强皮肤血液循环,抗冷御寒;藕、胡萝卜、山芋、百合等根茎类食物中含有丰富的无机盐,与其他食物掺杂食用,也可增强御寒能力;狗肉、羊肉、牛肉等肉类食物中含有蛋白质、碳水化合物及高脂肪,有益肾壮阳、温中暖下、补气活血的功效,吃这些食物也可起到御寒作用;辣椒、生姜等辛辣食物,可祛风散寒,促进血液循环,增加体温。此外,人们在大雪时节还应多吃些富含维生素的食物,如富含维生素 A 的动物肝脏和富含胡萝卜素的胡萝卜、南瓜,富含维生素 C 的各种瓜果,富含维生素 B_2 的鸡蛋、牛奶、豆制品等。

冬属阴,大雪时节是一年中阴气较盛的时期,这时借助天气的优势养阴,可以调整体内的阴阳平衡,尤其是阴虚的人。中医认为,水是阴中的至阴,因此,隆冬之际,多喝水可养阴。一般来说,一天中有三杯水必须要喝。第一杯水早晨起来喝,可润肠燥;第二杯水是下午 5 点喝,可滋肾阴;第三杯水是晚上 9 点喝,可养心阴。还可以多吃梨、萝卜、藕、蘑菇等,这些都是养阴的食物。

除了养阴,冬季还要避寒就温。大雪节气,冷风很容易从人体颈部将寒气带给身体,从而引起嗓子疼、发炎等。颈椎不好的人,冬季穿高领衣服、出门戴围巾很重要。除了脖子,肩膀、前胸、后背和脚都要注意保暖。人体的头、胸和脚这三个部位最易受寒流侵袭,因此预防寒冷的侵袭很必要,但不可暴暖,尤其忌讳厚衣裹身,或者烘烤腹背。很多老年人认为冬天防寒,睡觉时要多穿些衣服,其实这样做妨碍皮肤的正常"呼吸"和汗液蒸发,也影响血液循环,造成体表热量减少,即使是盖上较厚的被子，还是感到冷。

俗话说"寒从脚下起"，脚离心脏最远，血液供应慢而少，皮下脂肪层较薄，保暖性差。一旦受寒，会引起呼吸道黏膜毛细管收缩，使抗病能力下降，导致上呼吸道感染。因此，寒冷天气时的脚部保暖尤应加强。

大雪时节多雾，雾中有害物质较多，早晨有晨练习惯的人，出门要戴口罩、手套。老人、病人应尽量在室内活动，避免有毒物及致病微生物从口腔、皮肤侵入，下雪天外出，一定要注意防滑、防跌、防撞。

❄ 大雪节气诗词

夜 雪

唐·白居易

已讶衾枕冷，复见窗户明。

夜深知雪重，时闻折竹声。

江 雪

唐·柳宗元

千山鸟飞绝，万径人踪灭。

孤舟蓑笠翁，独钓寒江雪。

逢雪宿芙蓉山主人

唐·刘长卿

日暮苍山远，天寒白屋贫。

柴门闻犬吠，风雪夜归人。

❄ 大雪节气谚语

大雪下雪，来年雨不缺。

大雪无雪天大旱。

大雪晴天，立春雪多。

芦花寒雁图　元　吴镇

大雪河封住,冬至不行船。

大雪不冻倒春寒。

大雪不冻,惊蛰不开。

大雪阴雪九里寒。

大雪节日雾,鱼行路。

大雪东风来年旱。

寒风迎大雪,三九天气暖。

到了大雪无雪落,明年大雨定不多。

大雪小雪,煮饭不息。

大雪有雪是丰年,大雪无雪明年旱。

大雪节,大雪三日定丰年。

大雪落场雪,芒种前有水。

大雪飞满天,来岁是丰年。

冬 至

❀ 冬至气候与农事

冬至又称"至日""长至""短至",在立冬后 46 日左右,公历 12 月 21 日、22 日或 23 日,太阳到达黄经 270°时开始。此时,太阳光线直射南回归线,对北半球来说,形成日南至,日短至,日影长至。《月令·七十二候集解》:"十一月中,终藏之气,至此而极也。"

冬至这天最突出的特征是白昼最短而黑夜最长,所以,人们将冬至又称为"短至"。但古时,人们亦有取冬至为白昼这天开始延长之意,故将冬至又称为"长至"。

我国古代将冬至分为三候:第一候的候应为"蚯蚓结"。蚯蚓对温度变化十分敏感,在寒冷天气,它们会钻到地表以下蛰伏,并蜷缩起身体。第二候的候应叫作"麋角解"。麋,即麋鹿,又叫四不像,比鹿大些,栖息在水边,属于阴兽。每年一到冬至节气,它头上的"角支"就会脱落。第三候的候应名为"水泉动"。一到冬至节气,天气相当寒冷了,但深井中还是有热气冒出来,这是阳气回升、大地复苏的征兆。初萌的阳气暖和得可以化解冰冻的寒泉,

十二月　清院本十二月令

山中泉水开始流动了。

冬至这天是北半球一年中白昼最短的一天。在我国,处于北回归线附近的汕头、广州等地,白昼约为 11 小时 31 分;北纬 40°左右的北京、秦皇岛、嘉峪关、喀什等地,白昼约为 10 小时 20 分;最北的漠河镇,白昼不到 7 小时。而冬至一过,太阳直射位置向北半球移动,白昼逐渐延长,平均每天增加白昼时间为 90 秒以上。因此,农谚说:"吃了冬至面,一天长一线。"

天文学上以冬至日为北半球冬季的开始。由于此时太阳辐射到地面的热量比地面向空中散发的少,所以在一段时间内气温还会继续下降。此时,南方地区平均气温只有 7 ℃左右,全国大部分地区的平均气温为－3～－2 ℃,多数年份的最高气温不到 8 ℃,最低气温为－15～－12 ℃,个别年份可达－20 ℃。冻土层逐渐增厚,一般可达 15～20 厘米。冬至也是一年中降水量最少的一个时节,平均降水量仅有 1 毫米。冬至后,各地气候都进入一年中最冷的阶段了,也就是人们常说的"数九寒天"。

冬至一过,虽进入"数九寒天",但我国各地气候差异较大。东北地区此时已是千里冰封,黄淮地区也是银装素裹,而长江流域的平均气温却在 5 ℃以上,冬季作物仍在继续生长,菜麦青青。华南沿海地区的平均气温则在 10 ℃以上,更是鸟语花香,生机盎然。

在农业生产方面,冬至前后是兴修水利、大搞农田基本建设、积肥造肥的大好时机。同时要施好腊肥,继续做好防冻工作。江南地区更应加强冬季作物的管理,及时清沟排水,培土壅根,对未犁的冬板田进行深翻,增强蓄水保水能力,并要消灭越冬病虫。已经开始春种的华南沿海地区,需要认真做好水稻秧苗的防寒工作。

✵ 冬至民俗文化

⊙冬至大如年

由于殷周时以冬至前一日为岁终,之后秦亦以冬至为岁首,故有"冬至大如年""过了冬至大一岁"之说。

过了冬至这一天夜渐短，昼渐长，阳气渐升，"冬至阳生春又来"（杜甫《冬至》）。所以古人以冬至为吉日，过节庆贺。冬至过节源于汉代，盛于唐宋。

古籍记载，冬至前后为欢度节日，军队休整，关塞锁闭，高旅停顿，朝廷不理事，热热闹闹过佳节。据说按规定，从冬至这天起，君王应该跟群臣一起欣赏音乐五天，百姓也应在家里弄乐、听乐才好。据说在汉代，皇帝这天要在皇宫里摆出不同一般的听乐的阵势：把所谓"八音"，即八种材料制成的各种乐器——包括金属铸的钟和铃、石头或玉琢成的磬、泥土烧成的埙、皮革蒙成的

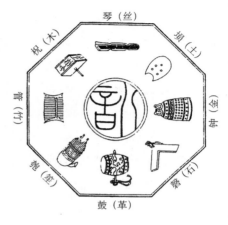

八音

鼓、蚕丝琴弦绷的琴和瑟、木头做的柷和敔以及匏瓜配成的竽和笙、竹管组成的管和篪——一起拿出来演奏。因为这时人们已经认识到这天太阳位置的意义，所以皇帝这天还专门请来各方面的能人，在欣赏音乐之后，让他们根据日影的长短来校对日晷，核对历法，以及核算阴阳五行、给乐器定音等。

因为冬至这天在周朝曾经是一年的开始，所以直到唐、宋、明、清时，这天朝贺的风气还很盛。文武百官在朝贺了皇帝之后，还要互相朝贺。在民间，这天也要给父母贺冬或拜节，徐士鋐《吴中竹枝词》载："相对冬至大如年，贺年纷纷衣帽鲜，毕竟勾吴风俗美，家家幼小拜尊前。"这一天，小辈还要给其他人拜节，人们也都互相祝贺。这天"贺冬"的、"做节"的，早早就起来了，所以出现了"车马……五鼓已填拥杂逻于九街（杂逻，即杂沓，指往来车马很多，脚步声杂乱），妇人小儿，服饰华炫，往来如云"的盛况。

冬至日贺冬，在拜尊长、祭祖之前安排拜师，称之为"隆师"。冬至前一天，馆徒为师长设宴尽欢，并伴有烧字纸等习俗。大一点的学馆要设"释菜礼"祭拜孔子。"释菜礼"是最早祭拜孔子的朴素的礼仪，不用动物

祭祀,只用芹藻之类的素食果品。冬至敬师,在东汉崔宴《四民月会》中已有记述,后世或得传承,从前关中一带尤为盛行。直到民国时期,冬至前夕关中地区学校的校董大都要带领家长、部分学生,端上方盘(盘中放酒菜),提着果品、点心到学校慰问老师。学生还给老师生火炉,打扫卫生等,待收拾完毕,学生依次给老师敬酒,然后师生联欢,唱曲、猜谜、讲故事,不一而足。因此冬至又是教师的节日。

在冬至节礼中,古书还有献鞋袜的活动:臣子们向君王献鞋袜,儿媳妇向公婆献鞋袜。三国魏时曹植写的《冬至献袜履表》里面,除了恭敬的颂赞之外,还登记了"鞋子七双""袜子若干副"等贡品。

冬至这天的祭祀活动也是很重要的。从西周到清朝,礼仪中都有冬至日祭天的规定。北京天坛就是因祭天而得名。天坛里的圜丘,就是明、清两代冬至祭天的地方,之所以把它建成圆形,就是为了让它像天。此外,冬至这天还有祭祀先祖的活动,皇帝要到太庙去"荐新",用刚收获不久的黍米做的食品去祭祀先祖。老百姓家里也要备办佳肴,享祀先祖。

天坛

古人认为,冬至关系到一年节气、命运的转换,所以这天家家买年糕,用猪肉和酱煮熟而食,称"冬至肉"。并且一定要买些鱼回来全家围着一起吃,鱼头鱼尾必须留下不吃,用碗盛好放在米桶里,取"吃剩有余,丰衣足食"之意。

冬至节的晚饭,一如除夕的年夜饭一样隆重,全家人须到齐才吃,万一有人外出实在赶不回来,也会给他们留碗筷。吃的各种菜都有讲究,不可叫错,要讨个吉利。蛋饺要叫"元宝",肉圆要叫"团圆",线粉要叫"金链条",鸡要叫"扑扑腾",鱼要叫"吃有余",黄豆芽要叫"如意菜",青菜要叫"安乐菜"。米饭里要放几粒黄豆以成"黄金饭",饭里再放两只熟荸荠,吃饭时挖出来,叫作"掘元宝"。饭后吃的甜羹,要用橘子、绿豆、圆子做成,橘绿圆子的谐音就是"吉利圆子"。

⊙ 馄饨和饺子

冬至的传统食品是馄饨。明、清时有"冬至馄饨夏至面"的谚语。宋代有吃百味馄饨的习俗。

馄饨是一种用薄面皮包馅的食品。馅可用肉或菜,或煮或蒸而食之。其渊源至少可上溯到两千多年前的汉代。当时有个叫杨雄的人,他写的《方言》里解释说:"饼谓之饨……或谓之馄。"据《庄子》载,南海的天帝叫倏,北海的天帝叫忽,中央的天帝叫混沌。因为混沌无面目五官,所以,倏和忽觉得,每个人都有眼、耳、口、鼻七窍,可以用来看、听、吃、闻,但混沌一样都没有,未免可惜,不如去替他凿出七窍来。他们带了工具去给混沌开窍,一天凿一窍,七天凿七窍。混沌经这么一凿,却死了。混沌象征着黑暗和愚昧,七窍象征着光明和智慧。黑暗让位于光明,正如冬至之日起长夜让位于永昼一样。为了纪念这一混沌开辟的日子,人们便于冬至吃馄饨。馄饨谐音"混沌",形状也似混沌的团块,吃它最具有象征意义和纪念意义。南宋时,临安人在冬至吃馄饨,开始为了祭祀祖先,后逐渐盛行开来。

又传说,汉时北方匈奴骚扰边疆,其首领一为浑氏,一为屯氏,十分凶残,百姓恨之入骨。后浑氏、屯氏被击败,民众欢呼,以肉为馅,以面为皮,包成饺儿,呼之"馄饨",恨而食之。因这一天恰逢冬至日,于是代代相传,就有了"冬至吃馄饨"的习俗。

与馄饨类似的面食称为饺子。谚云:"十月一,冬至到,家家户户吃水饺。"关于饺子最早的记载见于隋朝颜之推的文集,他写过:"今之馄饨,形如偃月,天下通食也。"偃月为半月形,说的正是饺子形状。这种用屑米面做成的偃月形馄饨,原称作粉角。北方人读"角"作"矫",于是,饺子的名称诞生了。不过,在河南,人们把饺子叫作"捏冻耳朵",此俗与南阳医圣张仲景有关。

传说张仲景老年还乡，正是大雪纷飞的冬天，街头百姓，衣不遮体，不少人耳朵被冻烂了。张仲景内心不忍，专门在南阳关东搭起医棚，让弟子用羊肉、辣椒和一些驱寒药材煮熟剁碎后做成馅，然后用薄面皮包起来，煮好后施舍给百姓。这道"驱寒矫耳汤"，治好了不少乡亲的耳朵。后来，每逢冬至进九，大家都纷纷争食"捏冻耳朵"。谚语"冬至的饺子，不冻耳"，说的就是这段故事。后人学着"矫耳"的形状，包成食物，也叫"饺子"或"扁食"。

饺子的诞生，并不意味着馄饨消失，馄饨依然为人们广泛食用，而且花色、名目越来越丰富。四川的"抄手"、广东的"云吞"都是深具地方特色的馄饨。

到明清时期，擅做面食的北方人仍维持着冬至吃馄饨的习俗，而江浙人在冬至已改吃汤圆了。

⊙汤圆·红豆稀饭·羊肉粉丝汤

汤圆是我国宋朝以前的传统食品，被称作"牢丸"或"粉餈"。此外，它也被称作"粉团"或"粉圆"。

汤圆是糯米粉制成的一种食品。最早，人们吃汤圆并没有一定的时间，宋以后开始在元宵节吃汤圆，明、清以来，江南人也在冬至节以汤圆祭神祭祖，视之为应节食品。清代《清嘉录》提到苏州人过冬至："比户磨粉为团，以糖肉豇豆沙、芦菔丝为馅，为祀先祭灶之品，并以馈贻，名曰'冬至团'……有馅而大者为粉团，冬至夜祭先品也，无馅而小者为粉圆，冬至朝供神品也。"祭神祭祖后，合家聚食，并馈赠亲友。也有在早餐全家聚食，取团圆之意。

在广东潮州，冬至这天普遍有吃甜丸的习俗。过去，人们在这一天用甜丸祭拜祖先之后，拿出一些贴在自家门顶、屋梁、米缸等地方。这样做的原因，据说有两个：一是甜丸又甜又圆，表示了好兆头，它预兆明年丰收、家人团圆。这一天家人如能不小心碰到它,更是吉利,如果这一天有外人上门拜访,让外人碰上它,这些外人也会交上好运。另一个说法是,甜丸是专投给老鼠吃的。据说,五谷的种子是老鼠从遥远的地方咬来给农民种的,农民为奖励老鼠的功劳,约定每年收获时,应留一小部分不收割,留给老鼠吃。后来,有一个贪婪的人把田里的五谷全收光了,老鼠一气之下便向观音娘娘告状。观音娘娘听后也觉得老鼠值得同情,便赐给它一副坚硬的牙齿,叫它以后搬进人们屋里居住,以便于寻食。自此,老鼠便到处作祟了,成为如今的"四害"之一。然而,这个"到处贴甜丸"的习俗,既不卫生又有损美观和浪费,后来就自然消失了。不过,"吃甜丸"的习俗则一直流传至今。

冬至吃红豆粥的习俗也流传很广,其历史更为悠久。南北朝时梁人宗懔的《荆楚岁时记》里说:"共工氏有不才子,以冬至日死,为疫鬼,畏赤小豆,故冬至作粥以禳之。"可见在 1600 年前,中国人就在冬至这天吃红豆稀饭了,其目的是为了预防瘟疫。

宁夏银川人在冬至这一天喝粉汤、吃羊肉粉丝汤饺子。有趣的是,当地老百姓冬至这一天给羊肉粉丝汤还起了个"头脑"这么一个古怪的名字。冬至这天,人们在五更天便起来了,忙着去把松山上的紫蘑菇洗净、熬汤,熬好后把蘑菇捞出;羊肉丁下锅烹炒,炒干后放姜、葱、蒜、辣椒面翻炒,入味后放入切好的蘑菇,与肉丁同炒,然后用醋一腌(清除野蘑菇的异味),再放入调和面、精盐、酱油;肉烂以后放木耳、金针(黄花菜)略炒,将蘑菇汤加入;汤滚开后放进切好的粉块、泡好的粉条,再加入韭黄、蒜苗、香菜,这样就做好一锅羊肉粉丝汤了。这个汤红有辣椒、黄有黄花菜、绿有蒜苗和香菜、白有粉块和粉条、黑有蘑菇和木耳,五色俱全,香味扑鼻,让人胃口大开。

此外,在我国南方地区还流行"冬至盘"。人们最重冬至节,先一日,亲戚朋友之间,以食物相馈遗,提筐担盒,充斥道路,俗谓"冬至盘"。

⊙冬九九歌·九九消寒图

民间有"提冬数九"的说法。九是阳数,又是数中之最大。冬至过后,古人认为阳气开始上升,大地回暖,用阳数九来数九消寒,是祈盼来年丰收的好兆头。所以,冬至起九的九九歌在各地广为流传。例如黄河中下游地区广为流传的冬九歌:"一九二九不出手;三九四九河上走;五九六九,沿河望柳;七九开河;八九雁来;九九又一九,耕牛遍地走。"

我国民间还有"九九消寒图"用以记录冬至起数九的进度,计算冬季由较冷到最冷又转暖的日子。

过去常见的消寒图是一棵梅树,树上有九朵梅花,但每朵花不是五片花瓣,而是九片花瓣。人们从冬至日起,每天用红笔涂满一瓣,等到九朵花全部涂满,已是节交惊蛰,到了春耕之时了。

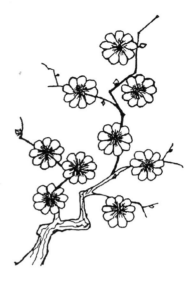

九九消寒图

相传文天祥被元兵押解到京城时正值冬至日,狱中无法计时,他就在狱墙上画一株红梅,缀八十一朵花,每天涂抹一朵,又画一枝红梅,枝上九朵花,每朵九瓣,每天涂抹一瓣,涂完便百花盛开。又相传,冬至后计算春暖日期的九九图,出现于明代刘侗、于奕正《帝京景物略》:"日冬至,画素梅一枝,为瓣八十有一,日染一瓣,瓣尽而九九出,则春深矣,曰'九九消寒图'。"

《帝京景物略》还提到一种九九消寒风俗游戏:有人在纸上刻印上九九之歌(又称消寒益气歌),拿到市场上卖。其用法是:每天在与九九歌相应的九九圈里做记号,阴天把圆圈的上半部涂黑,晴天则把圆圈的下半涂黑,刮风涂左半圈,下雨涂右半圈,降雪涂中央,即所

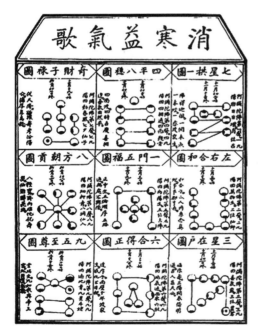

消寒益气歌

谓：上阴下晴右雨左风雪当中。这样，九九尽，便可得两幅消寒图，即"贺圈消寒图"和"消寒益气歌消寒图"。《京都风俗记》说，此圈对数九天的阴、晴、雨、雪一目了然，还可用其"占来年丰歉"。也有的是画一种"九九消寒表"，来计算寒尽暖来的日子。此表九行八十一格，上阴下晴，左风右雨，雪当中，格满则寒消。涂的方法也是阴天涂上半部，晴天涂下半部，其他天气变化各涂其位。九九尽，便得一张完整的气象图，隆冬天气一目了然。

有趣的是"九九消寒句"。例如在"亭前垂柳珍重待春风"这句话里，每个字都是九笔，共用九个字组成。把它们都先描成空心字体，从冬至日起，每天涂一笔，九字填完，就是九九消寒，春风送暖了。

更富有诗意的是"九九消寒联"，例如"故城秋荒屏栏树枯荣，庭院春幽挟卷草重茵"上下联的每个字都是九画，形象生动、惟妙惟肖地勾画了从秋风、寒霜、枯枝、落叶到寒消春至、绿草如茵的整个过程，相传此联也是文天祥在狱中所作。又如"柔柳轻盈香茗贺春临，幽柏玲珑浓荫送秋残"，此联每字

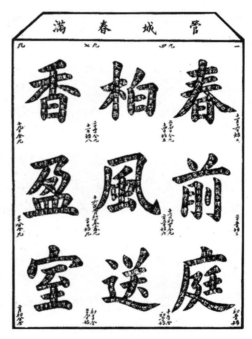

清廷旧藏九九消寒图

九画，名曰"九九迎春联"，从数九起，由两人分别写上下联，每天描一笔，各写完八十一笔，冬尽联成。

❈ 冬至保健养生

冬至的到来是阴气盛极、阳气始萌的时候。"冬至一阳生"，冬至过后体内的阳气开始萌发，此时应当顺应这一身体机能的变化，做好各方面的调养，保证旺盛的精力而防早衰，使人延年益寿。

精神调养在任何节气都是养生的重点。冬至时节要做到静神少虑、乐观豁达、讲究生活情趣,适当进行锻炼,防止过度劳累。俗话说,"知足而止,故能长寿"。拥有一个好的心态对保持身体健康是很有益处的。

寒冷的冬至前后是进补的好时节。民间有"三九严寒补一冬,来年四季无病痛"的说法。冬日天寒,人体所需要的热量和营养素多于其他季节,身体的新陈代谢也相对旺盛,此时进补东西很容易被吸收。饮食宜多样,谷、果、肉、蔬合理搭配,适当选用高钙食品。食宜清淡,不宜吃浓浊、肥腻和过咸食品。冬天阳气日衰,脾喜温恶冷,宜食温热之品保护脾肾。吃饭宜少量多餐。应注意"三多三少",即蛋白质、维生素、纤维素多,糖类、脂肪、盐少。当然,冬至进补也需因人而异。对于气虚症有补益作用的食品,如糯米、党参、黄芪、大枣、山药、胡萝卜、豆浆、鸡肉等,具有益气健脾的功效。对于血虚症者,如动物肝脏、动物血制品以及红枣、花生、龙眼肉、荔枝肉、阿胶、桑葚、黑木耳、菠菜、胡萝卜、乌鸡、海参、鱼类等,都具有补益作用。对阳虚症者,如狗肉、羊肉、虾类、鹿肉、红参、冬虫夏草、核桃仁、韭菜、枸杞子、鸽蛋、鳝鱼等,具有补阳助火的功效。对阴虚症者,如银耳、木耳、梨、牛奶、鸡蛋等,具有滋养阴液、生津润燥的功效。

冬季气候干燥,常使人的嘴唇及嘴角皮质黏膜干裂,在这种情况下容易使细菌乘虚而入,引起感染发炎和口角糜烂等。因此,洗脸时最好不要用刺激性的肥皂,洗完脸后在口角和唇部涂抹一层护肤油。平时不要用舌头舔唇部,进食后擦干净嘴角。平时应多吃些富含维生素 B_2 的食物如动物肝脏、瘦肉、禽蛋、牛奶、绿叶蔬菜等。还可口服维生素 B_2 和复合维生素 B。

冬至节气下雪后,有些人外出眼睛常觉不舒服,如怕光、流泪,甚至出现短暂性视物不清,这是雪盲症的表现。此时可佩戴太阳镜或有色防护镜,以减弱雪光及阳光对眼睛的强烈刺激。多吃些猪肝、猪眼、胡萝卜、西红柿、洋葱、莲子心、木耳等也有益眼睛。

进入冬至后天气寒冷，在清晨和气温低的夜晚尽量不要出门，白天外出时应注意添加衣服，特别是头和脚要"捂严"一些，睡觉时应多加一层被褥。日常生活中要坚持"行不疾步、耳不极听、目不极视、坐不至久、卧不极疲"的20字方针，保持健康的作息规律。

在冬至时节，适宜跳绳运动。跳绳能够综合锻炼人的协调性、耐力、爆发力和跳跃能力，对多种脏器具有保健动能。每天连续跳绳5分钟，每分钟跳120下，有助于增强血液循环和心肺功能，防止冠状动脉硬化和心肌梗死，缓解腰部及腿部疼痛，有利于强身、祛痛、减肥。

❧ 冬至节气诗词

小　至
唐·杜甫
天时人事日相催，冬至阳生春又来。
刺绣五纹添弱线，吹葭六琯动飞灰。
岸容待腊将舒柳，山意冲寒欲放梅。
云物不殊乡国异，教儿且覆掌中杯。

冬至日独游吉祥寺
宋·苏轼
井底微阳回未回，萧萧寒雨湿枯荄。
何人更似苏夫子，不是花时肯独来。

雪涧盘车图　宋　朱锐

333

点绛唇·冬至
宋·赵彦端
一点青阳，早梅初识春风面。暖回琼管。斗自东方转。白马青袍，莫作铜驼恋。看宫线。但长相见。爱日如人愿。

冬至节气谚语

冬至日头升,每天长一针。

冬至前后,冻破石头。

冬至入九。

冬至不结冰,冬后冷死人。

冬至暖,冷到三月中;冬至冷,明春暖得早。

冬至冻,天气好。

冬至晴,新年雨;冬至雨,新年晴。

晴到冬至落到年。

冬至晴一天,春节雨雪连。

冬至晴,一冬晴;冬至雨,一冬雨。

冬至一日晴,来年雨均匀。

冬至出日头,年前年后冷死牛。

冬至阳阳,无水插秧。

冬至无雨一冬晴。

阴过冬至晴过年。

冬至毛毛雨,夏至涨大水。

一年雨水看冬至。

冬至落一滴,夏至落一尺。

冬至雨,元宵晴;冬至晴,元宵雨。

冬至节,一场雾来一场雪。

冬至多大雾,来年雨勤出。

冬至多风,寒冷半年。

冬至鸣雷明春冷。

冬至隔夜一交霜,来年草垛当张床。

冬至有霜,年里有雪。

霜打冬至前,来年雨涟涟;霜降被雨打,来年踩泥巴。

冬在头,冷在节气前;冬在中,冷在节气中;冬在尾,冷在节气尾。

冬至东风雪满天。

冬至南风短，夏至多干旱。

冬至西南百日阴，半晴半阴到清明。

冬至萝卜夏至姜，适时进食无病恙。

冬至不端饺子碗，冻掉耳朵没人管。

小　寒

❁ 小寒气候与农事

　　按农历月份排列，小寒是二十四节气中倒数第二个节气，但按公历，它又是每年的第一个节气。阳历的 1 月 5 日、6 日或 7 日，当太阳到达黄经 285°时，开始进入小寒节气。《月令·七十二候集解》："月初寒甚小，故云。"说明小寒还没有寒冷到极点。

　　古人将小寒 15 天分为三候，以禽类的栖息变化来反映小寒节气的气候变化。第一候的候应叫作"雁北乡"。古人认为候鸟中大雁是顺应阳气而迁徙的。此时阳气已动，因此雁就开始"避热"，自南而北，飞回故乡。第二候的候应，叫"鹊始巢"。喜鹊这种鸟喜阳，一到此节气时，它感到阳气萌动，不仅开始衔树枝和草等搭巢，而且还本能地"知所向"，把巢门留向南开，以取得阳光防寒。第三候的候应，名曰"雉鸲"。雉即野鸡，"鸲"意为鸣叫，每年一到小寒节气，雌雄野鸡也感到了阳光的滋长，因而双双"同鸣"，所以被选为候应。

　　小寒正处"三九"前后，俗话说，"冷在三九"，天气的严寒程度也就可想而知了。小寒一到，大地原来积蓄的热量已到低值。此时来自北方的冷空气活动频繁，大约每隔一星期左右就有一次冷空气侵入我国。历年的强大寒潮也多出现在此期间。我国除沿海个别地区外，其他地方一年中平均气温最低的时间是 1 月中旬,正处于小寒节气内。小寒时节,秦岭—淮河以北地区平均气温都在 0 ℃ 以下,北京地区的平均气温在 −5 ℃ 上下,东北地区可达 −30～−10 ℃,冻土厚约两三米;秦岭—淮河一线以南没有季节性冻土,冬作物也没有明显的越冬期。此时长江流域地区的平均气温约 0～10 ℃,我国最热的两广地区,平均气温也只有 10～15 ℃。如从历年出现的最低气温来看,在小寒期间,东北地区可达 −40～−30 ℃,华北地区为 −20～−10 ℃,长江流域在 −10～−5 ℃,华南地区也可能出现 0 ℃ 的低温。

小寒期间,全国大部分地区降水量最少,平均 2～3 毫米,少数年份降雪多。降水量最大的长江中下游地区,也不过 40～60 毫米;东北、华北大部分地区只有 5～10 毫米;西北大部分地区在 2～5 毫米以下,有些地区甚至一点雪也没有。新疆北部山区降雪较多,部分地区雪量可达 20～30 毫米,比盛夏的雨量还多。

小寒前后,华北冬小麦停止生长,进入越冬阶段。长江流域冬小麦继续分蘖,油菜正在开盘,但生长非常缓慢。华南地区的冬麦和冬甘薯等越冬作物,生长仍较旺盛。在此期间,长江流域和华西地区会出现低温雨雪冰冻天气,往往小麦、果树及牲畜(特别是耕牛)易受冻伤,华南也可能出现霜冻,使某些热带作物受冻减产。

小寒前后的天气好坏,温度高低和雨雪多少,对于田间作业、防治病虫害和春耕、春播都有很大影响。比如寒潮侵袭,持续的低温、大风,不利于冬耕积肥、改良土壤和兴修水利等活动。隆冬不冷,植物病害的病菌孢子和地下害虫可以安全越冬。冬雪对于小麦具有保温、防冻的作用,而小寒期间降雪较少甚至无雪、温度又较低的年份,小麦往往遭受严重冻害。剧烈的降温还会引起窖藏的甘薯、白菜腐烂。注意气候特点,及时采取防治措施,可以避免损失。

✿ 小寒民俗文化

⊙ 腊祭

腊祭是我国古代祭祀习俗之一。原始先民常在岁末时用猎获的禽兽举行大祭,以报祭祖先和众神,祈福求寿,所以称为"腊祭"或"猎祭"。汉代应劭《风俗通义》云:"腊者,猎也,言猎取兽以祀其祖先也。或日腊者,接也,新故交接,故大祭以报功也。"

自西周以后,"腊祭"之俗历代沿袭,从天子、诸侯到平民百姓,人人都不例外。祭祀的对象有八:先啬神,祭神农;司啬神,祭后稷;农神,祭田官之神;邮表畦神,祭始创田间庐舍、开路、划疆界之人;猫虎神;坊神,祭堤防;水庸神,祭水沟;昆虫神。祭祀多在宗庙、家庙中进行,也有在郊外祭祀对农业起着重要作用的神灵。

家庙祭祀 《清俗纪闻》

小寒是腊月的节气,因为古代有十二月份举行合祀众神的腊祭,所以把腊祭所在的十二月叫腊月。先秦的腊祭日在冬至第三个戌日,南北朝以后逐渐固定在腊月初八,谓之腊日,也称腊八。"腊八"意味着春节的序幕拉开了。人们都是将腊八视为年节来过的,这一天也被称为腊八节。梁人宗懔《荆楚岁时记》中有"腊鼓鸣、春草生"的谚语,反映人们在腊八这天鸣鼓起舞,迎接新春的欢乐情景。直至今日,一些乡村仍在沿袭着这种习俗。

◉腊八粥·腊八蒜

农历腊月初八这天,人们都有吃腊八粥的习俗。相传其起因与释迦牟尼得道有关。释迦牟尼得道前，游遍名山大川，探求人生哲理。十二月初八，走至哈尔邦的尼连河附近，又累又饿，栽倒路旁。一牧女见状，以自己的午饭救了他，这午饭将黏米、糯米混合在一起，还加了野果。释迦牟尼食后感到无比甘美。他遂得道成佛。此日是腊月八日，后每逢此日，佛寺僧众都要演法，取香谷及果实等造粥供佛斋僧，以示纪念，后渐流行于民间。

大傩图

有的地方说腊八粥起源于元末明初。据说朱元璋小时候给人家放牛，当时正是寒冬，回来后他又冷又饿，突然发现墙角有一个老鼠洞，就想逮一只老鼠充饥。不料从洞里掏出了红豆、大米、红枣等七八种杂粮，他将这些杂粮洗净熬成粥，美美地吃了一顿。当日正是腊月初八，后来他做了皇帝，就下令每年的腊月初八这天全国都喝腊八粥，表示庆祝丰收。从此腊八喝粥的习俗就延续下来了。

腊八粥也叫"五味粥""七宝粥"。同为腊八粥，各地的品种差别很大。清人富察敦崇在《燕京岁时记》里称"腊八粥者，用黄米、白米、江米、小米、菱角米、粟子、红豇豆、去皮枣泥等，和水煮熟，外用染红桃仁、杏

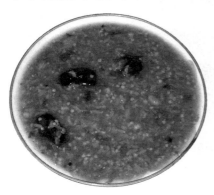

仁、瓜子、花生、榛穰、松子及白糖、红糖、琐琐葡萄，以作点染"，颇有京城特色。天津的八宝粥，与北京近似，讲究些的还要加百合、珍珠米、莲子、薏仁米、大麦仁、芸豆、绿豆、桂圆肉、龙眼肉、红枣、白果及糖水桂花，色、香、味俱佳。江苏腊八粥分甜、咸两种，煮法一样，只是咸粥是加青菜和油。苏州人煮

腊八粥要放入慈菇、荸荠、胡桃仁、松子仁、芡实、红枣、粟子、木耳、金针菇。浙江人煮腊八粥，一般都用胡桃仁、松子仁、芡实、莲子、红枣、桂圆肉、荔枝肉等，香甜味美，食之祈求长命百岁。

有的地方，腊八粥后来发展成为地方的风味小吃。陕西有的地方喜欢用八种蔬菜做成臊子，浇在面条上，称为"腊八面"。潼关一带取"辣"与"腊"谐音，面里多放辣椒油，当地称"腊八汤面"。北京一带则有将腊八粥冻好后逐日取食的习俗。到如今，腊八粥已成为色味俱佳的节令美食了。

我国北方每年一过腊月初八，年节的气氛便一天天浓烈起来，大部分地区在腊月初八这天有用醋泡蒜的习俗，泡好的蒜叫腊八蒜。方法是将蒜瓣去皮放入一个罐子、瓶子、坛子之类的容器中，再向容器中倒入醋，使蒜瓣浸在醋中，将容器密封后置于低温处。到除夕启封时，蒜瓣青翠，蒜辣醋酸相融，味道独特，是吃饺子、烧菜的好佐料。

民俗选择在腊八泡腊八蒜，传说是因为旧时店铺商家在这天计算收支盈亏、整理欠款和外债。腊月初八，债主要通知欠钱的人家准备还钱。北京有句民谚："腊八粥，腊八蒜，放账的送信儿，欠债的还钱。"家家户户动手泡制腊八蒜的时候也会算计一年里一家的收支，想想如何过年。

⊙菜饭·糯米饭

小寒时节，在江苏一些地方，以前有很多家庭会煮"菜饭"吃。菜饭的内容并不相同，有的用矮脚黄（一种白菜）、青菜和咸肉片或板鸭丁，再剁上一些生姜粒与糯米一起煮，十分香鲜可口。其中矮脚黄、板鸭都是南京的著名特产，可谓是真正的南京饭菜，甚至可与腊八粥媲美。

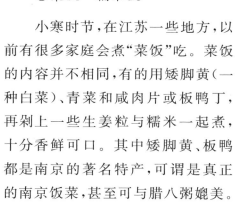

到了小寒，广东一些地方也会煮饭过节，不过煮的是糯米饭。在糯米饭里面会配上炒香了的"腊味"（广东人统称腊肠和腊肉为"腊味"）、香菜、葱花等原料，吃起来特别香。

"腊味"是煮糯米饭必备的,一方面脂肪含量高,御寒;另一方面糯米本身黏性大,需要用一些油脂类掺和,这样吃起来才更美味。

⊙ 杀年猪

小寒节气已进入年边腊月,大部分农家都要杀猪,为过年包饺子、做菜准备肉料,民间谓之"杀年猪"。东北童谣中说"小孩小孩你别哭,进了腊月就杀猪;小孩小孩你别馋,过了腊月就是年。"从一定程度上反映了过去人们盼望杀年猪吃肉的心情。考古学家发现,至少在两三千年以前,生活在黑龙江、松花江流域的原始部族,就已有了很发达的养猪业。猪适应性强、长肉快、繁殖多,所以农村一直把养猪作为家庭经济的重要组成部分。"圈里养着几口大肥猪"被视为家道殷实的标志之一。饲养的猪多可出卖换钱,少则可供自给。在杀猪这天,主人都要请至近亲友前来聚宴,既为联络感情,也是表示祝贺。如今生活水平提高,杀年猪便成了一种民俗。

❀ 小寒保健养生

小寒节气正处于三九天,是一年中最冷的时段。"寒为阴邪,易伤阳气"。由于人身阳气根源于肾,所以寒邪最易中伤肾阳。肾的阳气一伤,容易发生腰膝冷痛、易感风寒、夜尿频多等疾病;肾阳气虚又伤及肾阴,肾阴不足,则咽干口燥、头晕耳鸣等痛症随之发生。可见数九严寒,应首先养肾。

小寒时节,如果面部长时间直接被冷风吹,非常容易引发面瘫,俗称"歪嘴巴""吊线风"等。这种病症在冬、春两季发病率最高。中医学认为,面瘫是因为过度劳作使人体正气虚弱,感受风寒之邪,侵袭面部,引发经气阻滞,经脉失养,肌肉纵缓不收而导致。现代医学也研究证实面瘫与气温降低导致面部肌肉麻痹有关。因此,冬季要防风保暖。在户外尽量不要迎风前行,在车里最好关着车窗,洗完澡不要受风,避免进食冰冷的食物或饮料。另外，尤其要注意预防感冒，因为感冒病毒也有可能会引发面瘫。

"三九"寒天的饮食调理应注意补充能量，增加多种营养素的摄取，以维持肌体所需，避免营养不良、抗病能力降低而致疾病。还应注意人体脏腑的保养，牛肉、羊肉、枸杞子、核桃仁、韭菜、辣椒、豇豆等食物有补脾胃、温肾阳、健脾化痰、止咳补肺的功效，是小寒时节的最佳食选。

这个时节在生活起居方面，要特别防止冷辐射对身体的伤害。冷辐射指的是寒冷的物体对身体造成的辐射。在北方地区，寒冷的冬季，人靠近室内的墙壁时就会感觉寒冷，这就是所谓的冷辐射。应远离过冷的墙壁或是其他物体，尤其是睡觉的时候，如果墙壁与室内温差超过 5 ℃，墙壁常出现潮湿甚至有小水珠形成，此时可在墙壁前放置木板或泡沫塑料，以阻断或减轻冷辐射。

俗话说"冬练三九"。此时正是人们加强身体锻炼、提高身体素质的大好时机。但此时的锻炼也要讲究方式、方法。在锻炼之前，一定要做好充分的准备活动。因为冬天气温低，体表血管遇冷收缩，血流缓慢，肌肉的黏滞性增高，韧带的弹性和关节的灵活性降低，极易发生运动损伤。准备活动可采用慢跑、擦面、浴鼻、搓手及拍打全身肌肉等方式。在运动过程中，宜采取鼻吸口呼的呼吸方式。因为鼻腔黏膜有血管和分泌液，能对吸进来的空气起加温和过滤作用，抵挡住空气里的灰尘和细菌，对呼吸道起保护作用。随着运动量的增大，只靠鼻吸气感到憋闷时，可用口帮助吸气，口宜半张，舌头卷起抵住上腭，让空气从牙缝中出入。

严冬时节宜早卧晚起，早睡是为了养人体的阳气，晚起是为养阴气。俗话说"寒以脚起，冷以腿来"，"人的腿一冷，全身皆冷"。"饭后三百步，睡前一盆汤"，入睡前以热水泡脚，使血管扩张，血流加快，改善脚部的皮肤和组织营养，改善睡眠质量，对于预防冻脚和防病保健都有益处。最好在日出后出门锻炼。锻炼时的衣着既要保暖防冻，又要轻便舒适，以便于活动。最初活动时由于气温低,应多穿些衣服,待做些准备活动,身体暖和后,再脱掉厚重的衣物进行锻炼。坚持冬跑的人,要特别防止滑跌。遇到大风、大雾或冰封雪飘天气,不适宜户外锻炼,此时可在室内、阳台上原地踏步跑。锻炼后要及时加穿衣服,以免人体阳气受损。

"三九"寒天,我们要为身体保暖,更要注意心理健康,使心情保持舒畅、欢愉。当中午或下午有温暖阳光和清新干爽的空气时,不妨多到户外去散散步,这会使人精神焕发,思路清晰。

雪竹图(局部) 元 郭畀

✿ 小寒节气诗词

顾渚行寄裴方舟

唐 · 皎然

大寒山下叶未生,小寒山中叶初卷。

吴婉携笼上翠微,蒙蒙香刺胃春衣。

迷山乍被落花乱,度水时惊啼鸟飞。

家园不远乘露摘,归时露彩犹滴沥。

望　梅

宋·无名氏

小寒时节，正同云暮惨，劲风朝冽。信早梅、偏占阳和，向日处，凌晨数枝争发。时有香来，望明艳、遥知非雪。想玲珑嫩蕊，弄粉素英，旖旎清绝。仙姿更谁并列。有幽光映水，疏影笼月。且大家、留倚阑干，对绿醑飞觥，锦笺吟阅。桃李繁华，奈彼此、芬芳俱别。等和羹待用，休把翠条漫折。

✸ 小寒节气谚语

小寒大寒，滴水成冰。

小寒大寒，冷成冰团。

小寒猪啃泥，大寒冷死鸡。

小寒不寒大寒冷。

小寒天气热，大寒冷莫说。

小寒大寒冷不狠，来秋雨水下得勤。

小寒寒，惊蛰暖。

小寒暖，立春雪。

小寒大寒寒得透，来年春天天暖和。

小寒不寒，清明泥潭。

小寒晴，旱秧田；大寒晴，旱本田。

小寒雨濛濛，雨水惊蛰冻死秧。

小寒雪厚雨水多。

小寒大寒不下雪，小暑大暑田开裂。

浑如冷蝶宿花房
拥抱檀心忆旧香
开到寒梢尤可爱
此般必是汉宫妆

层叠冰绡图　宋　马麟

小寒若是云雾天，来春定是干旱年。

小寒大寒三日南风，明年六月会有台风。

小寒过后，一日南风三日雪。

南风送小寒，头伏旱。

小寒节，十五天，七八天处三九天。

九里雪水化一丈，打得麦子无处放。

小寒胜大寒，常见不稀罕。

小寒大寒出日头，冷死老黄牛。

小寒无雨，大暑必旱。

小寒应小暑，小寒无雨，小暑必旱。

腊月三场白，适宜麦菜。

腊月三场白，家家都有麦。

腊月三场雾，河底踏成路。

三九不封河，来年雹子多。

牛喂三九，马喂三伏。

大雪年年有，不在三九在四九。

大　寒

❀ 大寒气候与农事

冬至以后过三个九天就是大寒。大寒是冬季最后一个节气，也是二十四节气中最后一个节气。按公历，大寒在每年的 1 月 20 日或 21 日，此时太阳正好到达黄经 300°。

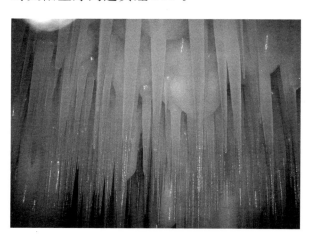

大寒节气正值四九、五九。古代，每年基本上从大寒节气开始到立春前后，母鸡开始下蛋孵小鸡，所以大寒第一候的候应为"鸡乳"。乳，这里当产卵讲。第二候的候应叫作"征鸟厉疾"。"征鸟"是猛禽（如鹰、雕等），到大寒节气，它们正处于捕食能力极强的状态，盘旋于空中到处寻找地面猎物，以补充身体的能量抵御严寒。第三候的候应名曰"水泽腹坚"。是说此时河湖上的冰层一直冻到了很深的水的腹部，寒冷天气已经达到极致。而物极必反，严冬将尽，春天也就不远了。

从气象学角度来看，从冬至开始地面向外散发热量的幅度加大，至大寒，地面热量已落至最低点，因而气温也很低，人们自然感觉很冷。

实际上，大寒时的温度往往比小寒时温度有所回升，有渐渐升高的趋势。我国历史上多数年份最低气温会在小寒节气内出现，在有些年份和沿海少数地方，全年最低气温仍然会出现在大寒节气内。这个时节降水很少，半数年份降水量不足 1 毫米，只有个别年份在 5 毫米以上。华南大部分地区在此时节的降水量也只有 5～10 毫米，西北高原地区一般只有 1～5 毫米。

小寒、大寒天气寒，冬小麦遇上－27～－20 ℃的低温就有一半会冻死，所以我国长城以北、新疆北部一般不种冬小麦。但我国南方的两广地区还能种冬小麦，这是由于寒冷能使冬小麦度过春化阶段，否则冬小麦不能正常生长发育。寒冷又会把许多病菌、害虫冻死，可使来年庄稼好。寒潮带来雪，可保护小麦安全过冬；开春积雪融化，又可减轻大田春旱。"腊月大雪半尺厚，麦子还嫌被不够"，大寒节气的雪最受庄稼人欢迎。

在大寒节气里，北方地区多忙于积肥堆肥，加强牲畜的防寒防冻。人们还可以在家里搞点副业（如编织）。南方地区要加强小麦及其他作物的田间管理。华南冬干，在雨雪稀少的情况下，可适时适地进行浇灌，以有利小麦等作物生长，夺取高产。

此外，在大寒期间，铁路、邮电、石油、海上运输等部门要特别注意及早采取措施，预防大风降温、大雪冰冻等灾害性天气。

大寒民俗文化

⊙赶年集

大寒以后，我国大多数地方，开始为准备除夕、新春用品而赶年集、办年货了。尤其是古代社会物质生活匮乏，大多数人家生活单调，进入腊月，大人孩子就盼着春节好好乐一乐。

赶年集风俗大约在唐宋时期便已广泛存在。到清代，《清嘉录》记载："市肆贩置南北杂货，备居民岁晚人事之需，俗称'六十日头店'。熟食铺豚蹄、鸡、鸭,较常货买有加。纸马香烛铺预印路头财马,纸糊元宝、缎疋,多浇巨蜡,束名香。街坊吟卖篝灯、灯草、挂锭、灶牌、灶帘,及箪瓢、箕帚、竹筐、瓷器、缶器,鲜鱼、果蔬诸品不绝。"

如今,年集(贸易市场)更是货品齐全,应有尽有,琳琅满目,人山人海,一派红火热闹的节日繁荣景象。人们置办的年货既有吃的、用的、玩的、看的和节日礼品,又有喜庆吉祥的春联以及各式各样的年画、门神、窗花、花炮等过年必用的物品。

⊙过小年

过小年是我国民间的传统节日。过小年的时间,大部分地区在农历十二月二十四日。北京、河南、黑龙江等地则在农历十二月二十三日过节。东汉崔寔《四民月令》载:"腊月日更新,谓之小岁,进酒尊长,修贺君师。"在宋代,过小年不出门拜贺,而是合家欢聚以庆祝。清代姚兴泉《龙眠杂忆》记安庆桐城县(今安徽桐城市)腊月过小年的情景:"二十四日晚,设酒醴以延祖先,自密室达门面,内外调澈,灯烛辉煌,而花炮之声达于四巷,几与除夜无异,淮人谓之小年。"

从小年这天到过大年,家家户户忙着扫尘、剪窗花、写春联、贴福字、办年货,充满节庆的喜气。沐浴、理发也多集中小年前后进行。民间素有"有钱没钱,剃头过年"的说法,小年这天,集贸市场到处是琳琅满目的年货和熙熙攘攘的人群,格外热闹。晚上全家一起包饺子,其乐融融。

⊙祭灶

农历十二月二十三日为祭灶节。灶,是我国旧时供之灶头之神,民间呼之"灶王爷"。灶神究竟是谁，历来说法不一。《中国神话大词典》中说最初的灶神是虫，是指蟑螂。《庄子·达生》："灶有髻。"司马彪注："髻，灶神，著赤衣，状如美女。"《广雅·释虫》认为髻是蝉。蝉，灶上的红壳虫，俗呼蟑

黄羊祀灶　清　黄钺

蟑，人或称之为"灶马"，四川地区称之为"偷油婆"。古代以此为神物，对灶间的蟑螂有所崇拜，以为是灶神。

祭灶之俗由来已久，先秦时已有此俗。《淮南子》逸篇《万毕术》记有"灶神晦日归天，白人罪。"唐代段成式《酉阳杂俎》说："灶神名隗，状如美女。又姓张名单，字子郭。夫人字卿忌，有六女皆名察洽。常以月晦日上天白人罪状，大者夺纪，纪三百日，小者夺算，算一百日。故为天帝督使，下为地精。己丑日，日出卯时上天，禺中下行署，此日祭得福。"从中可以看出灶神是有名有姓的。他"上天白人罪状"，而一旦被他告倒，就要被夺去一百到三百天的寿命，确是非同小可。民间也传说，灶王爷是玉皇大帝派至人间监督善恶之神，每年岁末回到天宫中向玉帝奏报民情，民间为其设祭送行，谓之"祭灶"。

南朝宋范晔《后汉书·阴兴传》载，汉以前祭灶是在夏天，相传汉代阴子方在腊日晨见灶神，以黄羊祭之，因而大富，后遂以腊日为祭灶日，即在农历十二月二十三日或二十四日。是日，家家在灶前贴一两只灶神升天时骑的"纸马"，用酒果、糕饼、纸帛作祭，并敬以麦芽糖，意为粘牢灶神嘴巴，不使其乱说。或将酒糟抹于灶门，以醉灶神。祭毕，将灶神旧像揭下烧掉，到除夕或初一五更时分，再换上新请的灶神像，贴"上天言好事，回宫降吉祥"及"上天言好事，下界保平安"等条幅。

到了清代，祭灶习俗更为流行。乾隆皇帝最迷信灶神，"每岁于十二月二十日之夕，祀灶于坤宁宫"，"六十年中无岁不然"。旧时北京的祭灶

风俗，流传有一首俗曲说："腊月二十三，呀呀哟，家家祭灶，送神上天，祭的是人间善恶言。一张方桌搁在灶前，牵张元宝挂在西边。滚茶凉水，草料俱全。糖果子糖饼子，荤素两全。当家人跪倒，手举着香烟，一不求富贵，二不求吃穿，好事替我多说，恶事替我隐瞒。"

⊙扫年

"腊月二十四，掸尘扫房子。"每临春节，人们都要清洁家具，拆洗被褥，开始卫生大扫除。早在尧舜时代，民间就有了"扫年"的习俗。它起源于一种驱除病疫的

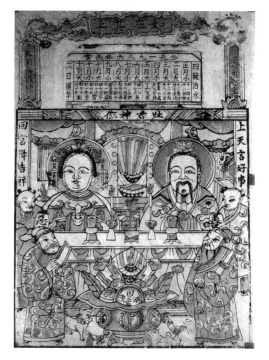

灶神　湖北木版年画

宗教仪式。后来，逐渐演变为年终的卫生大扫除。《礼记》说："凡内外，鸡初鸣⋯⋯洒扫室堂及庭。"人们很早就知道污秽、尘埃与疾病传播有关，周书《秘奥造宅经》中就有"沟渠通浚，屋宇洁净，无秽气，不生瘟疫"的记载。到唐代，"扫年"之风盛行。据《梦粱录》记载："十二月尽，洒扫门间，去尘秽，净庭中，以祈新岁之安。""扫年"之风俗，反映了古人爱清洁、讲卫生的传统。

❀ 大寒保健养生

大寒节气处于一年中的寒冷时期，又多有寒潮、大风天气出现，地面冰雪不化。在此期间，养生要着眼于"藏"，保持精神安静，把神藏于内不要暴露于外，这样才有利于安度冬季。

《灵枢·本神》载："智者之养神也，必顺四时而适寒暑，和喜怒而安居处，节阴阳而调刚柔，如是则辟邪不至，长生久视。"《吕氏春秋·尽数》

云:"天生阴阳寒暑燥湿,四时之化,万物之变,莫不为利,莫不为害。圣人察阴阳之宜,辩万物之利,以便生,故精神安乎形,而寿长焉。"说的就是顺应自然规律并非被动地适应,而是采取积极主动的态度,养生保健首先要掌握自然界变化的规律,以防御外邪的侵袭。

古有"大寒大寒,防风御寒,早喝人参、黄芪酒,晚服杞菊地黄丸"之说,这是劳动人民在生活中的总结:早晨喝补阳的人参、黄芪酒,借助早晨自然界生发的阳气,带动身体阳气的生发,晚上服用杞菊地黄丸滋阴补肾,说明了人们对身体调养的重视。

大寒期间饮食调养要以温补为主,多吃红色蔬菜及辛温食物,如红辣椒、红枣、胡萝卜、红色甜椒、红苹果等蔬果,它们能为人体增加热能,使体温升高,多吃能抵抗感冒病毒,加速康复,是冬季首选食物。此外,一些辛温食物如紫苏叶、生姜、青葱、花椒、桂皮等,也对风寒感冒具有显著的食疗功效。一些根茎类食物,如芋头、番薯、山药、马铃薯、南瓜等,具有丰富的淀粉及多种维生素、矿物质,也可快速提升人体的抗寒能力。

冬末气候寒冷干燥,在五脏滋补中,补脾和补肾占有首要位置。肾为先天之本,脾为后天之本。脾虚之人应食用具有补脾益气作用的温热食品,如粳米、糯米、山药、花生、牛肉、白木耳、莲子等,而忌食生冷瓜果蔬菜等性属寒凉的食物,以及坚硬难化、滋腻厚味或是辛辣耗气、破气伤胃的食物。

大寒期间在穿着方面一定要以保暖为主。尤其是老年人,体质普遍较差,自身活动能力及抗寒能力减弱。大多数老年人自感冬季寒冷难耐,保暖成了头等大事,穿着稍薄,体温就难以保持,很容易受凉感冒,甚至引起其他疾病。在此节气中,早晚天寒应尽量少出门活动,尽可能早睡晚起,晴天中午或下午可去户外活动,外出时最好戴上口罩、围巾、帽子。注意保暖的同时,也要关注身边的湿度,早、晚多开窗通气(因早、晚室外湿度相对较高),室内取暖也要注意在地板上洒点水,或晾一些湿毛巾之类的东西,以增加空气湿度。

适宜大寒节气的运动项目有散步、太极拳、慢跑等。充足的睡眠也可使体质增强。

🎗 大寒节气诗词

苦 寒 吟

唐·孟郊

天寒色青苍，北风叫枯桑。
厚冰无裂文，短日有冷光。

大寒出江陵西门

宋·陆游

平明赢马出西门，淡日寒云久吐吞。
醉面冲风惊易醒，重裘藏手取微温。
纷纷狐兔投深莽，点点牛羊散远村。
不为山川多感慨，岁穷游子自消魂。

雪景故事图　袁安卧雪　清　孙祜

大 寒

宋·陆游

　　大寒雪未消，闭户不能出，可怜切云冠，局此容膝室。吾车适已悬，吾驭久罢叱，拂尘取一编，相对辄终日。亡羊戒多歧，学道当致一，信能宗阙里，百氏端可黜。为山傥勿休，会见高崒嵂。颓龄虽已迫，孺子有美质。

🎗 大寒节气谚语

大寒不冻，冷到芒种。

大寒不寒，人马不安。

大寒天气暖，寒到二月满。

大寒不寒，无水插秧。

大寒暖几天，雨水冷几天。

大寒像春天，疫病一定多。

大寒牛眠湿，冷到明年三月三。

交了大寒就是雪，明年又是丰收年。

大寒三白，来年好麦。

大寒雪水少，来年雨水少。

大寒无雨落春霜。

大寒不雨正月晴。

大寒若逢天下雨，二三月份雨水多。

南风打大寒，雪打清明秧。

大寒东风不下雨。

大寒无风伏干旱。

大寒在月中，明春冷得凶。

大寒在年底，春雨早。

大寒对春分，立春对清明。

大寒日怕南风起，当天最忌下雨时。

大寒一夜星，谷米贵如金。

大寒雾，春头早；大寒阴，阴二月。